工作场所噪声检测与评价

陈青松　主编

GONGZUO CHANGSUO ZAOSHENG
JIANCE YU PINGJIA

·广州·

版权所有 翻印必究

图书在版编目（CIP）数据

工作场所噪声检测与评价/陈青松主编. —广州：中山大学出版社，2015.10
ISBN 978-7-306-05283-4

Ⅰ. ①工… Ⅱ. ①陈… Ⅲ. ①环境噪声—噪声测量 ②职业危害—个体防护 Ⅳ. ①TB53 ②R135

中国版本图书馆 CIP 数据核字（2015）第 133085 号

出版人：徐 劲
策划编辑：曾育林
责任编辑：曾育林
封面设计：曾 斌
责任校对：曹丽云
责任技编：何雅涛
出版发行：中山大学出版社
电　　话：编辑部 020-84111996，84113349，84111997，84110779
　　　　　发行部 020-84111998，84111981，84111160
地　　址：广州市新港西路 135 号
邮　　编：510275　　　传　真：020-84036565
网　　址：http://www.zsup.com.cn　　E-mail:zdcbs@mail.sysu.edu.cn
印 刷 者：佛山市浩文彩色印刷有限公司
规　　格：787mm×1092mm　1/16　14.5 印张　340 千字
版次印次：2015 年 10 月第 1 版　2015 年 10 月第 1 次印刷
定　　价：58.00 元

如发现本书因印装质量影响阅读，请与出版社发行部联系调换

编 委 会

主编 陈青松

主审 黄汉林

编者 徐国勇　肖　斌　张丹英　晏　华　郎　丽
　　　　王　恰　林瀚生　严茂胜　陈贵平

审校 李雪谦　黄建勋　杨爱初　苏世标　闫雪华

前　言

工作场所噪声称为生产性噪声或工业噪声，是在生产过程中产生的，其频率和强度没有规律，听起来使人感到厌烦的声音。工作场所噪声通常具备广泛存在、强度高、中高频音所占比例大、持续暴露时间长以及与其他有害因素联合作用等特点。工作场所噪声是影响作业工人身体健康最主要的职业性有害因素之一。

在实际工作中，由于技术和经济条件的限制，工作场所噪声往往难以从工程上进行完全的控制，特别是对于已经建成的装置和设备。如何正确识别、检测和评价工作场所的噪声危害，从而在防护和管理上采取科学合理的三级防控措施，是目前防控噪声危害的关键，也是职业卫生工作者的责任和使命。但目前我国在该领域的技术水平落后，特别是缺乏既符合国家标准又具有良好操作性和科学性的规范。笔者在连续3年主办的"工作场所噪声检测与评价实验室间比对"活动中发现，职业卫生技术服务机构的技术人员普遍存在对噪声的基本知识掌握不足、对标准的解读不统一以及缺乏职业卫生的思维和方式等问题，以至于实际工作中出现危害识别不到位、布点不合理、检测仪器使用不当、检测方法错误、检测结果分析不当、质量控制不力、检测报告缺乏针对性的建议和措施等，最终整个检测流于形式，既不能解决企业噪声防控的实际问题，也无法保护工人健康。

广东省职业病防治院物理因素监测所一直致力于工作场所噪声检测、评价及质量控制方法等方面的研究，受广东省职业病防治重点实验室资助（2012A061400007），为满足目前职业卫生工作者的需求而编写本书。本书共分为七章，涉及工作场所噪声检测评价及相关防控技术等多方面的内容。第一章简要介绍了声学基础知识和声的评价指标；第二章介绍了噪声的分类以及不同行业工作场所噪声的危害现状；第三章简要介绍了噪声对人体健康的危害和噪声所致的职业病；第四章全面介绍了噪声检测、评价的工作程序和方法，以及噪声相关的检测设备；第五章详细介绍了工作场所噪声检测评价的质量控制新技术；第六章从卫生工程、个体防护、管理控制措施方面介绍了噪声危害的防控措施；第七章为实例分析，笔者用自身工作中的2个实例，从最初的现场情况调查、检测方案制订、现场检测、评价报告和建议详细展示了噪声检测和评价的整个工作流程，是对前述各章知识的实际运用，希望给职业卫生工作者提供一个很好的范本。

本书主要面向广大职业卫生技术服务机构噪声检测和评价相关技术人员及用人单位职业健康安全管理人员。对职业健康监护和职业病诊断等技术人员以及学生和科研人员均有很好的参考价值。

本书主要是由笔者及其团队在借鉴前人经验的基础上，并在长期工作中逐步归纳总结形成。由于参加编写人员的知识面及水平有限，某些专业技术理论和实践可能存在一定的不足，希望读者多提宝贵意见，以便不断修正和提高。我们在此表示衷心的感谢！

2015 年 8 月 5 日

目 录

第一章 声学基础知识 ································· (1)
　第一节 声及声音的产生 ··························· (1)
　第二节 声音的传播 ······························· (1)
　　一、声波的基本物理参数 ······················· (1)
　　二、声波的基本类型 ··························· (2)
　　三、声波的传播与衰减特性 ····················· (3)
　第三节 声音的物理量度 ··························· (10)
　　一、基本物理量度 ····························· (10)
　　二、声级 ····································· (11)
　　三、频谱 ····································· (15)
　　四、噪声的主观评价量 ························· (19)

第二章 工业噪声的分布 ····························· (30)
　第一节 工业噪声 ································· (30)
　第二节 不同行业的噪声分布 ······················· (31)
　　一、发电企业 ································· (31)
　　二、采矿业 ··································· (50)
　　三、炼钢业 ··································· (52)
　　四、烟草制品业 ······························· (56)
　　五、汽车制造业 ······························· (61)
　　六、集装箱码头 ······························· (66)
　　七、石化行业 ································· (69)
　　八、制鞋业 ··································· (73)
　　九、纺织业 ··································· (79)
　　十、造纸业 ··································· (82)
　　十一、通用设备制造 ··························· (85)
　　十二、日用化学产品制造业 ····················· (89)
　　十三、机械加工行业 ··························· (90)

第三章 噪声对人体健康的危害 ……………………………………………………… (92)

第一节 听觉的产生 ………………………………………………………………… (92)
第二节 噪声对听力的损害 ………………………………………………………… (93)
一、噪声对听力的损害的类型 …………………………………………………… (93)
二、噪声对听力损害的影响因素 ………………………………………………… (94)
三、噪声引起听力损伤的机制 …………………………………………………… (96)
第三节 噪声对非听觉系统的影响 ………………………………………………… (97)
一、噪声对神经系统的危害 ……………………………………………………… (98)
二、噪声对精神行为的影响 ……………………………………………………… (98)
三、噪声对心血管系统的影响 …………………………………………………… (99)
四、噪声对内分泌系统的影响 …………………………………………………… (99)
五、噪声对消化系统的影响 ……………………………………………………… (99)
六、噪声对生殖系统、妊娠结局及子代的影响 ……………………………… (100)
七、噪声对呼吸系统的影响 ……………………………………………………… (100)
八、噪声对机体的其他影响效应 ………………………………………………… (101)
第四节 噪声所致职业病 …………………………………………………………… (101)
一、职业性噪声聋 ………………………………………………………………… (101)
二、职业性爆震聋 ………………………………………………………………… (104)
三、噪声性耳聋和爆震聋的预防和治疗 ………………………………………… (106)
四、伤残等级与劳动能力丧失程度判定 ………………………………………… (106)
第五节 职业性噪声聋诊断实例 …………………………………………………… (106)

第四章 噪声的检测与评价 ……………………………………………………… (109)

第一节 噪声检测评价工作程序 …………………………………………………… (109)
第二节 工作场所噪声的检测 ……………………………………………………… (110)
一、工作场所噪声检测的类别 …………………………………………………… (110)
二、工作场所噪声检测的一般要求 ……………………………………………… (110)
三、工作场所噪声检测的步骤 …………………………………………………… (111)
第三节 噪声检测结果的评价 ……………………………………………………… (114)
一、噪声评价相关物理量 ………………………………………………………… (115)
二、噪声评价相关标准及应用 …………………………………………………… (117)
第四节 常用噪声检测仪器 ………………………………………………………… (128)
一、声级计 ………………………………………………………………………… (128)
二、工作场所噪声测量仪器介绍 ………………………………………………… (133)

第五章 工作场所噪声检测的质量控制 ……………………………………… (143)
一、实验室管理 …………………………………………………………………… (143)

二、人员要求 ………………………………………………………… (143)
　　三、仪器管理 ………………………………………………………… (144)
　　四、检测过程中的质量控制 ………………………………………… (145)
　　五、检测条件 ………………………………………………………… (146)
　　六、受检者依从性对个体噪声暴露检测时的影响 ………………… (147)
　　七、原始记录和检测报告审核 ……………………………………… (149)
　　八、实验室间比对 …………………………………………………… (149)
　　九、测量误差及其分类 ……………………………………………… (153)

第六章　噪声危害的防控措施 ……………………………………… (155)
第一节　噪声控制工作程序 ………………………………………… (155)
第二节　卫生工程措施 ……………………………………………… (157)
　　一、总体设计中的噪声控制 ………………………………………… (157)
　　二、常用噪声设备 …………………………………………………… (158)
　　三、噪声控制措施 …………………………………………………… (159)
第三节　个体防护措施 ……………………………………………… (163)
　　一、常用个体防护用品 ……………………………………………… (163)
　　二、护听器的选择和防护效果的评价 ……………………………… (165)
　　三、个体防护用品使用注意事项 …………………………………… (169)
第四节　噪声的职业卫生管理控制措施 …………………………… (171)
　　一、听力保护计划的建立 …………………………………………… (171)
　　二、听力保护计划的实施 …………………………………………… (174)

第七章　实例分析 …………………………………………………… (180)
实例一 ………………………………………………………………… (180)
　　一、检测背景 ………………………………………………………… (180)
　　二、检测目的 ………………………………………………………… (180)
　　三、检测评价依据 …………………………………………………… (180)
　　四、噪声危害的分布调查 …………………………………………… (181)
　　五、检测方案 ………………………………………………………… (182)
　　六、检测条件 ………………………………………………………… (185)
　　七、检测结果和评价 ………………………………………………… (185)
　　八、检测评价结论 …………………………………………………… (186)
　　九、建议 ……………………………………………………………… (187)
实例二 ………………………………………………………………… (188)
　　一、检测背景 ………………………………………………………… (188)
　　二、检测评价目的 …………………………………………………… (188)

三、检测评价依据 …… (188)
四、委托项目基本情况 …… (188)
五、噪声的分布调查 …… (193)
六、检测方案和检测条件 …… (194)
七、噪声检测结果和评价 …… (197)
八、噪声检测评价结论 …… (203)
九、建议 …… (203)

附 录 …… (206)
　附表1　委托单位职业卫生调查表 …… (206)
　附表2　噪声强度现场检测原始记录表 …… (211)
　附表3　个体噪声检测原始记录表 …… (212)
　附表4　噪声频谱现场检测原始记录表 …… (213)
　附表5　噪声测量仪器期间核查（标准源）原始记录表 …… (214)
　附表6　声校准器期间核查（传递比较法）原始记录表 …… (215)
　附表7　声校准器期间核查（仪器比对法）原始记录表 …… (216)

参考文献 …… (217)

第一章 声学基础知识

第一节 声及声音的产生

"声",古代繁体写为"聲",从耳,殸(qìng)声,"殸"是古乐器"磬"的本字,"耳"表示听,很形象地展示了声音的客观性和主观性。早在远古时代,我们的祖先对声就有较多的认识,东汉许慎在《说文》中解释"声,音也"。如今,多数学者认为声音(sound)是物体受到振动后,振动能在弹性介质中以波的形式向外传播,到达人耳引起的音响感觉。如讲话的声音来源于喉内声带的振动,扬声器发声来源于纸盆的振动,机械性噪声来源于机器部件的振动。我们将这些能发出声音的物体称为声源。声音是对声波的主观感觉,其产生的前提是振动体存在、有传播媒介且振动体在运动。

第二节 声音的传播

声音靠声波进行传播。声波(sound wave)是物质波,是在弹性介质(气体、液体和固体)中传播的压力、应力、质点运动等的一种或多种变化。以敲锣为例,当人们用锣锤敲击锣面时,锣面振动,即向外运动,使靠近锣面的空气介质受压缩,空气介质的质点密集,空气密度加大;当锣面向内运动时,这部分空气介质体积增大,从而使空气介质的质点变稀,空气密度减小。锣面这样往复运动,使靠近锣面附近的空气时密时疏,带动邻近空气的质点由近及远地依次推动起来,这一密一疏的空气层就形成了传播的声波,声波作用于人耳鼓膜使之振动,刺激内耳的听觉神经,就产生了声音的感觉。

一、声波的基本物理参数

声波可以用周期、波长、频率及声速等来表述其物理特性。

周期是声波运动一周所需的时间,或一个完整的周期波通过波线上某点所需的时间,记作 T,单位为秒(s)。声音的产生和传播见图 1-1。

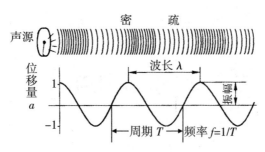

图 1-1 声音的产生和传播

波长是声波在一个周期中传播的距离,或同一波线上两个相邻的周期差为 2π 的质点之间的距离,记作 λ,单位为米(m)。对于纵波,波长等于两个相邻的密集部分(压缩区)或稀疏部分(膨胀区)中心之间的距离。

频率是单位时间内(1 s),声波波动推进的距离中所包含的完整波长的数目,或单位时间内通过波线上某点的完整波的数目,记作 f,$f=1/T$,单位为赫兹(Hz),$1\text{ Hz}=1\text{ s}^{-1}$。人耳对声音的频率有选择性,能听到频率范围 $20\sim20\,000$ Hz 内的声音(波长 $\lambda=17.000\sim0.017$ m)。频率小于 20 Hz 的声音为次声,频率大于 20 000 Hz 的声音为超声。次声和超声作用到人的听觉器官时不引起声音的感觉,所以一般人听不到。

声速是声振动在弹性介质中的传播速度(波速度),或等位相面(波阵面)传播的速度(相速度),记作 c,单位为米每秒(m/s)。声速取决于介质的弹性和密度,例如,20 ℃时,空气中,$c=344$ m/s;水中,$c=1\,483$ m/s;混凝土中,$c=3\,100$ m/s;钢材中,$c=5\,000$ m/s。在空气中声速随温度 t(℃)的上升而增加,关系式为 $c=331.45+0.61t$。常温下,工程上实际计算时常取 $c=340$ m/s。

频率 f、波长 λ 和声速 c 三者之间的关系是如式(1-1)或式(1-2)所示:

$$\lambda = c/f = cT \qquad 式(1-1)$$

或

$$c = \lambda f = \lambda/T \qquad 式(1-2)$$

二、声波的基本类型

声波在三维空间中传播,为了形象地描述声波的传播情况,常用声射线(声线)和声的波阵面这类几何要素来表达声波的传播。声线是自声源出发表示声波传播方向和传播途径的带有箭头的线,而不考虑声的波动性质。波阵面是声波在传播过程中,所有相位相同的媒介质点形成的面。波阵面总是与传播方向垂直,即声线与波阵面垂直。见图 1-2。

(一)平面声波

波阵面为平面的声波称为平面声波。各种远离声源的声波往往可以近似地看成平面波。见图 1-2。

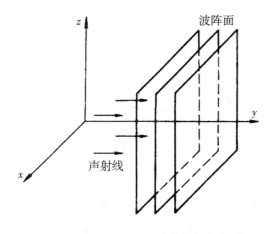
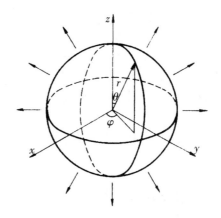

图1-2 平面声波传播示意图　　　图1-3 球面声波传播示意图

（二）球面声波

声源的几何尺寸比声波波长小得多，或者测量点离声源相当远时（离声源的距离比声源的尺寸大5～10倍以上），则可将该声源看成一个点，称为点声源。在各向同性的均匀媒质中，从一个表面同步胀缩的点声源发出的声波，其波阵面为一个以声源点为球心的球面称为球面声波。见图1-3。

（三）柱面声波

波阵面是同轴圆柱面的声波称为柱面声波，其轴线z可视为线声源。柱面声波见图1-4。在理想媒质中，声压近似地与离声源的距离r的平方根成反比。

平面波、球面波和柱面波都是理想型的声波传播基本模式，实际情况可能与其不同，在具体应用时可根据实际情况灵活地运用。例如一列火车，常可被看作近似于线声源，当声波传播距离小于该线声源的长度时，可以认为它遵循柱面波的传播规律；当声波传播距离远大于该线声源的长度时，则在某个方向上的传播，又可当作球面波的一部分来考虑；如果考虑在远小于传播距离的某个小区域内的传播问题，则又可简化为平面波的传播。

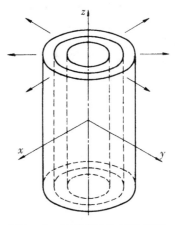

图1-4 柱面声波传播示意图

三、声波的传播与衰减特性

（一）声场

声波的传播范围相当广泛，声波的影响和波及范围称为声场。声场可分为自由声场、扩散声场和半自由声场（或称半扩散声场）。

自由声场是在均匀、各向同性的介质中，边界影响可以不计的声波传播场所。自由声场是一个理想的声场，在自由声场中，声波在任何方向传播都没有反射，如室外开阔的旷野、消声室等均属于自由声场。

扩散声场是空间内各点的声能密度相等，从各个方向到达某点的声强相等，到达某点的各波束之间的相位是无规的声场。扩散声场也是一种理想声场，声波在扩散声场里接近全反射。

在大多数场合下，声音传播是半自由声场，即介于自由和扩散之间的声场，如工矿企业、住宅等。

（二）声波的反射、折射、散射、绕射和干涉

声波在实际的传播过程中，常会从一种介质到另外一种介质或穿过介质不均匀的不同部分，这时声波往往会产生反射、折射、散射、绕射和干涉，其传播方向和声能随之发生改变。

1．声波的反射和折射

当声波从介质1中入射到另一种介质2时，入射声波一部分在分界面改变方向后在介质2中继续传播形成折射波，一部分声波反射回介质1中形成反射波。前者称为声波的折射现象，后者称为声波的反射现象，见图1-5。入射波与界面法线的夹角为θ，称为入射角；界面上反射波线与界面法线的夹角θ_1为反射角；透过介质2的折射波线与界面法线的夹角θ_2为折射角，$\theta > \theta_1$。入射、反射与折射波的方向满足式（1-3）关系：

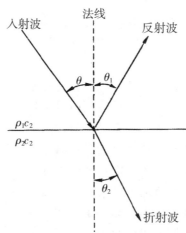

ρ_1，ρ_2——声波在介质1和介质2中的密度；ρc——声阻抗率（特性阻抗）

图1-5 声波的入射、反射、折射

$$\sin\theta/c = \sin\theta_1/c_1 = \sin\theta_2/c_2 \qquad 式（1-3）$$

式中：c_1为声波在介质1中的声速；

c_2为声波在介质2中的声速。

图1-5中，当两种介质的声阻抗率接近时，即$\rho_1 c_1 = \rho_2 c_2$，声波几乎全部由第一种

介质进入第二种介质,全部透射过去;当第二种介质声阻抗率远远大于第一种介质声阻抗率时,即 $\rho_2 c_2 > \rho_1 c_1$ 时,声波大部分会被反射回去,投射到第二种介质的声波能量很少。在噪声控制工程中,经常利用不同材料所具有的不同阻抗特性,使声波在不同材料的界面上产生反射,从而达到控制噪声传播的目的。如用两种或多种不同材料粘结成多层隔声板,在各层间形成分界面,各界面形成反射,从而阻止声音的传播。因此,对于相同厚度的隔声板,多层隔声板比单层隔声板隔声效果好。

声波除了在不同介质的界面上能产生折射现象外,在同一种介质中,如果各点处声速不同,也会产生折射现象。例如,大气中的温度和风速往往能改变声速,从而使声波产生折射。白天地面吸收太阳的热能,使靠近地面的空气层温度升高,自地面向上温度逐渐降低,声速也逐渐变小,声波传播的声线折向法线,声波的传播方向向上弯曲,见图1-6a。反之,晚上地面温度下降快,地面向上温度逐渐升高,声速也逐渐变快,声线背离法线,向地面弯曲,见图1-6b。这就是声音在晚上比白天传得更远的原因。另外,声波顺风传播时,由于地面对空气运动的摩擦阻力,风速随着离开地面的高度而增大,也就是说声速随高度增加而增加,所以声线向下弯曲;反之,逆风传播时,声线向上弯曲,并有声影区,见图1-7。这说明声音顺风比逆风传播得远。

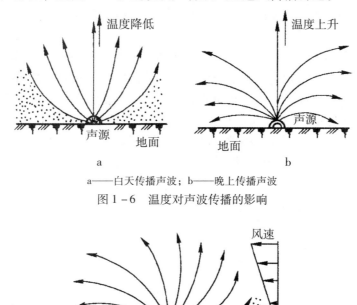

a——白天传播声波;b——晚上传播声波

图1-6 温度对声波传播的影响

图1-7 风速对声波传播的影响

2. 声波的散射、绕射和干涉

声波传播过程中,遇到的障碍物表面较粗糙或者障碍物的大小与波长差不多,则当声波入射时,就产生各个方向的反射,这种现象称为散射。散射情况较复杂,而且频率稍有变化,散射波图有较大的改变。

声波传播过程中，遇到障碍物或孔洞时，声波会产生绕射现象，即传播方向发生改变。绕射现象与声波的频率、波长及障碍物的尺寸有关。当声波频率低、波长较长、障碍物尺寸比波长小得多时，声波将绕过障碍物继续向前传播。如果障碍物上有小孔洞，声波仍能透过小孔扩散向前传播，图1-8为声波的绕射。

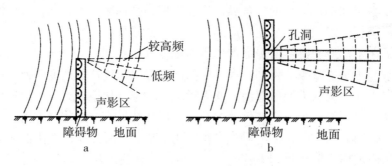

a——障碍物绕射；b——孔洞绕射
图1-8　声波的绕射

在噪声控制中，尤其要注意低频声的绕射。在设计隔声屏时，高度、宽度要合理，设计隔声间时，一定要做到密闭，门、窗的缝隙要用橡胶条密封，以免声音绕射，降低隔声效果。

当几个声源发出的声波在同一种介质中传播时，它们可能会在空间某些点上相遇，相遇处质点的振动是各波引起振动的合成。以两个传播方向相同、频率相同的简单波为例：当这两个声波在空间某一点处相位相同，两波便互相加强，其相遇的振幅为两波振幅之和（图1-9a）；当两声波相位相反，则两声波在传播过程中相互抵消或减弱，其相遇的振幅为两者之差（图1-9b），这些现象称为波的干涉。但实际上多个声源声波的振幅和频率以及相位均不相同，在某一点叠加时，情况相当复杂。

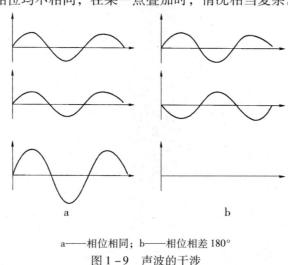

a——相位相同；b——相位相差180°
图1-9　声波的干涉

3. 声波的自然衰减

声波在任何声场中传播都会有衰减。一是由于声波在声场传播过程中，波前的面积随着传播距离的增加而不断扩大,声能逐渐扩散,从而使单位面积上通过的声能相应减少,声强随着离声源距离的增加而衰减,这种衰减称为扩散衰减;二是声波在介质中传播时,由于介质的内摩擦、黏滞性、导热性等特性使声源不断被介质吸收转化为其他形式的能量,使声强逐渐衰减,这种衰减称为吸收衰减。声源的形状和大小不同时,其衰减的快慢也不一样。

(1) 声波的扩散衰减:

1) 点声源的扩散衰减。在自由声场中,点声源以球面波的方式向各个方向扩散,当距声源为 r_1 处的声压级为 L_{p1} 时,在距声源 r_2 处的声压级为 L_{p2},则 L_{p2} 可由式 (1-4) 计算:

$$L_{p2} = L_{p1} - 20\lg\frac{r_2}{r_1} \qquad 式(1-4)$$

当 $r_2 = 2r_1$ 时,则得式 (1-5)

$$L_{p2} = L_{p1} - 20\lg\frac{2r_1}{r_1} = L_{p1} - 6 \qquad 式(1-5)$$

衰减量 $\Delta L = L_{p1} - L_{p2} = 6$ dB,即在自由声场中,距离每增加一倍,声压级衰减 6 dB,见图 1-10a。

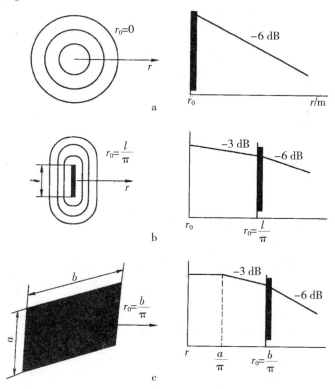

a——点声源;b——线声源;c——面声源

图 1-10 点声源、线声源和面声源的声衰减

2) 线声源的扩散衰减。在自由声场中,对于一个无限长的线声源,其声压级随距

离的衰减由下式计算：

$$L_{p2} = L_{p1} - 10\lg \frac{r_2}{r_1} \qquad 式（1-6）$$

由式（1-6）看出，离开线声源的距离每增加一倍，声压级衰减 3 dB，见图 1-10b。

如果线声源不能看成无限长，设其长度为 l 时，见图 1-10b，此声压级随距离的衰减分两种情况：

a. 靠近声源处，当 $r \leqslant \frac{l}{\pi}$ 时，此声压级计算可按无限长的线声源考虑，即距离增加一倍，声压级衰减 3 dB。

b. 当离声源足够远，且 $r > \frac{l}{\pi}$ 时，可按点声源考虑，即距离增加一倍，声压级衰减 6 dB。

对于上述两种情况，没有明确的界限，工程上，一般由 $\frac{l}{\pi} \approx \frac{l}{3}$ 为分界线，进行声压级的衰减计算。

3）面声源的扩散衰减。面声源的边长分别为 a、b（$a<b$），见图 1-10c。设离开声源中心的距离为 r，其声压级随距离衰减可按下面三种情况考虑：

a. 当 $r < \frac{a}{\pi}$ 时，衰减值为 0 dB，也就是说在面声源附近，声源发射的是平面波，距离变化时，声压级无变化。

b. 当 $\frac{a}{\pi} < r < \frac{b}{\pi}$ 时，则按线声源来处理，由式（1-6）计算其衰减值，即距离每增加一倍，声压级衰减 3 dB。

c. 当 $r > \frac{b}{\pi}$ 时，则可按点声源来处理，由式（1-5）计算其声波衰减量，距离每增加一倍，声压级衰减 6 dB。

（2）声波的吸收衰减。声波在传播过程中，一部分声能被介质吸收转化成其他形式能量，造成声波的吸收衰减。吸收衰减与介质的成分、温度、湿度等有关，此外还与声波的频率有关，频率越高，衰减越快。表 1-1 给出了由于空气的吸收，声波每 100 m 衰减的分贝数。

表 1-1　空气吸收引起噪声的衰减分贝数（dB）

频率/Hz	温度/℃	相对湿度			
		30%	50%	70%	90%
500	0	0.28	0.19	0.17	0.16
	10	0.22	0.18	0.16	0.15
	20	0.21	0.18	0.16	0.14

续表 1-1

频率/Hz	温度/℃	相对湿度			
		30%	50%	70%	90%
1 000	0	3.23	1.89	1.32	1.03
	10	0.59	0.45	0.40	0.36
	20	0.51	0.42	0.38	0.34
2 000	0	3.23	1.89	1.32	1.03
	10	1.96	1.17	0.98	0.89
	20	1.29	1.04	0.92	0.84
4 000	0	7.70	6.34	4.45	3.43
	10	6.58	3.85	2.76	2.28
	20	4.12	2.65	2.31	2.14
8 000	0	10.54	11.34	8.90	6.84
	10	12.71	7.73	5.47	4.30
	20	8.27	4.67	3.97	3.63

上面已经讨论了声音在传播过程中，声波扩散衰减和吸收衰减的机理和估算方法，但在实际中，两种衰减是同时存在的。因此，实际问题中计算噪声的衰减式为：

$$L_p = L_w - A_r - A_c \qquad 式（1-7）$$

式中：L_p 为距离声源某点处的声压级，dB；

L_w 为声源的声功率级，dB；

A_r 为由声波扩散造成的衰减，dB；

A_c 为由介质吸收造成的衰减，dB。

当声源为点声源，离点声源 r_1 处的声级为 L_1，则离声源为 r_2 处的声级 L_2 为：

$$L_2 = L_1 - 20\lg\frac{r_2}{r_1} - 6 \times 10^{-6} fr_2 - 8 \qquad 式（1-8）$$

式中：L_1 为距离声源 r_1（m）处已知的声级，dB；

L_2 为需要计算的距声源 r_2（m）处（接收点）的声级（$r_2 > r_1$），dB；

f 为声振动的倍频带几何平均频率（中心频率），Hz；

$6 \times 10^{-6} fr_2$ 为空气吸收声波所造成的附加衰减值，dB；

8 为修正值，dB。

当 $r_1 = 1$，且 $f < 1\ 000\ \text{Hz}$ 时，空气吸收声可忽略，此时有：

$$L_2 = L_1 - 20\lg r_2 - 8 \qquad 式（1-9a）$$

若在自由场情况下，则为：

$$L_2 = L_1 - 20\lg r_2 - 11 \qquad 式（1-9b）$$

第三节 声音的物理量度

一、基本物理量度

(一) 声压与质点振速度

声压（sound pressure）是垂直于声波传播方向上单位面积所承受的压力，以 P 表示，单位为帕（Pa）或牛顿每平方米（N/m²），1 Pa = 1 N/m²。声波在空气中传播时，引起介质质点振动，使空气产生疏密变化，从而对介质（空气）产生了声压。由于声压的测量比较易于实现，而且通过声压的测量也可以间接求得质点振速等其他声学参量，因此，声压已成为人们最为普遍采用的定量描述声波性质的物理量。

声场中某一瞬时的声压值称为瞬时声压，在一定时间间隔内，最大的瞬时声压为峰值声压。一定时间间隔内，瞬时声压对时间取均方根值称为有效声压 P_e，即：

$$P_e = \sqrt{\frac{1}{T}\int_0^T p^2 \mathrm{d}t} \qquad \text{式（1-10）}$$

式中：T 为平均的时间间隔。

媒质质点速度是求声能量所必需的一个参量，它是有方向的矢量。已知声压，通过运动方程可以求出质点速度 u，即

$$u = -\frac{1}{\rho_0}\int grad p \mathrm{d}t \qquad \text{式（1-11）}$$

在 x 方向，有

$$u_x = -\frac{1}{\rho_0}\int \frac{\partial p}{\partial x}\mathrm{d}t \qquad \text{式（1-12）}$$

(二) 声功率

声源在单位时间内辐射的总能量，称为声功率（acoustical power），常用"W"表示，单位为瓦（W）。

瞬时声功率为：

$$W(t) = SPu \qquad \text{式（1-13）}$$

式中：S 为波阵面面积，m²；
P 为声压；
u 为质点振动速度。

单位面积上的平均声功率称为平均声功率密度，有

$$\overline{W} = \frac{1}{T}\int_0^T W(t)\mathrm{d}t \qquad \text{式（1-14）}$$

对平面波和球面波有

$$\overline{W} = SP_e u_e \qquad 式（1-15）$$

式中：P_e 和 u_e 分别为声压和质点振动速度的有效值。

一般声源的声功率都非常小，例如一个人平时交谈时所发出的声功率仅为 $10^{-6} \sim 10^{-5}$ W，演讲时才达到 10^{-4} W。

（三）声强

单位时间内垂直于传播方向的单位面积上通过的声波能量称为声强（sound intensity）或能流密度，常用"I"表示，单位为瓦每平方米（W/m²）。

对平面声波，有：

$$I = \overline{W}/S = P_e u_e = P_e^2/\rho_0 c = u_e^2 \rho_0 c \quad (W/m^2) \qquad 式（1-16）$$

式（1-16）也适用于半径 r 很大时的球面波。

在 $kr > 1$ 时的柱面波有

$$I = [1/(\pi kr)][A^2/(\rho_0 c)] \quad (W/m^2) \qquad 式（1-17）$$

声强是一个具有方向性的量（矢量），其值有正有负；它的指向就是声波的传播方向。因此，在有反射波存在的声场中，声强这一量往往不能反映其能量关系，其测量值与环境有关，此时常用声功率来对声测量的结果进行评价。

$I = u_e^2 \rho_0 c$ 表明在特性阻抗较大的介质中，声源只需用较小的振动速度就可发射出较大的能量。

二、声级

（一）分贝

19 世纪著名的心理学家韦伯（E. H. Weber）判断人耳对声音的感觉满足对数定律。20 世纪初期，声压测量，特别是通过换能后的声压测量逐渐被广泛采用，因为声压的范围很大，就采用了对数标度，欧洲用自然对数，美国用常用对数。20 世纪 20 年代，国际会议把测量标度标准化，决定声压比的自然对数为奈培数（neper），能量比的常用对数为贝［尔］数（Bel），分贝为贝的十分之一。两种标准相差不大，1 neper = 0.8686 Bel。虽然在 20 世纪 40 年代史蒂文斯（S. S. Stevens）证明听觉不应是对数率而是幂数律，但由于贝尔实验室已做了大量语言和电声研究，使用分贝已成习惯且比较方便，分贝就沿用下来了。

（二）声强级

声强级（sound intensity level）是声强的对数表现形式，等于两个声强之比的对数乘以 10，如式（1-18）所示。

$$L_I = 10\log(I_2/I_1) \quad (dB) \qquad 式（1-18）$$

在实际运用中，我们往往依据式 1-18 设定听阈声强为基准声强 I_0，从而度量任一声音的强度 I。以 1 000 Hz 声音为例，正常青年人刚刚能引起音响感觉的、最低可听到的声

音强度为 10^{-12} W/m², 称之为听阈声强；而使人耳产生痛感时的声音强度为 1 W/m², 称之为痛阈声强。由式 1 – 19 计算可知，听阈声强级为 0 dB, 痛阈声强级为 120 dB。

$$L_I = 10\log(I/I_0) \quad (\text{dB}) \quad \text{式（1 – 19）}$$

式中：L_I 为声强级（dB）；

I 为被测声强（W/m²）；

I_0 为基准声强，常设定听阈声强为 10^{-12} W/m²。

（三）声压级

由于声强具有方向性等物理特性，使得声强测量比较困难，而声压测量相对比较容易进行，因此声压和声压级（sound pressure level）是目前最常使用的声音量度。我们在实际工作中经常使用的声级计就是用来测量声压级的仪器。

声压级是声压的对数表现形式，等于两个声压平方比的对数乘以 10。实际工作中，声压级的计算一般以听阈声压 20 μPa 作为基准声压 P_0，按式（1 – 20）求得任一声音声压 P 的声压级。如声压平方每增加 1 倍，声强级增加 3 dB, 或声压每增加 1 倍，声压级增加 6 dB。

$$L_p = 10\log\frac{p^2}{p_0^2} = 20\log\frac{p}{p_0} \quad \text{式（1 – 20）}$$

当声波在自由声场中传播时，声强与声压的平方成正比。这样，对任一被度量声音，L_I 与 L_p 数值相同，即 $L_I = L_p$。

生活和工作中常见声音声压级见表 1 – 2。0 dB 是刚能听出的声压级，140 dB 是安全的极限，可能瞬间的接触就会导致耳聋。

表 1 – 2 不同噪声源声压级举例

声压级/dB (0 dB = 20 μPa)	举 例	声压级/dB (0 dB = 20 μPa)	举 例
140	喷气发动机（25 m 外）	120	痛阈，喷气飞机起飞（100 m 外）
120	摇滚音乐	110	摩托车加速（5 m 外）
100	风铲（2 m 外）	90	载重汽车旁、吵闹工厂
80	吵闹街道交通	70	商业办公室
60	谈话	50	安静的饭馆
40	图书馆、客厅	30	卧室
20	风吹树叶	10	人的呼吸声（3 m 外）
0	最好的听阈		

（四）其他声学量级

基准值是为使用方便而选定的，在声学中，我们常以空气中的听阈声学值作为基

准。但在某些情况下，我们也可选用其他值作为基准值。例如，在水声学中有时也用 1 μPa 为基准，所以严格地表示，应把基准值写出，例如，L_I = 120 dB（0 dB = 1pW/m²）或 L_p = 94 dB（0 dB = 20 μPa）等。写法无国际标准，只要求指出基准。国外早期写法如上，后来逐渐简化，如 120 dB re | pW/m²。

质点速度或振动速度与声压类似，但与 I_0 相应的值不便用作基准值，基准值规定为 1 nm/s，速度级的数值也不与声强级相同。声学中主要量级和基准值列于表 1-3，但是最常用的还是声压级。

表 1-3 主要声学量级和基准值

级 名	定 义	基 准 值
声压级（气体中）	$L_p = 20\log p/p_0$	$p_0 = 20$ μPa
声压级（液体中）	$L_p = 20\log p/p_0$	$p_0 = 1$ μPa
振动加速度级	$L_a = 20\log a/a_0$	$a_0 = 1$ μm/s²
振动速度级	$L_v = 20\log v/v_0$	$v_0 = 1$ nm/s
振动位移级	$L_d = 20\log d/d_0$	$d_0 = 1$ pm
力 级	$L_F = 20\log F/F_0$	$F_0 = 1$ μN
强 度 级	$L_I = 10\log I/I_0$	$I_0 = 1$ pW/m²
功 率 级	$L_W = 10\log W/W_0$	$W_0 = 1$ pW

（五）声级的运算

在实际工作中，我们往往需要对不同的声级进行相加或相减的运算。声级不能直接进行加减运算，这里往往使用声强比或声压平方比值转换后进行相加、相减运算，然后再将其转化为分贝，从而求得声级分贝数。

1. 声强或声压平方比值与分贝数的换算

（1）比值与分贝数的换算表。声强比（可用于功率比、声能密度比等）或声压平方比（可用于质点速度比、振动速度比、力比等平方比）值与声强级或声压级分贝数的关系经计算见表 1-4。为便于日常工作中运用，将表 1-4 简化后可得表 1-5。

表 1-4 声强级或声压级分贝数与声强比或声压平方比值换算表

L_I 或 L_p/dB	I/I_0 或 P^2/P_0^2	L_I 或 L_p/dB	I/I_0 或 P^2/P_0^2	L_I 或 L_p/dB	I/I_0 或 P^2/P_0^2
0.0	1.000	5.0	3.162	10	10
0.5	1.122	5.5	3.584	20	10^2
1.0	1.259	6.0	3.981	30	10^3
1.5	1.413	6.5	4.467	40	10^4
2.0	1.585	7.0	5.012	50	10^5
2.5	1.778	7.5	5.623	60	10^6

续表 1-4

L_I 或 L_p/dB	I/I_0 或 P^2/P_0^2	L_I 或 L_p/dB	I/I_0 或 P^2/P_0^2	L_I 或 L_p/dB	I/I_0 或 P^2/P_0^2
3.0	1.995	8.0	6.310	70	10^7
3.5	2.239	8.5	7.079	80	10^8
4.0	2.512	9.0	7.943	90	10^9
4.5	2.818	9.5	8.912	100	10^{10}

表 1-5　声强级或声压级分贝数与声强比或声压平方比值换算表

L_I 或 L_p/dB	0	1	2	3	4	5	6	7	8	9
I/I_0 或 P^2/P_0^2	1.00	1.25	1.60	2.00	2.50	3.15	4.00	5.00	6.30	8.00

（2）比值和分贝数的简易转换方法：

1）由比值求分贝数。首先将比值写成小于 10 的数乘 10 的方次，然后在表 1-4 找到比值数对应的分贝数，再加上 10 的方次数乘以 10 分贝。例如某噪声比值为 P^2/P_0^2 = $(400\ mPa/20\ \mu Pa)^2 = 4 \times 10^8$。求分贝数时，在表 1-5 找到比值数为 4 对应的分贝数为 6 dB，再加上 10 的方次数 8 乘以 10，即所求分贝数为 6 dB + 8 × 10 dB = 86 dB。

2）由分贝数求比值。首先需将分贝数分为几十（或一百几十）加几两部分，分别从表 1-4 找出两部分比值然后相乘。如某噪声声压级为 86 dB，86 dB = 80 dB + 6 dB，80 dB 对应比值为 10^8，6 dB 对应比值为 3.981，约等于 4，最终比值为 4×10^8。

2. 声级的相加

噪声或不相干信号（频率不同或频谱不同）相加应是能量相加，可对各频率成分的声压级进行叠加，按式（1-21）求得总声压级。也可以先把分贝数转换为比数，比数相加后再转换为分贝数。

$$L_{pT} = 10\lg\left(\sum 10^{0.1 L_{pi}}\right) \qquad 式（1-21）$$

例　几种噪声分别为 70 dB、75 dB、80 dB、85 dB、90 dB，相加后是多少？

方法 1：按公式计算综合声压级

$$L_{pT} = 10\lg\left(\sum 10^{0.1 L_{pi}}\right) = 10\lg(10^7 + 10^{7.5} + 10^8 + 10^{8.5} + 10^9) = 92.7\ (dB)$$

方法 2：比值数法，首先列出每个声级的比值数（表 1-6），然后将比值数相加，为 1.4578×10^9，分贝数为 90 dB + 1.6 dB = 91.6 dB。

表 1-6　分贝数和比数对比表

分贝数/dB	70	75	80	85	90
比值数	1×10^7	3.16×10^7	1×10^8	3.162×10^8	1×10^9

这里比值 1.4578 在表 1-4 中是在 1.413 和 1.585 比数（相应于 1.5 dB 和 2.0 dB）之间，用线性插入 [$Y = 2.91 X - 2.61$ （dB）]，得 1.63 dB，取 1.6。表 1-4 分贝值邻值相差 0.5 dB 已够小，可用线性插入法，求得分贝数准确到 0.1 dB。倒过来由分贝数

求比值也可用线性插入法，得到比值仍可精确到小数点后 3 位，不过第三位的准确程度较差。

做多个声级相加时，为避免比值数过大不易计算，可用简化方法。先普遍减去一个分贝数，余下分贝数所对应的比值数都比较小了，将比值数相加后转换为分贝数，最后再把原来减去的分贝数加回来就完成了声级的相加。仍以上面的例子为例，首先将所有分贝数分别减去 80 dB，再查找余下分贝数相应比值数，相加比值数结果为 14.578，对应分贝数为 11.6，再加上原来减掉的 80 dB，最终综合声压级为 91.6 dB。见表 1-7。

表 1-7 分贝数比数换算举例

分贝数/dB	70	75	80	85	90
减去 80/dB	-10	-5	0	5	10
比值数	0.100	0.316	1.000	3.162	10.000
合 计					14.578

同样方法可用于声级相减，也就是比数相减。

三、频谱

由单一频率发出的声音称为纯音（pure tone），例如音叉振动发出的声音就是 1 kHz 的纯音。在日常生活或工作环境中，绝大多数声源发出的声音是由多个频率组成的复合音（complex tone）。周期波中的最低频率分量称为基频或基音。周期波中频率为基频频率整数倍的频率分量，称谐频或谐音。基音和各次谐音组成的复合声音形成和谐悦耳的乐音。而工作环境中产生的声音往往是杂乱无章的复合音，这种声音给人们不舒服的感觉，称之为噪声。通常可将噪声分为高、中、低频声三类：小于 300 Hz 为低频声，300~1 000 Hz 为中频声，大于 1 000 Hz 为高频声。从人耳对声音的感觉上判断，声音频率高则音尖、音调高；频率低则音沉、音调低。

（一）噪声频谱和频谱图

噪声频谱（frequency spectrum）是指声音频率由低到高的能量分布，体现了声音的频率特性。频谱图是以（中心）频率为横坐标（以对数标度，因为人们对不同频率声音的主观感受为音调，不与频率呈线性关系），以各频率成分对应的强度（声压级或声强级等）为纵坐标，作出的频率—声强度曲线图。频谱分析是指分析噪声能量在各个频率上的分布特性和各个谐频的组成。

声音的频谱常见有三种：①线状谱（纯音），由一些离散频率的声音组成，如一些乐器声；②连续谱，一定频率范围内含有连续频率成分的谱，是一条连续的曲线，大部分噪声都是连续谱，也称为无调噪声；③复合谱，由连续频率成分和离散频率成分组成的谱，又称为有调噪声。见图 1-11。变压器噪声频谱以低中频为主，主要集中在 125 Hz、250 Hz 和 500 Hz 这三个倍频带上。见图 1-12。

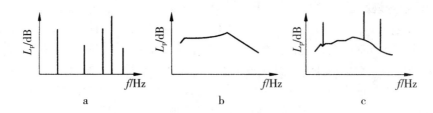

图1-11 典型的噪声频谱

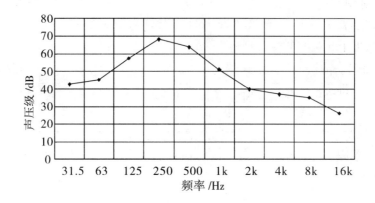

图1-12 某变压器噪声的频谱分析

（二）频带或频程

人耳听阈范围为20～20 000 Hz，频率相差1 000倍，若按间隔1 Hz来测定频谱，则在整个听阈范围内需设置并测定19 981个整数频率和与其对应的声级，这在实际工作中操作性差。为方便使用，科学家在听阈范围内将频率分为若干有代表性的段带（称为频带或频程），每一频带的带宽 Δf 为：

$$\Delta f = f_2 - f_1 \qquad 式（1-22）$$

式中：f_2 为该频带的上限频率，f_1 为下限频率。

1. 频段分段方法

符合人耳的听觉特性的分段方法通常有两种：①等宽（恒定带宽）分段，即带宽 Δf 等于某一常数。这种分法虽然较细，但数量很多，一般常用于振动测量。②等比（恒定相对带宽）分段，即相邻两个带宽之比 $\Delta f_2/\Delta f_1$ 为常数，这种分段法相对烦琐，但频段数少，更重要的是它符合人的听觉特性（人对不同频率声音的感觉是音调不同，而音调高低取决于频率的比值——音程）。等比分段是目前最常用的频段分段方法。

例如，女声基频为280 Hz，男声基频为140 Hz，两者相差八度音（同音、高一阶），则它们的频率比值280 Hz/140 Hz = 2^1，音程 = $1og_2 2^1$ = 1 oct。

又如，C大调6（中央A音）的基频：高音6为880 Hz，中音6为440 Hz，频率比 = 2^1，听起来高音6的音调较中音6提高了1倍（高1个八度）。同样，高音6为880 Hz，低音6为220 Hz，频率比 = 2^2，听起来高音6的音调较低音6提高了2倍。音乐上，现代标准调音频率是第四个八度的A4音即440 Hz。

2. 频段划分规则

（1）频段划分方法。频段划分往往以 1 kHz 为中心频率 f_0，向左、右两边起划，见图 1-13：

$$\longleftarrow 500\ \text{Hz} \longleftarrow 1\ \text{kHz} \longrightarrow 2\ \text{kHz} \longrightarrow$$

图 1-13　频段划分方向

按等比法则划分，即 $f_2/f_1 = 2^n$，若 $n=1$，$f_2/f_1 = 2^1$ 称为 1/1 倍频程或倍频程（1 oct）；$n=1/2$，$f_2/f_1 = 2^{1/2} = 1.414$，称为 1/2 倍频程（1/2 oct）；若 $n=1/3$，$f_2/f_1 = 2^{1/3} = 1.260$，称为 1/3 倍频程（1/3 oct）。

（2）频段命名。频段往往以该频段的中心频率命名。中心频率 f_0 为其上、下限频率的几何平均值，即：

$$f_0 = \sqrt{f_2 f_1} \qquad \text{式（1-23）}$$

3. 中心频率与上限频率、下限频率及带宽的换算

上限频率、下限频率及带宽均可以根据中心频率和已知的频程进行换算，由式（1-24）、式（1-25）和式（1-26）可导出：

$$f_1 = (1/\sqrt{2^n})f_0 \qquad \text{式（1-24）}$$

$$f_2 = \sqrt{2^n}\, f_0 \qquad \text{式（1-25）}$$

$$\Delta f = f_2 - f_1 = (\sqrt{2^n} - 1/\sqrt{2^n})f_0 \qquad \text{式（1-26）}$$

常用倍频程、1/2 倍频程和 1/3 倍频程上限频率、下限频率及带宽值见表 1-8。

表 1-8　不同频程上限频率、下限频率及带宽值

倍频程	常用倍频程	1/2 倍频程	1/3 倍频程
f_1	0.707 f_0	0.841 f_0	0.891 f_0
f_2	1.414 f_0	1.189 f_0	1.122 f_0
Δf	0.707 f_0	0.348 f_0	0.231 f_0

4. 可听声范围内的频带划分

人耳可听声频率范围为 20～20 000 Hz，当 $n=1$ 时，倍频程，频带数为 10 个，f_0 分别为 31.5 Hz、63 Hz、125 Hz、250 Hz、500 Hz、1 000 Hz、2 000 Hz、4 000 Hz、8 000 Hz、16 000 Hz。当 $n=1/3$ 时，1/3 倍频程，频带数为 30，常用于细分频带时。常用倍频程和 1/3 倍频程频率范围见表 1-9。

表1-9 常用倍频程和1/3倍频程频率范围　　　　　　单位：Hz

常用倍频程频率范围			1/3倍频程频率范围		
下限频率f_1	中心频率f_0	上限频率f_2	下限频率f_1	中心频率f_0	上限频率f_2
11.0	16.0	22.0	14.1	16.0	17.8
			17.8	20.0	22.4
22.0	31.5	44.0	22.4	25.0	28.2
			28.2	31.5	35.5
			35.5	40.0	44.7
44.0	63.0	88.0	44.7	50.0	56.2
			56.2	63.0	70.8
			70.8	80.0	89.1
88.0	125.0	177.0	89.1	100.0	112.0
			112.0	125.0	141.0
			141.0	160.0	178.0
177.0	250.0	354.0	178.0	200.0	224.0
			224.0	250.0	282.0
			282.0	315.0	355.0
354.0	500.0	707.0	355.0	400.0	447.0
			447.0	500.0	562.0
			562.0	630.0	708
707.0	1 000.0	1 414.0	708.0	800.0	891.0
			891.0	1 000.0	1 122.0
			1 122.0	1 250.0	1 413.0
1 414.0	2 000.0	2 828.0	1 413.0	1 600.0	1 778.0
			1 778.0	2 000.0	2 339.0
			2 239.0	2 500.0	2 818.0
2 828.0	4 000.0	5 656.0	2 818.0	3 150.0	3 548.0
			3 548.0	4 000.0	4 467.0
			4 467.0	5 000.0	5 623.0
5 656.0	8 000.0	11 312.0	5 623.0	6 300.0	7 079.0
			7 079.0	8 000.0	8 913.0
			8 913.0	10 000.0	11 220.0
11 312.0	16 000.0	22 624.0	11 220.0	12 500.0	14 130.0
			14 130.0	16 000.0	17 780.0
			17 780.0	20 000.0	22 390.0

5. 频带声压级 L_{pf} 的换算

一般来说，测量时用的频程不同，频带宽度也不同，所测得的声压级就不同。为了对不同噪声进行比较，有时需要进行频带声压级的换算。如将 1/3 倍频带声压级 $L_{pf1/3}$ 换算成倍频带声压级 $L_{pf1/1}$。

$$L_{pf1/1} = L_{pf1/3} - 10\lg(\Delta f_{1/3}/\Delta f_{1/1}) = L_{pf1/3} - 10\lg(1/3) \qquad 式（1-27）$$

即：

$$L_{pf1/1} = L_{pf1/3} + 4.8 \qquad 式（1-28）$$

式中：$\Delta f_{1/3}$ 和 $\Delta f_{1/1}$ 分别为 1/3 倍频带宽和 1/1 倍频带宽。

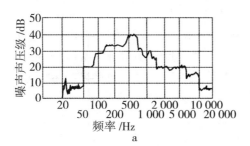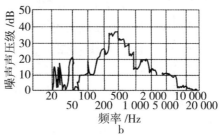

a——常用倍频程；b——1/3 倍频程
图 1-14 小型压缩机两种频程的频谱

四、噪声的主观评价量

噪声是人们不需要的声音，"需要与否"的评定取决于人的生理因素、心理因素和主观上不需要的程度，这要求对噪声进行主观上的定量评价。这些定量评价由代表性人群受测结果统计后获得。在客观量或其他主观评价量的基础上，对受试人群进行大量的针对目标效应（如响亮程度、吵闹烦恼、语言干扰等）的心理感受声学测试和听力损失调查，再根据客观因素对测试结果进行计权或关联修正。

评价噪声在各种情况下对人的不同目标效应的影响程度是一个十分复杂的问题。迄今为止，噪声主观评价量（参数）和评价方法已有百余种。如目标效应为各种频率噪声"响亮"程度的主观感觉评价（反映声音的物理效应和人耳的生理效应即听觉特性）：响度、响度级和等响曲线；目标效应为噪声"吵闹"程度的主观评价量：噪度和感觉噪声级；以感觉噪声级为基础，对噪声时间特性和能量变动特性进行修正和关联：有效感觉噪声级、有效连续感觉噪声级和 D 声级；噪声对语言干扰的主观评价：语言干扰级；考虑噪声在听力损失、语言干扰和烦恼三方面目标效应的主观评价：噪声评价数 NR 或噪声评价数曲线（NR 曲线），值得注意的是 NR 可与其 A 声级关联；等等。

在噪声控制中，以 A 声级、等效声级和 NR 曲线最为广泛采用，许多常用的噪声标准也是以它们为基础建立起来的，它们自然成为本节的重点。在国际上，一种称为评价声级的参量正在成为被广泛采用的主要评价量，其来源于修正的 A 计权等效连续声压级。

（一）响度、响度级及等响曲线

在实践中，人们认识到声强或声压这一物理参量的大小，与人耳对声音的生理感觉

（响的程度）并非完全一致。对于相同强度的声音，频率高则感觉音调高，声音尖锐，响的程度高；频率低则感觉音调低，声音低沉，响的程度低。而且这种主观感觉与健康息息相关。根据人耳对声音响亮程度的感觉特性，联系声压和频率测定出人耳对声音音响的主观感觉量，称为响度级（loudness level，L_N），单位为方（phon）。响度级是经过大量严格的实验测试得出来的。具体方法是：以 1 000 Hz 的纯音作为基准音，其他不同频率的纯音通过实验听起来与某一声压级的基准音响度相同时，即为等响。该条件下的被测纯音响度级（方值）就等于基准音的声压级（dB值）。

响度是以 40 phon 响度级的响度 N 为 1 宋（sone）（一般认为响度级在 40 phon 以下时是安静的环境，因此将其响度定为 1 sone），听者判断为其 2 倍响的为 2 sone，为其 10 倍响的是 10 sone。如 100 Hz 的纯音，当声压级为 52 dB 时，听起来与 40 dB 的 1 000 Hz 纯音一样响，则该 100 Hz 纯音的响度级即为 40 方，响度为 1 sone。

实验表明，响度级 L_N 每增加 10 phon，响度 N 增加 1 倍。响度和响度级的关系为：

$$L_N = 40 + 10\log_2 N = 40 + 33.3\lg N \quad (\text{phon}) \qquad 式（1-29）$$

$$N = 2^{0.1(L_N - 40)} \quad (\text{sone}) \qquad 式（1-30）$$

注意：上两式只适用于纯音或窄带噪声。

响度是衡量声音响亮程度变化的主观效果（绝对量），可以回答响多少倍的问题。但注意声音叠加后，其总响度不是简单的代数相加。

例 L_N 由 105 phon 降到 75 phon，声音的响亮程度降低了多少？

解：用式（1-29）、式（1-30）进行 phon - sone 间的换算：105 phon →90.5 sone，75 phon →11.3 sone；L_N 下降了 30 phon，而响度降低为（90.5 - 11.3）/90.5 =（8 - 1）/8 = 87.5%。

利用与基准音比较的方法，可得出听阈范围各种声频的响度级，将各个频率相同响度的数值用曲线连接，即可绘出各种响度的等响曲线图，称为等响曲线（equal loudness contour），国际标准化组织（ISO）推荐的等响曲线见图 1-15。听阈——0 phon 等响曲线：实际精确测定的最小可听声场（minimum audible field，MAF）为 4.2 phon 线，一般低于此曲线的声音，人耳无法听到。痛阈——120 phon 等响曲线：超过此曲线的声音，人耳感到痛觉（也有人把 130 phon 定为痛阈）。在听阈和痛阈之间，是人耳正常的可听声范围，从等响曲线可以看出：①频率为 2～6 kHz 段等响曲线下凹，表明人耳对高频声比较敏感，特别是对 3～5 kHz 的高频声十分敏感；②频率为 500 Hz～1 kHz 段等响曲线平坦，说明人耳对中频声的反应比较平稳，这是人们音乐、语言交流区的主要频段；③频率≤250 Hz 段等响曲线上翘，说明人耳对低频声明显迟钝，尤其在 f < 100 Hz 后等响曲线十分陡峭，人耳的听觉特别迟钝，已接近听力边界频率；④在低频段，等响曲线不仅陡峭而且密集；⑤同一个声压级水平上，响度级差别甚大，例如 L_p = 60 dB 时，L_N = 10～70 phon；⑥同一个频率上，较小的 ΔL_p 变化，就可引起较大的响度级改变；⑦不同响度级水平的等响曲线也不平行：低响度级时，曲线弯曲大，高响度级时，曲线趋于平坦，至 L_N > 100 phon 后，曲线几乎拉平，说明人耳对声音的频率响应已大大下降，人耳的痛感开始占上风；⑧频率 > 6 kHz 后，由于接近听力上边界频率，曲线有一个上坡段，人耳的敏感度有所下降。因此，在噪声控制中应尽量把共振效应调整到人耳反应迟钝的范围内或可听频率外。

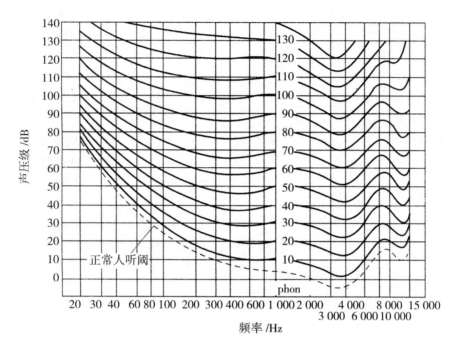

图 1-15　等响曲线

（二）斯蒂文斯响度 S

对于宽频带的连续谱噪声的响度计算方法，国际标准化组织推荐史蒂文斯（Stevens）和茨维克（Zwicker）方法（ISO 532—1975）。两种方法的计算结果比较接近，一般后者比前者高 5 dB，茨维克法的精确度高一些，但计算方法复杂得多，在欧洲使用较多，而在我国通常采用史蒂文斯法。

史蒂文斯法考虑到不同频率噪声之间会产生掩蔽效应，得出了一组等响度指数曲线（图 1-16），并认为响度指数最大的频带贡献最大，而其他频带由于前者的掩蔽而贡献减小。故在计算总响度时，它们应乘上一个小于 1 的修正系数 F（带宽因子）。

该方法假定是扩散声场，计算步骤如下：

（1）测量频带声压级（倍频带或 1/3 倍频带）。

（2）根据各频带中心频率的声压级，利用图 1-16 确定各频带响度指数。

（3）用下式计算总响度 S_t：

$$S_t = S_m + F(\sum_{i=1}^{n} S_i - S_m) \quad \text{(sone)} \qquad 式（1-31）$$

式中：S_m 为响度指数中的最大值；S_i 为第 i 个频带的响度指数；F 为带宽因子。对倍频程，$F = 0.30$；对 1/2 倍频程，$F = 0.2$；对 1/3 倍频程，$F = 0.15$。

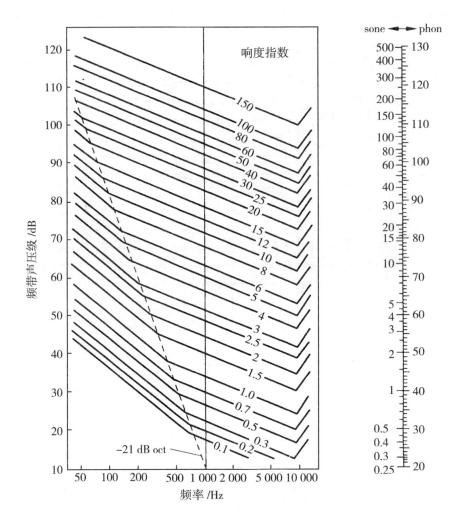

图 1-16 史蒂文斯响度指数曲线

（4）求出总响度后，可按图 1-16 右侧的列线图求出该复合噪声的响度级值，也可按下式计算出响度级：

$$L_N = 40 + 10\log_2 S_t \quad (\text{phon}) \qquad 式（1-32）$$

或

$$L_N = 40 + 33.3\lg S_t \quad (\text{phon}) \qquad 式（1-33）$$

例 根据所测得的倍频带声压级（表 1-10），求响度及响度级。

表 1-10 不同频率声压级求响度及响度级举例

纯音 f/Hz	63	125	250	500	1 000	2 000	4 000	8 000	说　明
声压级/dB	76	81	78	71	75	76	81	59	测量
响度指数/sone	5	10	10	8	12	15	25	8	查图 1-17

解：(1) 根据表 1-10 所给出的倍频带声压级值，由图 1-17 中查出相应的响度指数 S_i；

(2) 其中最大值为 $S_m = 25$，倍频带的修正因子 $F = 0.3$；

(3) 由式（1-31）可求得总响度为 $S_t = 25 + 0.3 \times (93 - 25) = 45.4 (\text{sone})$；

(4) 根据图 1-17 右侧的列线图或式（1-32），可求得响度为 45.4 sone(S) 的噪声所对应的响度级为 95 phon(S)。

注：响度和响度级单位后标注（S），表示为 Stevens 法，以与 Zwicker 法（Z）相区别。

（三）计权声级和计权网络

为了仍能用 dB 来统一度量噪声主观感觉的量，就需要对不同频率噪声声压级等客观量进行修正。目前所使用的声级计通常根据人耳对声音感觉特性，按等响曲线计权修正，使它们数值上与主观感觉一致。国际上常采用国际电工委员会（IEC）规定的电子计权网络：A、B、C、D 4 种按频程计权的网络（图 1-17）。

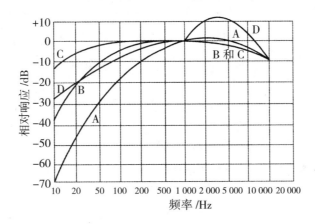

图 1-17　计权网络频率响应特性曲线

1. 计权网络

A 计权网络：计权后的声级叫 A 声级，记作 L_A 或 L_{pA}，单位为 dB（A）或 dBA。其频率响应曲线为 40 phon 等响曲线经规整化后倒置。特点是低声级响应，低频时衰减量大（表 1-11）。L_A 与主观反应之间的关系相当吻合，最接近人耳对噪声总的评价，尤其是宽频噪声。因此，L_A 是国内外应用最广泛的一个噪声评价量。

表 1-11　A 计权响应与中心频率的关系（按 1/3 倍频程）

中心频率/Hz	A 计权修正值/dB	中心频率/Hz	A 计权修正值/dB
20.0	-50.5	630.0	-1.9
25.0	-44.7	800.0	-0.8
31.5	-39.4	1 000.0	0.0

续表 1-11

中心频率/Hz	A 计权修正值/dB	中心频率/Hz	A 计权修正值/dB
40.0	-34.6	1 250.0	+0.6
50.0	-30.2	1 600.0	+1.0
63.0	-26.2	2 000.0	+1.2
80.0	-22.5	2 500.0	+1.3
100.0	-19.1	3 150.0	+1.2
125.0	-16.1	4 000.0	+1.0
160.0	-13.4	5 000.0	+0.5
200.0	-10.9	6 300.0	-0.1
250.0	-8.6	8 000.0	-1.1
315.0	-6.6	10 000.0	-2.5
400.0	-4.8	12 500.0	-4.3
500.0	-3.2	16 000.0	-6.6

B 计权网络：计权后的声级叫 B 声级，记作 L_B 或 L_{pB}，单位为 dB(B)。其频率响应曲线为 70 phon 等响曲线经规整化后倒置。特点是中声级响应，低频时有一定程度衰减量。目前使用较少。

C 计权网络：计权后的声级叫 C 声级，记作 L_C 或 L_{pC}，单位为 dB(C)。其频率响应曲线为 100 phon 等响曲线经规整化后倒置。特点是高声级响应，除 $f<50$ Hz 外衰减量少。通常 C 声级可以近似用于总声压级的测量，在声级计没有配备测频谱的滤波器时，可以用 A、B、C 声级近似地估计所测噪声源的频谱特性。例如，由于 A 声级和 C 声级在中、低频段上的衰减修正值差异明显，因此可以用 A、C 声级的差值 $L_{pC}-L_{pA}$ 近似地估算噪声源的频谱特性（表 1-12）。

表 1-12　$L_{pC}-L_{pA}$ 与频谱分类的关系

$L_{pC}-L_{pA}$	频谱性质	频 谱 特 点
-2	特高频	最高值在 4 000 Hz、8 000 Hz 两个倍频带内
-1	高频	最高值在 2 000 Hz 的倍频带内
0	高频	最高值在 1 000 Hz、2 000 Hz 两个倍频带内
1	高频	最高值在 500 Hz、1 000 Hz、2 000 Hz 3 个倍频带内
2	宽频	最高值在 125 Hz、250 Hz、500 Hz、1 000 Hz、2 000 Hz 5 个倍频带内
3~4	中频	最高值在 125 Hz、250 Hz、500 Hz、1 000 Hz 4 个倍频带内，以 500 Hz 最高
5~6	低中频	最高值在 125 Hz、250 Hz、500 Hz 3 个倍频带内
7~9	低频	最高值在 63 Hz、125 Hz、250 Hz 3 个倍频带内
10~19	低频	从低频向高频几乎呈直线下降
>20	低频	从低频向高频呈直线下降

D 计权网络：计权后的声级叫 D 声级，记作 L_D 或 L_{pD}，单位为 dB（D）。其频率响应曲线在 1 kHz 以上不但不滤波，反而对这个频段的信号加以提升，属于噪度系列的计权评价量，主要用于航空噪声的测量与评价。

Z 计权网络：即为未计权的声压级 L_Z，单位为 dB，呈平直线性响应，用作客观量度，测得的分贝数为声压级。

2. A 计权声级 L_A 的计算

首先对所测声音频谱的每一个中心频率的频带上进行 A 计权，求得每一个频带 A 声级 L_{Ai}，然后通过式（1-34）计算该声音总的 A 声级 L_A：

$$L_{Ai} = L_{pi} + \Delta i \quad [\text{dB}(A)] \qquad \text{式（1-34）}$$

式中：Δi 为 A 计权修正值（表 1-11）。

$$L_A = 10\lg\left(\sum 10^{0.1 L_{Ai}}\right) \quad [\text{dB}(A)] \qquad \text{式（1-35）}$$

（四）等效连续 A 声级

1. 等效连续 A 声级（L_{Aeq}）

A 声级仅适合于时间上连续、频谱较均匀、无显著纯音成分的稳态宽频带噪声；对于稳态的、随时间起伏变化较大的或不连续的噪声，A 计权声级就难以正确地反映噪声的影响。寻求一个等效的声级来表达，它等效于同一时间段内的非稳态噪声，等效量为声能；采用声能在同一时间段（T）内平均的方法来求得该等效声级，称为等效连续 A 声级，又称等能量 A 计权声级，简称等效声级，记作 L_{eq} 或 L_{Aeq}，单位为 dB（A）；若注明评价量是 L_{eq} 或 L_{Aeq}，则其单位也有用 dB 来表示的。

对连续变化噪声：

$$L_{eq} = 10\lg\left[\frac{1}{T}\int_0^t 10^{0.1 L_A(t)} dt\right] \quad [\text{dB}(A)] \qquad \text{式（1-36）}$$

式中：T 为测量的时间段；$L_A(t)$ 为瞬时 A 声级。

对非连续的离散值：

$$L_{eq} = 10\lg\left[\sum_{i=1}^n (P_i)(10^{0.1 L_{Ai}})\right] \quad [\text{dB}(A)] \qquad \text{式（1-37）}$$

式中：P_i 为第 i 个声级区间内持续的时间在总时间间隔中所占的比例；L_{Ai} 为第 i 个区间的中心 A 声级值。

对等时间间隔采样（采样数 n）：

$$L_{eq} = 10\lg\left[\sum_{i=1}^n (10^{0.1 L_{Ai}})\right] \quad [\text{dB}(A)] \qquad \text{式（1-38）}$$

式中：n 为采样数，ISO 建议 $n=100$；L_{Ai} 为 n 个 A 声级中第 i 个测定值。

注意：A 计权声能量的表达：线性声级时，$I/I_0 = p^2/p^3 = 10^{L_p/10} = 10^{0.1 L_p}$，则 A 计权声级的能量表达为 $10^{0.1 L_A}$。

例 甲、乙两工人一个班工作 8 h，噪声暴露情况见表 1-13。

表 1-13　噪声暴露情况

L_A/dB（A）	90	95	100	80 以下
甲暴露时间/h	8	0	0	0
乙暴露时间/h	2	3	1	2

问：哪个工人接受的噪声危害更大？

解：$T = 8$ h，则 L_{eq}（甲）$= 90$ dB（A）（稳态噪声时），即 $L_{eq} = L_A$。

$$L_{eq}(乙) = 10\lg\left[\frac{1}{8}(2 \times 10^9 + 3 \times 10^{9.5} + 10^{10})\right] = 94.3[dB(A)]。$$

答：乙比甲接受的有害噪声能量多。

（五）累积百分声级 L_N

现实生活中，许多环境噪声属于非稳态噪声，如区域环境噪声和交通噪声，对这类噪声虽可用等效声级 L_{eq} 表达，但其随机的起伏程度却没有表达出来。这种起伏可用 A 声级出现的时间概率或累积概率来表示。目前，主要采用累积概率的统计方法，也就是用累积百分声级 L_N 或 L_{AN} 来表示，单位为 dB（A）；累积百分声级也称为统计声级。

累积百分声级表示在测量时间内高于声级 L_N 的噪声所占的时间为 $n\%$。通常认为：

L_{10} 表示在取样时间内只有占 10% 时间的噪声超过该声级，相当于噪声平均峰值；

L_{50} 表示在取样时间内有占 50% 时间的噪声超过该声级，相当于噪声的平均值（中值）；

L_{90} 表示在取样时间内有占 90% 时间的噪声超过该声级，相当于噪声背景（本底）值。

其计算方法是将在一段时间 T 内进行随机采样测得的 100 个或 200 个数据按从小到大顺序排列，总数为 100 个的第 10 个数据或总数为 200 个的第 20 个数据即为 L_{10}；总数为 100 个的第 50 个数据或总数为 200 个的第 100 个数据即为 L_{50}；同理，第 90 个数据或第 180 个数据即为 L_{90}。

累积百分声级一般只用于有较好正态分布的噪声评价，此时它与同一时间段内的等效连续 A 声级之间有近似关系：

$$L_{eq} \approx L_{50} + \frac{(L_{10} - L_{90})^2}{60} \quad [dB(A)] \qquad 式（1-39）$$

等效声级的标准偏差为：

$$\sigma = (L_{16} - L_{84})/2 \qquad 式（1-40）$$

（六）噪声评价曲线（NR 曲线）和噪声评价数 NR

A 声级是一个单值评价量，是噪声所有频率成分影响的综合反映，但缺乏详细的频率信息。例如，它反映不出高频噪声和低频噪声的差别，特别是反映不出它与标准允许值之间的分频差距情况。

由于 A 声级不能全面反映噪声源的频谱特性，相同的 A 声级其频谱特性可能有很大的差异。例如，A 声级同为 100 dB（A），电锯声（高频特性）听起来刺耳，而鼓风机声（中、低频特性）听起来沉闷，人的感觉完全不同。

噪声评价曲线（NR 曲线）是考虑噪声的频率信息对听力损失、语言干扰和烦恼程度这 3 种目标效应的影响，又能用一个数字（NR 数）来表示噪声水平的主观评价量。图 1-18 NR 曲线在 1961 年被 ISO 提出和推荐使用，它的声压级范围是 0～130 dB，适用于中心频率 63 Hz～8 kHz 的 8 个倍频程，1971 年又增加了中心频率为 31.5 Hz 的倍频程（图 1-18）。NR 曲线主要用于评价室内环境或在噪声控制中计算各倍频程的降噪量。

在同一 NR 曲线上的各倍频程噪声可以认为具有相同程度的干扰，故又称为等干扰度曲线。每条曲线上所标定的数字称为噪声评价数 NR 或 N，它与这条曲线上 1 kHz 的声压级相同。NR 曲线上 L_p 和 NR 的关系也可由下式计算：

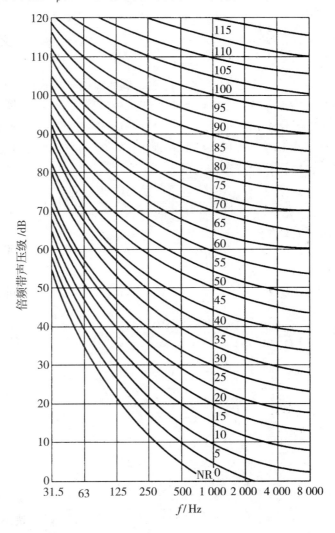

图 1-18　噪声评价曲线（NR 曲线）

$$L_{pi} = a + b\mathrm{NR}_i, \quad L_{pi}\text{取整数} \qquad 式(1-41)$$

式中：a、b 为不同倍频程中心频率所对应的系数，见表 1-14。

表 1-14 不同中心频率的系数 a 和 b

频率/Hz	31.5	63	125	250	500	1 000	2 000	4 000	8 000
a	55.4	35.5	22.0	12.0	4.8	0.0	-3.5	-6.1	-8.0
b	0.681	0.790	0.870	0.930	0.974	1.000	1.015	1.025	1.030

求噪声 NR 数的方法有如下三种：

（1）图标法。在确定噪声的 NR 数时，先将该噪声频谱中各倍频程声压级（8 个）标在 NR 曲线图（图 1-18）上，其中最接近而又稍高于噪声频谱线（最小距离为 1 dB）的一条 NR 曲线的值就是该噪声的 NR 数。

（2）计算法。由噪声频谱中各倍频程声压级 L_{pi}（8 个），按下式计算出各 NR_i：

$$NR_i = (L_{pi} - a)/b \qquad 式(1-42)$$

其中，最大值（取整数）即为该噪声的 NR 数，例如算出某噪声各倍频程的 NR_i 最大值为 86.2，则该噪声的 NR 数取整数为 87。

（3）在听力保护和语言可懂度中，由于只用以 500 Hz、1 kHz 和 2 kHz 为中心频率的 3 个倍频带声压级来计算 NR 数，因此在求得最大的 NR 值（取整数）上加 1 才是评价该噪声的 NR 数，以弥补计算频带数的不足。

在 NR 曲线上，每条曲线的 NR 数与该曲线的 A 声级间有良好的相关性，它们之间有如下关系：

$L_A \geq 70$ dB(A) 时，

$$L_A \approx NR + 5 \quad 或 \quad NR \approx L_A - 5 \qquad 式(1-43)$$

$L_A < 70$ dB(A) 时，

$$L_A = 0.8NR + 18 \qquad 式(1-44)$$

在取整 NR 85 曲线上各频率声级值及 A 计权值见表 1-15。A 声级 L_A 与对应的 NR 曲线上的各频带声压级值也可查表 1-16。

表 1-15 NR 85 曲线上各频率声级值及 A 计权值

f_0/Hz	63	125	250	500	1 000	2 000	4 000	8 000	说 明
NR85 对应声级/dB	103	96	91	88	85	83	81	80	计算或查图
A 计权值/dB	-26.2	-16.1	-8.6	-3.2	0.0	+1.2	+1.0	-1.1	查表 2-5
计权后/dB(A)	76.8	79.9	82.4	84.8	85.0	84.2	82.0	78.9	计权计算
叠加后/dB(A)	总的 L_A = 90.1 dB(A) ≈ 85（NR 数）+ 5								验证

NR 曲线在噪声控制中的应用：

在噪声控制中，一般要求现场设备最好能控制到 ≤ 90 dB(A)，根据 $NR = L_A - 5$，我们可选用 NR85 曲线作为分频控制标准。噪声频谱中各 L_{pi} 与 NR85 曲线上对应 dB 数的差值即为控制该噪声达标所需的各中心频率上的降噪量 ΔL_{pi}；也就是说，当噪声频谱中各 L_{pi} 降到 NR85 曲线以下时，各频段叠加后的总声压级必定小于 90 dB（A）。

表 1-16 A 声级与 NR 曲线倍频带声压级换算表

L_A/dB	各倍频程中心频率（Hz）的声压级/dB						L_A 对应的 NR 数
	125	250	500	1 000	2 000	4 000	
50	57	49	44	40	37	35	40
55	62	57	50	46	43	41	46
60	68	61	56	53	50	48	53
65	73	67	62	59	56	54	59
70	79	72	68	65	62	61	65
75	84	78	74	71	69	67	71
80	87	82	78	75	73	71	75
85	92	87	83	80	78	76	80
90	96	91	88	85	83	81	85

也可将噪声频谱中各 L_{pi} 值标在 NR 曲线图上，超过噪声标准的 NR 曲线以上部分即为所需的降噪量。

用 NR 曲线计算的降噪量使我们明确了在每个倍频程上所要求的降噪量，使噪声控制措施更有效、更具针对性，经济上也更合理。这是噪声控制工程中必备的技术。

如某噪声源产生噪声各频段声压级及其按 NR85 降噪量计算见表 1-17。

表 1-17 某噪声降噪量计算举例

中心频率/Hz	63	125	250	500	1 000	2 000	4 000	8 000	说 明
声压级/dB	105	100	104	98	95	92	85	80	实测
噪声 NR_i 数	88.0	89.7	98.9	95.7	95.0	94.1	88.9	85.4	$NR_i = (L_{pi} - a)/b$
噪声 NR 数	\multicolumn{8}{c	}{$NR = NR_m = 98.9$}		取最大值 NR_i
NR85/dB	103	96	91	88	85	83	81	80	$L_{pi} = a + bNR_i$
降噪量/dB	2	4	13	10	10	9	4	0	声压级——NR85

第二章 工业噪声的分布

第一节 工 业 噪 声

生产性噪声是指在生产过程中产生的，其频率和强度没有规律，听起来使人感到厌烦的声音，也称为工业噪声。生产性噪声通常具备以下特征：①强度高。生产性噪声声级常高于 80 dB（A），甚至高达 110 dB（A）以上，长期接触对人体听觉系统和非听觉系统都可造成损伤。②高频音所占比例大。工业噪声以高频音为多见，其危害大于中、低频音。③持续暴露时间长。在生产过程中，作业工人每个工作日持续接触强噪声时间可长达数小时。④其他有害因素联合作用。生产环境中往往同时伴有振动、高温、毒物等有害因素，这些生产性有害因素可与噪声产生联合作用。

噪声的分类方法有多种。按照来源，生产性噪声可以分为：

（1）机械性噪声。它是由固体振动产生的。在冲击、摩擦、交变应力或磁性应力等作用下，机械设备中的构件（杆、板、块）及部件（轴承、齿轮）发生碰撞、摩擦、振动，而产生机械性噪声。它在现场环境中是最常见的，如机械加工、金属制造、汽车制造等大部分行业均会因使用冲压机、打磨工具、切割机、裁剪机等设备而产生机械性噪声。

（2）流体动力性噪声。指气体压力或体积的突然变化或流体流动所产生的声音，如空压机空气压缩时发出的声音，化工厂的管道中液体或气体流动的声音，电厂的增压风机、引风机、送风机气体流动的声音等。

（3）电磁性噪声。机械设备中，常将由电磁应力作用引起振动的辐射噪声称为电磁噪声。它指由于电磁设备内部交变力相互作用而产生的声音，如最常见的变压器所发出的声音。

根据噪声随时间的分布情况，生产性噪声可分为连续声和间断声。连续声又可分为稳态噪声和非稳态噪声。随着时间的变化，声压波动 <3 dB(A) 的噪声称为稳态噪声，≥3 dB(A) 则为非稳态噪声。还有一类噪声被称为脉冲噪声，即声音持续时间 ≤0.5 s，间隔时间 >1 s，声压有效值变化 ≥40 dB(C) 的噪声，如锻造工艺使用的空气锤发出的声音、射击时枪击的声音。

根据频谱特性，噪声又可分为低频噪声（主频率在 300 Hz 以下）、中频噪声（主频率在 300～800 Hz）和高频噪声（主频率在 800 Hz 以上）。此外，还可以根据频率范围大小分为窄频带噪声和宽频带噪声。

第二节　不同行业的噪声分布

工业噪声广泛存在于各种类型的企业中，是最常见的职业病危害因素之一。本章将以 13 个不同类型的行业的噪声监测数据为例，描述各种行业一般情况、噪声危害识别及检测要点、噪声危害现状等，探讨不同行业工作环境噪声暴露水平及作业工人噪声接触情况，从而为检测、评价人员熟悉各种行业的噪声分布情况及危害水平提供参考，同时也为用人单位对噪声作业场所和噪声作业岗位进行噪声危害防控管理提供一定的数据支持。

应该注意的是，本章所统计的 13 个行业的噪声监测数据来自于各行业的某些企业，具有一定的代表性，但不能做到面面俱到。当工艺和环境布局等与本章提及的企业不同时，噪声水平会存在一定的差别。

一、发电企业

发电企业又称为发电站或电厂，是将自然界蕴藏的各种一次能源转换为电能（二次能源）的工厂。目前大部分商业运行中的发电厂，其发电机组都是基于电磁感应的原理，借由外力不断地推动感应线圈产生感应电流。推动的力量，可以是水的位能，或是经由燃料燃烧所产生的热能，或是以风力推动产生的动能。因此，发电厂的种类通常可以由燃料或动力种类分为火力发电厂、水力发电厂、风力发电厂、原子能（核能）发电厂、太阳能发电厂、垃圾发电厂和地热发电厂等。

火力发电厂是利用煤、石油、天然气或其他燃料的化学能来生产电能，简称火电厂。从能量转换的观点分析，其基本过程是：化学能—热能—机械能—电能。世界上多数国家的火电厂以燃煤为主。煤粉和空气在电厂锅炉炉膛空间内悬浮并进行强烈的混合和氧化燃烧，燃料的化学能转化为热能。热能以辐射和热对流的方式传递给锅炉内的高压水介质，分阶段完成水的预热、汽化和过热过程，使水成为高压高温的过热水蒸气。水蒸气经管道送入汽轮机，由汽轮机实现蒸气热能向旋转机械能的转换。高速旋转的汽轮机转子通过联轴器拖动发电机发出电能，电能由发电厂电气系统升压送入电网。

（一）燃煤发电厂

1. 一般情况

火力发电厂中最常见的是燃煤发电厂。燃煤发电厂一般的生产工艺过程是：燃料（原煤）经煤轮或火车、汽车运输至电厂煤码头或运至煤场暂时贮存，有些直接输送进入厂内燃料输送系统。原煤经过筛分、破碎后进入主厂房内的煤粉制备系统，经磨煤机磨制成粉后送入锅炉炉膛中燃烧。锅炉将经过预处理、除盐、除氧预热的水加热成蒸汽，送入汽轮机推动汽轮机旋转并带动发电机产生电能，电能输出后经电缆升压输入电网。在汽轮机做功后的蒸汽进入凝汽器，经循环水冷却，冷凝成水与除盐补充水混合，经除氧、预热后再进入锅炉循环使用。燃煤燃烧产生的烟气，经除尘、脱硫和脱硝处理后排出。飞灰输入干灰库供综合利用，或经加湿后用罐车外运至灰场。渣经刮板捞渣机运至渣仓，再用自卸车运到灰场碾压贮存或供综合利用。燃煤发电厂工艺流程见图2-1。

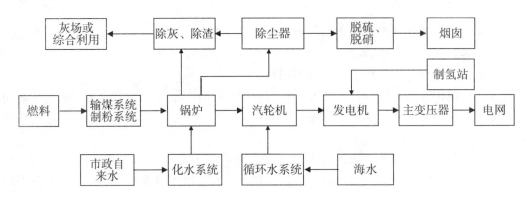

图2-1 某靠海燃煤电厂工艺流程

燃煤发电厂按其功能常可分为控制系统、码头及输煤系统、制粉系统、锅炉系统等14个单元，各生产单元划分及详细特点见表2-1。燃煤发电厂的劳动定员按部门一般分为运行部、设备部和燃料部，各部门具体劳动定员及其接触噪声的特点等见表2-2。

2. 噪声危害特点及检测要点

燃煤发电厂的噪声包括各种设备在运转过程中由于振动、摩擦、碰撞而产生的机械性噪声流体动力性噪声；由于风管、汽管中介质的扩容、节流、排汽、漏汽而产生的流体动力性噪声以及磁场交变运动产生的电磁性噪声。产生这些噪声的噪声源包括集中于主厂房的汽机系统和锅炉系统的各种泵、风机、管道等，除灰、脱硫、脱硝的部分空压机、风机和泵，输煤系统的皮带泵，电气系统的变压器等。除输煤系统外，大部分作业环境的噪声基本为设备正常运行状态下产生的稳态噪声。燃煤发电厂是噪声危害较为严重的企业，码头及输煤系统、制粉系统、锅炉系统、汽机系统、除灰渣系统及废水处理系统均存在较为严重的噪声。在检测过程中我们首先应该对各系统噪声作业场所进行布点测量，各作业场所中，主厂房的噪声源多，噪声经过直射、反射、衰减、叠加等物理变化后，往往比较均匀，可按照189.8规定划定不同区域［区域范围内A声级差别<3 dB（A）］，每个区域布3个左右的点进行测量；其他系统工作场所的噪声往往分布比较分散，可采用典型监测位布点的方式，在各噪声源附近及作业工人巡检停留点进行布点测量，各生产单元环境噪声检测要点见表2-1。

燃煤发电厂作业工人往往采取巡检的方式在非固定点进行作业，不同工种之间有不同的巡检路线和巡检区域，各工种按规定的巡检路线进行定期巡检，部分时间在负责的现场区域处理相应的事务，其余时间均在控制室或办公室等非噪声工作场所进行监盘、开作业票、文书办公等工作。进行作业岗位作业人员噪声接触水平评估时，往往很难根据工作场所的检测结果进行计算，需要按照岗位分工抽样进行个体噪声的检测，各作业工人岗位噪声检测要点见表2-2。

表2-1 燃煤电厂生产单元、工程内容、噪声特点及检测要点

序号	生产单元	工程内容	噪声特点	检测要点
1	控制系统	集控楼、输煤控制楼	为各系统的控制室,没有噪声源	非噪声作业地点,每个控制室测量1~2个检测点
2	码头及输煤系统	输煤皮带、转运站、栈桥、煤场、码头	输煤皮带、转运站、栈桥多为动力泵产生的稳态的机械性噪声,煤场及码头噪声源多为转运机车产生的非稳态的机械性噪声。噪声点相对较分散	典型噪声监测位布点测量,如输煤皮带转接处泵附近、煤场推扒车驾驶室内等
3	制粉系统	磨煤机、一次风机、送风机、密封风机等	该部分噪声源较分散,噪声主要为磨煤机产生的机械性噪声流体动力性噪声以及各类型风机运转产生的流体动力性的稳态噪声,水平往往很高	典型噪声监测位布点测量,如各风机、磨煤机前,作业工人巡检点等
4	锅炉系统	锅炉、加热器、水泵、管道等	主要来源于各种设备运转产生的机械性噪声流体动力性噪声和管道扩容、节流等产生的气体动力性噪声,均为稳态噪声,噪声水平高。位于主厂房内的噪声源较为集中,主厂房外的噪声源较分散	主厂房内可划分声级区进行布点检测;主厂房外采用典型噪声监测位布点检测
5	汽机系统	汽轮机、发电机等	位于主厂房,噪声源集中,主要来源于各种设备运转产生的机械性噪声流体动力性噪声和管道扩容、节流等产生的气体动力性噪声,均为稳态噪声,噪声水平高	可按划分声级区进行布点检测
6	电气系统	升压站、变压器、配电装置	变压器、配电柜等磁场交变运动产生的稳定的电磁性噪声,但噪声水平较低,不需检测	不需检测
7	化学水处理系统	锅炉补给水处理系统、凝结水精处理系统、炉内加药系统、水汽取样系统、循环水处理系统	该部分噪声源较分散,噪声多为稳态噪声,主要由各种泵类运转产生的机械性噪声流体动力性噪声,各种泵噪声水平较高,但其他设备噪声水平往往不高	典型噪声监测位布点检测

续表2-1

序号	生产单元	工程内容	噪声特点	检测要点
8	除灰渣系统	电除尘器、电除尘器控制室、灰库、除灰输送系统、引风机及烟囱、水浸式刮板排渣机、渣仓、石子煤输送装置	该部分噪声源较分散,噪声主要为稳态的流体动力性噪声,水平往往很高	典型噪声监测位布点检测
9	脱硫系统	脱硫装置、曝气池	脱硫装置噪声源分散,噪声多为各类风机、泵等设备产生的机械性和气体性噪声,均为稳态噪声,噪声水平较高	典型噪声监测位布点检测,曝气池无噪声源不用检测
10	脱硝系统	氨站	没有噪声源,噪声水平较低,不需检测	
11	废水处理系统	工业废水处理系统、含油污水处理系统、生活污水处理系统	与化水系统类似,噪声源较分散,噪声多为稳态噪声,主要由各种泵运转产生的机械性噪声流体动力性噪声,各种泵噪声水平较高,但其他设备噪声水平往往不高	典型噪声监测位布点检测
12	其他	点火油供应系统、油泵房、供氢站、化验楼、淡水供应系统	在各系统噪声源少,分散的泵,噪声以稳态噪声为主	典型噪声监测位布点检测

表2-2 燃煤电厂劳动定员及接触噪声情况

部门	工种（或岗位）	工作内容	接触噪声特点及检测要点
运行部	管理组	管理	一般不接触噪声,不用检测
运行部	值长	管理	一般不接触噪声,不用检测
运行部	集控主值	监盘为主,不去现场	一般不接触噪声,不用检测
运行部	集控副值	监盘为主,偶尔去现场	接触噪声不规律,个体噪声检测
运行部	集控运行巡检	包括锅炉运行巡检、汽机运行巡检、电气运行巡检及辅助公用工程运行巡检	接触噪声水平高、时间长,作业点不固定,个体噪声检测
运行部	化验班	水样、煤样分析	接触噪声相对较少,作业点不固定,个体噪声检测
设备部	包括汽机班、锅炉班、电气班、热控班等	按不同工种对全厂设备进行检修、维护等	接触噪声不规律,作业点不固定,个体噪声检测

续表2-2

部门	工种（或岗位）	工作内容	接触噪声特点及检测要点
燃料部	燃料巡检人员	主要巡检皮带	接触噪声水平较高、时间长，作业点不固定，个体噪声检测
	燃料点检、维修人员	对燃料设备进行检修、维护等	接触噪声不规律，作业点不固定，个体噪声检测
	码头、煤场各类司机如卸船机司机、推扒机司机等	码头、煤场的各种作业	作业点固定，非稳态噪声，可定点测量 L_{Aeq} 或个体噪声

3. 作业环境噪声分布

按照现场区域分布及作业人员工作地点等，燃煤电厂现场环境可分为主厂房（包括汽机系统、锅炉系统、制粉系统和电气系统）、水处理系统、除灰脱硫脱硝系统和码头及输煤系统。其中，主厂房有大量高噪声源，如各类风机、泵、蒸汽管道等。水处理的高噪声源主要为循环水泵、罗茨风机等。除灰脱硫脱硝的高噪声源主要为各种空压机、风机、浆液泵等。码头及输煤系统的高噪声源主要为皮带、碎煤机及推煤机等。

目前，大型燃煤电厂按发电量可主要分为 300 MW、600 MW 和 1 000 MW 等几种，本章对不同规模的电厂的噪声水平分别进行统计，结果显示燃煤电厂的主厂房区域和除灰、脱硫区域是噪声危害最严重的区域，其大部分现场环境超过 85 dB(A)，有较多高噪声设备，其中主厂房设备多、巡检点多、噪声源集中，危害最严重。码头及输煤和水处理系统亦有部分区域存在高噪声设备，如码头及输煤区域的皮带、推扒机、碎煤机等，水处理区域的一些空压机、泵、风机等设备。不同发电量的燃煤电厂之间噪声水平从危害程度看未有明显差别。详细结果见表 2-3 至表 2-11。

表2-3 300 MW 燃煤电厂作业环境噪声水平

生产单元	数量 /n	噪声强度/dB(A) 范围	噪声强度/dB(A) $\bar{x} \pm s$	≥80 dB(A) 测点构成比/n（%）	≥85 dB(A) 测点构成比/n（%）
主厂房汽机、锅炉、制粉系统	179	71.4~110.6	90.2±6.7	165（92.2）	148（82.7）
除灰、脱硫、脱硝系统	23	81.2~104.1	89.1±6.7	23（100.0）	15（65.2）
水处理系统	30	70.2~99.2	85.0±7.7	22（73.3）	16（53.3）
码头及输煤系统	68	71.3~98.8	88.1±6.0	60（88.2）	50（73.5）

表2-4　300 MW 燃煤电厂作业环境中 80 dB(A) 以上的构成比

生产单元	数量/n	[80, 85) dB(A) 的数量和比例/n (%)	[85, 90) dB(A) 的数量和比例/n (%)	[90, 95) dB(A) 的数量和比例/n (%)	≥95 dB(A) 的数量和比例/n (%)
主厂房汽机、锅炉、制粉系统	179	17 (9.5)	62 (34.6)	42 (23.5)	44 (24.6)
除灰、脱硫、脱硝系统	23	8 (34.8)	5 (21.7)	7 (30.4)	3 (13.0)
水处理系统	30	6 (20.0)	9 (30.0)	3 (10.0)	4 (13.3)
码头及输煤系统	68	10 (14.7)	24 (35.3)	18 (26.5)	8 (11.8)

表2-5　300 MW 燃煤电厂作业环境中的主要噪声源及噪声作业点

生产单元	噪声危害程度	噪声源及噪声作业点
主厂房汽机、锅炉、制粉系统	[80, 85)	锅炉给煤机，锅炉原煤仓
	轻度危害 [85, 90)	发电机、高速混床、锅炉吹灰器、锅炉电除尘仓泵、锅炉炉底捞渣机、锅炉炉底液压站、锅炉炉顶过热器安全阀、锅炉炉膛燃烧器、锅炉预热器
	中度危害 [90, 95)	除氧器、工业水泵、低压加热器、电动给水泵、火检冷却风机、励磁变、密封风机、磨煤机、凝结水泵、汽动前置泵、汽机高压事故疏水扩容器、汽机内冷水装置、汽轮机、送风机、引风机、真空泵
	重度及极重危害≥95	电动给水泵、电动前置泵、密封风机、汽动前置泵、汽轮机主气门、一次风机
除灰、脱硫、脱销系统	[80, 85)	空压机房干燥机、空压机房仪用空压机
	轻度危害 [85, 90)	犁煤器、除灰空压机房
	中度危害 [90, 95)	气化风机房、石灰石浆液泵、脱硫浆液循环泵
	重度及极重危害≥95	氧化风机
水处理系统	[80, 85)	海水升压泵、废水清水泵房、生活污水处理进水泵、水处理泵房、脱硫废水加药泵
	轻度危害 [85, 90)	除盐水泵房、罗茨风机、工业废水回用泵、过滤调节池提升泵、精处理间、循环水加药间
	中度危害 [90, 95)	化水泵间、循环水泵房
	重度及极重危害≥95	除盐罗茨风机、精处理区的混床、空预器高压冲洗水泵、捞渣机驾驶室

续表 2-5

生产单元	噪声危害程度	噪声源及噪声作业点
码头及输煤系统	[80, 85)	皮带张紧间
	轻度危害 [85, 90)	推煤机
	中度危害 [90, 95)	犁煤器、皮带、碎煤机、卸船机落料口
	重度及极重危害 ≥95	卸船机小回转区域（机械室）

表 2-6　600 MW 燃煤电厂作业环境噪声水平

生产单元	数量/个	噪声强度/dB(A) 范围	噪声强度/dB(A) $\bar{x} \pm s$	≥80 dB(A) 的数量和比例/个（%）	≥85 dB(A) 的数量和比例/个（%）
主厂房汽机、锅炉、制粉系统	133	79.8～108.1	93.1±6.1	131 (98.5)	120 (90.2)
除灰、脱硫、脱硝系统	24	81.1～103.2	92.4±5.8	24 (100.0)	21 (87.5)
水处理系统	19	74.1～100.1	86.2±7.0	15 (78.9)	10 (52.6)
码头及输煤系统	42	74.6～101.1	89.6±6.6	39 (92.9)	31 (73.8)

表 2-7　600 MW 燃煤电厂作业环境中 80 dB(A) 以上的构成比

生产单元	数量/个	[80, 85) dB(A) 的数量和比例/个（%）	[85, 90) dB(A) 的数量和比例/个（%）	[90, 95) dB(A) 的数量和比例/个（%）	≥95 dB(A) 的数量和比例/个（%）
主厂房汽机、锅炉、制粉系统	133	11 (8.3)	26 (19.5)	39 (29.3)	55 (41.4)
除灰、脱硫、脱硝系统	24	3 (12.5)	5 (20.8)	8 (33.3)	8 (33.3)
水处理系统	19	5 (26.3)	5 (26.3)	3 (15.8)	2 (10.5)
码头及输煤系统	42	8 (19.0)	8 (19.0)	15 (35.7)	8 (19.0)

表 2-8　600 MW 燃煤电厂作业环境中的主要噪声源及噪声作业点

生产单元	噪声危害程度	噪声源及噪声作业点
主厂房汽机、锅炉、制粉系统	[80, 85)	—
	轻度危害 [85, 90)	锅炉吹灰器、锅炉给煤机、锅炉炉膛燃烧器、发电机出口断路器间
	中度危害 [90, 95)	除氧器、发电机、火检冷却风机、凝结水泵、汽动给水泵、汽轮机、真空泵
	重度及极重危害 ≥95	高速混床、工业水泵、精处理区的混床、密封风机、磨煤机、汽动前置泵、汽轮机主气门、送风机、一次风机、引风机

续表 2-8

生产单元	噪声危害程度	噪声源及噪声作业点
除灰、脱硫、脱硝系统	[80, 85)	石膏漩流器室、石灰石仓、真空皮带脱水机
	轻度危害 [85, 90)	脱硫排浆泵、增压风机
	中度危害 [90, 95)	除灰空压机房、湿磨排浆泵、湿式球磨机、石灰石振动皮带给料机、输灰用空压机、脱硫滤液水泵、氧化风机房
	重度及极重危害≥95	浆液循环泵、气化风机房、石灰石振动筛操作位、仪用空压机
水处理系统	[80, 85)	生活污水处理泵房
	轻度危害 [85, 90)	除盐空压机房、工业废水回用泵、罗茨风机、循环水泵房、空压机
	中度危害 [90, 95)	精处理区的混床
	重度及极重危害≥95	工业废水空压机房
码头及输煤系统	[80, 85)	煤采样机、煤取样装置、卸船机落料口
	轻度危害 [85, 90)	推煤机
	中度危害 [90, 95)	码头水冲洗泵房、煤场堆取料机、皮带、卸船机小回转区域
	重度及极重危害≥95	落煤管、皮带落煤管导料槽、碎煤机

表 2-9　1 000 MW 燃煤电厂作业环境噪声水平

生产单元	数量/个	噪声强度范围/dB(A) 范围	噪声强度范围/dB(A) $\bar{x} \pm s$	≥80 dB(A) 的数量和比例/个(%)	≥85 dB(A) 的数量和比例/个(%)
主厂房汽机、锅炉、制粉系统	129	79.2～106.3	90.9±5.1	125 (96.9)	115 (89.1)
除灰、脱硫、脱硝系统	33	71.0～113.4	91.9±9.5	28 (84.8)	26 (78.8)
水处理系统	37	73.9～101.7	85.5±6.3	29 (78.4)	22 (59.5)
码头及输煤系统	54	78.0～102.2	86.6±10.1	49 (90.7)	30 (55.6)

表 2-10　1 000MW 燃煤电厂作业环境中 80 dB(A) 以上的构成比

生产单元	数量/个	[80, 85) dB(A) 的数量和比例/个(%)	[85, 90) dB(A) 的数量和比例/个(%)	[90, 95) dB(A) 的数量和比例/个(%)	≥95 dB(A) 的数量和比例/个(%)
主厂房汽机、锅炉、制粉系统	129	10 (7.8)	43 (33.3)	49 (38.0)	23 (17.8)

续表 2-10

生产单元	数量/个	[80, 85) dB(A) 的数量和比例/个（%）	[85, 90) dB(A) 的数量和比例/个（%）	[90, 95) dB(A) 的数量和比例/个（%）	≥95 dB(A) 的数量和比例/个（%）
除灰、脱硫、脱硝系统	33	2（6.0）	8（24.2）	2（6.0）	16（48.5）
水处理系统	37	7（18.9）	13（35.1）	7（18.9）	2（5.4）
码头及输煤系统	54	19（35.2）	17（31.5）	9（16.7）	4（7.4）

表 2-11 1 000 MW 燃煤电厂作业环境中的主要噪声源及噪声作业点

生产单元	噪声危害程度	噪声源及噪声作业点
主厂房汽机、锅炉、制粉系统	[80, 85)	—
	轻度危害 [85, 90)	吹灰器、锅炉给煤机、锅炉炉膛燃烧器、火检冷却风机、发电机出口断路器间、工业水泵
	中度危害 [90, 95)	闭冷水泵、除氧器、发电机、发电机出口断路器间、励磁机、磨煤机、凝结水泵、汽动给水泵、汽动前置泵、汽轮机、汽轮机主气门、密封风机、引风机、真空泵
	重度及极重危害 ≥95	火检冷却风机、汽动前置泵、送风机、一次风机
除灰、脱硫、脱硝系统	[80, 85)	石膏漩流器室
	轻度危害 [85, 90)	石灰石称重式给料机、石灰石浆液泵、石灰石皮带振动给料机
	中度危害 [90, 95)	脱硫氧化风机、脱硫增压风机、湿式球磨机研磨机
	重度及极重危害 ≥95	除灰空压机、气化风机、脱硫浆液给料泵、脱硫浆液循环泵、吸收塔浆液循环泵、仪用空压机
水处理系统	[80, 85)	工业废水加药泵、工业废水空压机房
	轻度危害 [85, 90)	补给水处理酸碱计量泵、次氯酸钠加药泵、海水升压泵、混床、循环水泵、综合水泵
	中度危害 [90, 95)	反渗水给水泵、工业废水回用泵、生活污水处理泵、生活污水曝气风机、罗茨风机、除盐空压机房
	重度及极重危害 ≥95	—
码头及输煤系统	[80, 85)	—
	轻度危害 [85, 90)	推煤机、皮带张紧间张紧器、入炉煤取样装置、碎煤机、卸船机落料口
	中度危害 [90, 95)	码头冲洗水泵房、皮带
	重度及极重危害 ≥95	—

4. 作业人员噪声接触情况分析

燃煤发电厂接触噪声的作业人员主要包括运行部巡检人员、设备部不同专业技术人员和燃料部皮带巡检人员、各种机械设备操作人员等。其中，运行部巡检人员主要是在汽机、锅炉以及除灰渣、脱硫脱硝和化水系统进行日常的巡检及其他的事务，这类人员上班时间较多待在高噪声的生产现场，接触的噪声强度较高。设备部作业人员亦会对全厂的生产设备进行巡检、维护等作业，但不同企业之间规定的巡检时间会有所不同，且设备部作业人员并非每天均有现场巡检或维护的工作，因此不同工种直接接触噪声的强度差异较大，同一工种不同工作日间差异也较大。燃料部作业人员主要负责码头、皮带的巡检及燃煤的装卸等，这类人员亦有部分时间会待在高噪声的生产现场或者使用高噪声的设备（如推扒机）等，接触的噪声强度亦较高。

从分析结果可以看出，燃煤电厂接触噪声的作业人员中，运行部和燃料部巡检人员基本为噪声作业甚至超标接触。特别是集控运行巡检，其巡检区域内噪声源多且集中，水平亦较高，作业人员接触时间亦较长，多为超标接触。设备部各种点检员由于其工作性质，其部分时间需在现场作业时可能会超标接触，但亦有部分时间只需在办公室办公，不需到现场作业。燃煤发电厂作业人员噪声接触情况详见表2-12至表2-14。

表2-12　300 MW燃煤电厂作业人员接触的噪声水平

部门	岗位	数量/个	噪声强度范围/dB(A) 范围	噪声强度范围/dB(A) $\bar{x} \pm s$	≥80 dB(A)的数量和比例/个(%)	≥85 dB(A)的数量和比例/个(%)	结果判定	危害等级
运行部	集控运行巡检人员	17	76.9~93.1	84.2±4.4	14(82.4)	9(52.9)	超标接触	Ⅱ级
运行部	化水巡检人员	6	67.9~81.2	75.7±5.7	2(33.3)	0	噪声作业	—
运行部	除灰脱硫巡检人员	8	79.4~88.4	83.3±2.9	7(87.5)	2(25.0)	超标接触	Ⅰ级
燃料部	燃料巡检人员	13	78.6~90.8	84.5±3.2	12(92.3)	6(46.2)	超标接触	Ⅱ级
燃料部	燃料维护人员	9	74.8~86.3	79.8±3.8	4(44.4)	1(11.1)	超标接触	Ⅰ级
燃料部	推煤机司机	3	84.0~89.9	86.9±2.8	3(100.0)	2(66.7)	超标接触	Ⅰ级
燃料部	装载机司机	4	80.8~84.0	82.6±1.4	4(100.0)	0	噪声作业	—
燃料部	斗轮机司机	2	76.6~77.6	77.1±0.7	0	0	非噪声作业	—
设备部	辅控专工人员	2	79.5~88.9	81.2±4.8	6(54.5)	3(27.3)	超标接触	Ⅰ级
设备部	辅控维护检修人员	1	87.5	81.2±4.8	6(54.5)	3(27.3)	超标接触	Ⅰ级
设备部	炉控维护检修人员	1	85.7	81.2±4.8	6(54.5)	3(27.3)	超标接触	Ⅰ级
设备部	炉控维修专工	1	79.9	81.2±4.8	6(54.5)	3(27.3)	非噪声作业	—
设备部	化学机务检修人员	2	80.9~83.9	81.2±4.8	6(54.5)	3(27.3)	噪声作业	—
设备部	电气点检人员	2	77.4~80.2	81.2±4.8	6(54.5)	3(27.3)	噪声作业	—
设备部	汽机辅机专工人员	1	76.1	81.2±4.8	6(54.5)	3(27.3)	非噪声作业	—
设备部	电气二次点检人员	1	73.7	81.2±4.8	6(54.5)	3(27.3)	非噪声作业	—

表 2-13 600 MW 燃煤电厂作业人员接触的噪声水平

部门	岗 位	数量/个	噪声强度范围 /dB(A) 范 围	噪声强度范围 /dB(A) $\bar{x} \pm s$	≥80 dB(A) 的数量和比例 /个（%）	≥85 dB(A) 的数量和比例 /个（%）	结果判定	危害等级
运行部	运行巡检人员	32	74.4～98.9	87.5±5.8	28 (87.5)	21 (65.6)	超标接触	Ⅲ级
	化学运行副值人员	3	71.3～78.9	75.3±3.8	0	0	非噪声作业	—
	化水巡检人员	6	80.8～90.7	85.6±3.9	6 (100.0)	3 (50.0)	超标接触	Ⅱ级
	灰控脱硫副值人员	5	68.8～77.9	72.0±3.6	0	0	非噪声作业	—
	脱硫巡检人员	8	71.8～88.0	78.8±5.0	2 (25.0)	1 (12.5)	超标接触	Ⅰ级
	电气专工人员	5	72.3～80.4	76.4±3.4	1 (20.0)	0	噪声作业	—
	锅炉专工人员	4	78.1～86.2	81.1±3.6	2 (50.0)	1 (25.0)	超标接触	Ⅰ级
	汽机专工人员	5	74.7～84.0	80.3±4.1	3 (60.0)	0	噪声作业	—
设备部	电气一次点检人员	7	74.0～86.8	81.4±5.7	4 (57.1)	3 (42.9)	超标接触	Ⅰ级
	电气二次点检人员	12	69.9～79.3	75.6±2.5	0	0	非噪声作业	—
	锅炉点检人员	4	84.6～92.3	89.2±3.2	4 (100.0)	3 (75.0)	超标接触	Ⅱ级
	汽机点检人员	6	78.3～88.5	82.8±4.0	4 (66.7)	2 (33.3)	超标接触	Ⅰ级
	化环点检人员	6	68.2～82.1	76.0±5.0	1 (16.7)	0	噪声作业	—
	锅炉维护人员	7	76.6～93.5	87.5±6.4	6 (85.7)	5 (71.4)	超标接触	Ⅱ级
	汽机维护人员	5	78.7～87.4	83.7±3.2	4 (80.0)	1 (20.0)	超标接触	Ⅰ级
	热控班人员	8	76.3～82.9	79.5±2.5	3 (37.5)	0	噪声作业	—
燃料部	运行巡检人员	9	74.3～86.3	80.3±4.4	5 (55.6)	2 (22.2)	超标接触	Ⅰ级
	运行班长人员	8	71.3～79.2	75.7±2.5	0	0	非噪声作业	—
	点检人员	19	71.7～88.8	80.1±5.6	5 (26.3)	5 (26.3)	超标接触	Ⅰ级
	机械维护人员	4	76.0～82.8	80.1±3.3	2 (50.0)	0	噪声作业	—
	卸船机司机	7	69.5～81.2	75.8±5.1	2 (28.6)	0	噪声作业	—
	专工人员	3	75.6～81.4	77.7±3.2	1 (33.3)	0	噪声作业	—

表 2-14 1 000 MW 燃煤电厂作业人员接触的噪声水平

部门	岗 位	数量/个	噪声强度范围 /dB(A) 范 围	噪声强度范围 /dB(A) $\bar{x} \pm s$	≥80 dB(A) 的数量和比例 /个（%）	≥85 dB(A) 的数量和比例 /个（%）	结果判定	危害等级
运行部	运行巡检人员	9	81.3～90.2	86.8±2.9	9 (100.0)	6 (66.7)	超标接触	Ⅱ级
	集控副值人员	7	79.3～88.3	84.3±3.0	6 (85.7)	3 (42.9)	超标接触	Ⅰ级
	辅控副值人员	5	74.2～87.0	81.8±5.1	3 (60.0)	1 (20.0)	超标接触	Ⅰ级
	辅控运行巡检人员	8	79.4～91.6	84.6±3.7	7 (87.5)	4 (50.0)	超标接触	Ⅱ级
	化水巡检人员	6	76.7～89.1	81.8±4.5	1 (16.7)	0	超标接触	Ⅰ级

续表 2-14

部门	岗位	数量/个	噪声强度范围/dB(A) 范围	噪声强度范围/dB(A) $\bar{x}\pm s$	≥80 dB(A)的数量和比例/个(%)	≥85 dB(A)的数量和比例/个(%)	结果判定	危害等级
设备部	电气点检人员	8	68.7~83.0	74.4±5.5	2 (25.0)	0	噪声作业	—
设备部	锅炉点检人员	7	77.6~89.1	84.7±3.7	6 (85.7)	4 (57.1)	超标接触	Ⅰ级
设备部	化环点检人员	3	74.7~87.0	80.5±6.2	1 (33.3)	1 (33.3)	超标接触	Ⅰ级
设备部	汽机点检人员	9	70.1~89.1	80.1±7.3	5 (55.6)	3 (33.3)	超标接触	Ⅰ级
设备部	热控班人员	16	70.1~88.4	79.8±5.3	7 (43.8)	3 (18.8)	超标接触	Ⅰ级
燃料部	运行巡检人员	9	77.0~90.0	81.6±3.9	7 (77.8)	1 (11.1)	超标接触	Ⅱ级
燃料部	运行副值人员	3	75.3~84.8	79.2±5.0	1 (33.3)	0	噪声作业	—
燃料部	运行班长	2	76.8~79.0	77.9±1.6	0	0	非噪声作业	—
燃料部	码头班班长	4	71.2~84.8	78.7±5.6	1 (25.0)	0	噪声作业	—
燃料部	卸船司机	8	73.0~88.9	80.1±5.8	3 (37.5)	2 (25.0)	超标接触	Ⅰ级

(二) 天然气发电厂

1. 一般情况

随着国家倡导清洁能源政策的实施,目前国内天然气电厂日益增多。天然气发电厂一般的工艺流程为:电厂燃料采用液化天然气(liquefied natural gas,LNG),汽化后的天然气经管道输送至电厂供气末端,经过必要的处理(如调压等)后送入燃气轮机燃烧,带动燃气轮机做功,燃烧后的烟气通过余热锅炉使余热锅炉的水加热后成为一定温度和压力的过热蒸汽,进入蒸汽轮机做功,燃气轮机和蒸汽轮机共同带动发电机发电(以单轴机组为例),烟气最终通过烟囱排出。其与燃煤发电厂现场环境设备主要区别在于没有除灰渣及脱硫脱硝系统。而其燃料供应系统主要为天然气的调压站及其输送管道,噪声水平相对较低。天然气发电厂工艺流程见图 2-2。

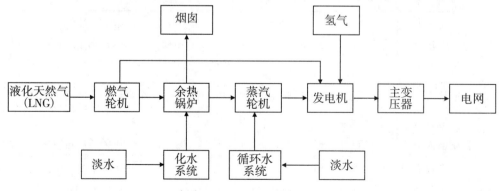

图 2-2 天然气发电厂工艺流程

天然气电厂可分为控制系统、主厂房、燃料供应系统、电气系统和化学水系统等 5 个生产单元,详细划分见表 2-15。其劳动定员主要包括运行部和设备部 2 个部门,具体见表 2-16。

表 2-15　天然气发电厂生产单元、工程内容、噪声特点及检测要点

序号	生产单元	工程内容	噪声特点	检测要点
1	控制系统	集控室	没有噪声源	
2	主厂房	燃气轮机、蒸汽轮机、发电机、余热锅炉及辅助系统	噪声源集中,主要来源于各种设备运转产生的机械性噪声流体动力性噪声和管道扩容、节流等产生的气体动力性噪声,均为稳态噪声,噪声水平高	可按划分声级区进行布点检测
3	燃料供应系统	LNG 供气末站、LNG 计量站和输送管道	没有噪声源	不需检测
4	电气系统	升压站、变压器、配电装置	变压器、配电柜等磁场交变运动产生稳定的电磁性噪声,但噪声水平较低	不需检测
5	化学水系统	循环冷却水处理系统、给水炉水校正处理系统和化学实验室	该部分噪声源较分散,噪声多为稳态噪声,主要由各种泵类运转产生的机械性噪声流体动力性噪声,各种泵噪声水平较高,其他设备噪声水平则往往不高	按典型噪声监测位布点检测

2. 噪声特点及检测要点

天然气发电厂生产环境中的噪声包括各种设备产生的机械性噪声流体动力性噪声、管道内气体流动产生的气体动力性噪声和变压器等产生的电磁性噪声。作业环境的噪声多为稳态噪声,现场作业人员进行的多为巡检作业。

天然气发电厂相对于燃煤发电厂,没有码头、输煤系统、制粉系统及除灰脱硫脱硝系统等,噪声危害主要集中存在于主厂房。主厂房的噪声源多,噪声经过直射、反射、衰减、叠加等物理变化后,往往比较均匀,可按照 3 dB(A) 一个声区,每个区域布 3 个左右点进行测量,其他生产单元工作场所的噪声往往分布比较分散,可采用典型噪声监测位布点的方式,在各噪声源附近及作业工人噪声停留点等进行布点测量,各生产单元噪声检测要点见表 2-15。

天然气发电厂作业工人也往往采取巡检的方式在非固定点进行作业,进行作业岗位作业人员噪声接触水平评估时,往往很难根据工作场所检测结果进行计算,需要按照岗位分工抽样进行个体噪声的检测,各岗位作业工人噪声检测要点见表 2-16。

表2-16　天然气发电厂劳动定员及接触噪声情况

部门	工种（或岗位）	工作内容	接触噪声特点及检测评估要点
运行部	管理组	管理	一般不接触噪声，不用检测
	值长	管理	一般不接触噪声，不用检测
	集控主值	监盘为主，不去现场	一般为非噪声作业岗位
	集控副值	监盘为主，偶尔去现场	接触噪声不规律，个体噪声检测
	集控运行巡检	包括锅炉运行巡检、汽机运行巡检、电气运行巡检	接触噪声水平高、时间长，作业点不固定，个体噪声检测
	化学巡检	进行化学水处理区域的设备巡检工作	接触噪声相对较少，作业点不固定，个体噪声检测
设备部	包括机务班、热控班、电气点检等	按不同工种对全厂设备进行检修、维护等	接触噪声不规律，作业点不固定，个体噪声检测

3. 作业环境噪声分布

天然气发电厂没有除灰脱硫脱硝等系统，噪声源主要集中在主厂房和化学水处理区域，与燃煤电厂一样，其主厂房区域是噪声危害最严重的区域，大部分现场环境噪声超过85 dB(A)，有众多高噪声设备。其各个区域的噪声水平见表2-17至表2-19。

表2-17　天然气发电厂作业环境噪声水平

生产单元	数量/个	噪声强度范围/dB(A) 范围	噪声强度范围/dB(A) $\bar{x} \pm s$	≥80 dB(A) 的数量和比例/个（%）	≥85 dB(A) 的数量和比例/个（%）
主厂房汽机、余热锅炉等系统	82	70.8～106.4	86.9±7.1	69（84.1）	58（70.7）
化学水系统	35	69.5～90.5	80.3±6.1	22（62.9）	11（31.4）

表2-18　天然气发电厂作业环境中80 dB(A)以上的构成比

生产单元	数量(n)	[80, 85) dB(A)的数量和比例[n(%)]	[85, 90) dB(A)的数量和比例/个（%）	[90, 95) dB(A)的数量和比例/个（%）	≥95 dB(A)的数量和比例/个（%）
主厂房汽机、余热锅炉等系统	82	11（13.4）	34（41.5）	17（20.7）	7（8.5）
化学水系统	35	11（31.4）	10（28.6）	1（2.9）	0

表2-19 天然气发电厂作业环境中的主要噪声源及噪声作业点

生产单元	噪声危害程度	噪声源及噪声作业点
主厂房汽机、余热锅炉等系统	[80, 85)	锅炉顶汽包、空气过滤装置进气口
	轻度危害 [85, 90)	锅炉轴封风机、汽轮机、发电机、燃机水洗水泵、凝汽器
	中度危害 [90, 95)	锅炉给水泵、给水循环泵、汽机凝结水泵、真空泵、润滑油处理模块、密封油真空油箱、6米层蒸汽管道、燃气轮机
	重度及极重危害 ≥95	燃机间
化学水系统	[80, 85)	化学取样冷却间、综合水泵房、制水车间、加氯间
	轻度危害 [85, 90)	循环水泵房
	中度危害 [90, 95)	空压机
	重度及极重危害 ≥95	—

4. 作业人员噪声接触情况分析

天然气电厂主要接触噪声的作业人员比燃煤发电厂少了除灰脱硫及燃料部门的巡检及点检作业人员。相对燃煤电厂来说，天然气电厂占地面积少，生产单元相对简单，生产设备也相应减少，工人的巡检内容和时间减少，所以工人接触的岗位噪声强度也相对较低。从结果可以看出，天然气电厂的主要生产岗位部分属于噪声作业岗位，但均符合职业接触限值的要求。各部门接触较高水平噪声的作业人员工种分类及接触的噪声强度见表2-20。

表2-20 天然气发电厂作业人员接触的噪声水平

部门	岗位	数量/个	噪声强度/dB(A) 范围	噪声强度/dB(A) $\bar{x} \pm s$	≥80 dB(A)的数量和比例/个（%）	≥85 dB(A)的数量和比例/个（%）	结果判定	危害等级
运行部	集控运行巡检人员	8	77.1～83.8	80.4±2.5	4 (50.0)	0	噪声作业	—
	化水巡检人员	4	76.3～81.1	79.5±2.2	2 (50.0)	0	噪声作业	—
设备部	电气点检人员	3	68.9～77.6	73.0±4.4	0	0	非噪声作业	—
	热控班人员	3	75.0～76.2	75.4±0.7	0	0	非噪声作业	—
	机务班人员	3	77.1～83.4	80.9±3.4	2 (66.7)	0	噪声作业	—

（三）原子能发电厂

1. 一般情况

原子能发电厂即核电站，核电站是利用核裂变或核聚变反应所释放的能量生产电能的热力发电厂。由于控制核聚变的技术障碍，目前商业运转中的核能发电厂都是利用核裂变反应而发电。现在使用最普遍的民用核电站大多是压水反应堆核电站，它的工作原理是：用铀制成的核燃料在反应堆内进行裂变并释放出大量热能；高压下的循环冷却水把热能带出，在蒸汽发生器内生成蒸汽；高温高压的蒸汽推动汽轮机，进而推动发电机旋转。

核电站是利用核能发电的，因此与燃煤电厂不同之处在于没有除灰渣系统、脱硫脱硝系统和燃料输送系统，也没有了锅炉系统，但多了核反应堆外围的核岛厂房控制区、控制区与汽机厂房间的连接厂房和厂房周围的辅助系统。其生产单元可划分为核岛厂房、常规岛厂房、升压站和辅助系统四个单元，详见表2-21。其劳动定员除生产部机组运行巡检人员外，还有维修部、技术部等各类仪表维护、技术支持等的人员，详见表2-22。

表2-21 核电站生产单元、子单元划分、噪声特点及检测要点

序号	生产单元	子单元	噪声特点及检测要点
1	核岛厂房	反应堆厂房、核辅助厂房、燃料厂房、连接厂房、电气化厂房、核岛厂房辅助设施	噪声源集中，噪声水平高，为稳态噪声，可划分声级区进行布点检测
2	常规岛厂房	汽机厂房、化水处理间、变压器、汽机厂房辅助设备间	噪声源集中，噪声水平高，为稳态噪声，可按划分声级区进行布点检测
3	升压站	—	无噪声源，不需检测
4	辅助系统	废物处理单元、除盐水厂房、空气压缩机房、厂区实验楼、放射性机修及仓库、非放射性机电仪仓库及办公楼、洗衣房及浴室、制氢站和贮存厂房、生活污水与非放废水处理站、联合泵站、制氯站	噪声源往往分散，可对典型噪声监测位布点检测

表2-22 核电站劳动定员情况及接触噪声情况

部门	工种（或岗位）	工作内容	接触噪声特点及检测要点
生产部	机组巡检人员	机组运行、巡检、定期试验、机组状态监控	接触噪声水平高、时间长，作业点不固定，个体噪声检测
	设备管理及其他操作人员	电气、仪控设备管理，常规岛、核岛机械管理等	接触噪声作业点不固定，个体噪声检测
维修部	包括各种机械、仪表的维修、检修人员	按不同工种负责对全厂各种设备进行维修、监控等	接触噪声作业点不固定，个体噪声检测
技术部	包括技术支持、工程、土建、合同处理人员等	较多负责文书工作，基本不去现场	不用检测

2. 噪声危害特点及检测要点

核电厂生产过程中的噪声包括各种设备产生的机械性噪声流体动力性噪声、管道内气体流动产生的气体动力性噪声和变压器等产生的电磁性噪声。主要噪声源包括核岛厂

房的空压机、各种泵、管道等，常规岛厂房的发电机、各种泵以及辅助厂房中泵站中的各种泵。作业环境的噪声多为稳态噪声，作业人员亦为巡检作业。

核电厂常规岛厂房的主厂房以及核岛厂房噪声源密集，可按 3 dB 进行声区划分，然后在每个声区布 2～3 个点进行检测。核电厂辅助厂房往往噪声源较为分散，可在典型噪声监测位布点检测。核电厂作业人员作业方式多为巡检和点检，作业位置往往不固定，对作业工人进行噪声接触水平评估，往往需要对作业工人进行个体噪声的检测。详见表 2-21 和表 2-22。

3. 作业环境噪声分布

核电站的常规岛厂房与燃煤电厂及天然气电厂的汽机系统功能、设备等类似，亦存在较多高噪声源，如泵、汽轮机等。但核电站的核岛厂房和辅助厂房因其特殊性存在着其他类型电厂不同的噪声源。由结果可以看出，核岛厂房和辅助系统亦有部分高噪声源，如通风管道、空压机、发电机组、各类泵等，而常规岛厂房大部分作业地点均在 80 dB(A) 以上，甚至在 85 dB(A) 以上。详细情况见表 2-23 至表 2-25。

表 2-23 核电站作业环境噪声水平

生产单元	数量/个	噪声强度/dB(A) 范围	噪声强度/dB(A) $\bar{x} \pm s$	≥80 dB(A) 的数量和比例/个（%）	≥85 dB(A) 的数量和比例/个（%）
核岛厂房	80	68.3～101.6	81.8±9.3	40 (50.0)	31 (38.8)
常规岛厂房	329	68.8～98.6	86.0±6.3	274 (83.3)	223 (67.8)
辅助系统	217	66.1～105.4	82.8±8.9	139 (64.1)	80 (36.9)

表 2-24 核电站作业环境中 80 dB(A) 以上的构成比

生产单元	数量(n)	[80, 85) dB(A) 的数量和比例[n(%)]	[85, 90) dB(A) 的数量和比例/个（%）	[90, 95) dB(A) 的数量和比例/个（%）	≥95 dB(A) 的数量和比例/个（%）
核岛厂房	80	9 (11.3)	14 (17.5)	7 (8.8)	10 (12.5)
常规岛厂房	329	51 (15.5)	133 (40.4)	80 (24.3)	10 (3.0)
辅助系统	217	59 (27.2)	40 (18.4)	19 (8.8)	21 (9.7)

表 2-25 核电站作业环境中的主要噪声源及噪声作业点

生产单元	噪声危害程度	噪声源及噪声作业点
核岛厂房	[80, 85)	连接区域、电缆层
	轻度危害 [85, 90)	蒸汽隔离阀
	中度危害 [90, 95)	通风管道、热交换器、制冷间
	重度及极重危害 ≥95	空压机、发电机组、电机

续表 2-25

生产单元	噪声危害程度	噪声源及噪声作业点
常规岛厂房	[80, 85)	氨水贮箱、树脂再生间、联氨溶液箱、电压互感器、润滑油储罐、优质碱储存罐
	轻度危害 [85, 90)	主变压器、低压风机、排气阀、除氧器、汽封风机、励磁机、汽水分离再热器、高速混床、真空泵、增压泵、冷却水泵、再循环泵、充水泵、应急油泵
	中度危害 [90, 95)	凝汽器、高低压加热器、冷却器、升压泵、给水泵、除盐水泵、凝结水泵、疏水泵等各种泵类
	重度及极重危害 ≥95	发电机、润滑油间、送风机等
辅助系统	[80, 85)	整流器、废液排放泵、送风机、风机泵、助凝剂罐等设备
	轻度危害 [85, 90)	输液泵、次氯酸钠储存棚、空气干燥器、冷却水泵等设备
	中度危害 [90, 95)	空压机、冷却水循环泵、冲洗水泵、除盐水泵、制冷机组、泵站内的循环水泵等
	重度及极重危害 ≥95	干燥机、超滤反洗水泵等设备

4. 作业人员噪声接触情况分析

核电站因为其设备的特殊性，岗位的设置与其他电厂有所不同，接触噪声的部门主要为生产部和维修部，其中生产部的运行巡检人员因日常工作规定需要较长时间在生产现场，因此接触的噪声较高，而其他人员则在现场的时间较短，因此接触的噪声较低。各部门作业人员接触的噪声强度见表2-26、表2-27。

表2-26 核电站作业人员接触的噪声水平

部门	岗位	数量/个	噪声强度范围/dB(A) 范围	噪声强度范围/dB(A) $\bar{x} \pm s$	≥80 dB(A)的数量和比例/个（%）	≥85 dB(A)的数量和比例/个（%）	结果判定	危害等级
生产部	机组巡检人员	66	71.3~94.6	85.3±5.4	56 (84.8)	39 (59.1)	超标接触	Ⅱ级
	设备管理及其他操作人员	30	70.8~91.3	81.1±5.2	17 (56.7)	8 (26.7)	超标接触	Ⅱ级
维修部	包括各种机械、仪表的维修、检修人员	27	72.4~93.3	81.9±6.2	16 (59.3)	11 (40.7)	超标接触	Ⅱ级

表 2-27 核电站作业人员接触 80 dB(A) 以上的构成比

部门	岗 位	数量/个	[80, 85) dB(A) 的数量和比例/个（%）	[85, 90) dB(A) 的数量和比例/个（%）	[90, 95) dB(A) 的数量和比例/个（%）	≥95 dB(A) 的数量和比例/个（%）
生产部	机组巡检人员	66	17 (25.8)	26 (39.4)	13 (19.7)	0
生产部	设备管理及其他操作人员	30	9 (30.0)	7 (23.3)	1 (3.3)	0
维修部	各种机械、仪表的维修、检修人员	27	5 (18.5)	9 (33.3)	2 (7.4)	0

（四）发电行业噪声危害防控要点

燃煤电厂运行部巡检、副值、专工，设备部锅炉班、汽机班、热控班、化学环保班，燃料部巡检、副值、卸船司机、码头班长，为噪声作业岗位，且大部分岗位噪声超标，电厂噪声危害严重。目前国内大型电力设备虽已有相应的降噪设施，如大型风机设消音器，汽轮发电机组设隔声罩，但降噪效果仍不理想，从卫生工程技术上降低设备噪声存在一定难度，因此电厂的噪声危害防护着重从人员个体防护和职业卫生管理进行防控。电厂应针对噪声危害分布广泛且高强度噪声源较多的特点，制订并实施听力保护计划。第一，明确需要进行噪声危害防控的工作场所、噪声作业岗位和噪声超标岗位。噪声强度超过 85 dB(A) 的区域为噪声防控场所。接触规格化 8 h 或 40 h 的噪声水平超过 80 dB(A) 的岗位为岗声作业岗位，超过 85 dB(A) 的岗位为噪声超标岗位。第二，从个体防护上，为噪声作业岗位人员配备 3 种以上型号的护耳器，供接触不同噪声强度的工人选择。第三，在转运站、煤场、煤仓间、锅炉、汽机房、各类风机房和泵房设置"噪声有害，戴护耳器"警示标识。第四，运行部、设备部以及燃料部工作岗位应加强噪声危害相关的培训，包括上岗前和在岗期间培训。第五，运行部、设备部以及燃料部噪声作业岗位应按照噪声作业岗位做好人员上岗前、在岗期间和离岗时的职业健康检查。第六，通过调整巡检路线或工作制度，缩短巡检时间，如目前电厂采用五班三倒或四班三倒为主，可以调整为六班三倒等工作制。

天然气电厂的集控运行巡检、化水巡检、设备部机务班为噪声作业岗位，所有岗位的噪声强度均合格。因此，电厂应重点对集控运行巡检、化水巡检、设备部机务班进行噪声危害防控管理，制订并实施听力保护计划。第一，为噪声作业岗位配备护耳器。第二，组织噪声作业岗位人员进行噪声危害相关培训。第三，在锅炉、汽机房、各类风机和泵房设置"噪声有害，戴护耳器"警示标识。第四，按照噪声作业岗位组织集控运行巡检、化水巡检、设备部机务班人员进行上岗前、在岗期间和离职时职业健康检查。

核电厂的生产部、维修部工作岗位均为噪声作业岗位，且所接触的噪声超标。因此，核电厂应对噪声作业岗位和高噪声作业场所加强噪声危害防控管理，制订并实施听力保护计划。第一，为噪声作业岗位人员配备 3 种以上型号的护耳器，供接触不同噪声强度的工人选择。第二，在常规岛厂房、核岛厂房以及辅助工程等高噪声场所设置"噪声有害，戴护耳器"警示标识。第三，应加强噪声危害相关的培训，包括上岗前和在岗期间培训。第四，生产部、维修部噪声作业岗位应按照噪声作业岗位做好人员上岗前、在岗期间和离岗时的职业健康检查。

二、采矿业

（一）一般情况

采矿业指对固体（如煤和矿物）、液体（如原油）或气体（如天然气）等自然产生的矿物的采掘。采矿业包括地下或地上采掘、矿井的运行，以及一般在矿址或矿址附近从事的旨在加工原材料的所有辅助性工作，例如碾磨、选矿和处理以及使原料得以销售所需的准备工作。本章以某固体矿物采选厂为例，进行噪声情况识别。

采矿业开采的主要生产工序为采掘、钻孔爆破，然后通过人工或机械将矿物装进运输车辆中运出地面，在地面通过破碎机等设备将矿物粉碎。其相应的作业人员包括钻孔工、破碎工、机修工和牵引车司机等，采矿业劳动定员见表2-27。

（二）噪声危害特点及检测要点

采矿业现场环境噪声主要由各种手工操作产生，如采掘、钻孔、铲运及破碎等。另外，部分机器设备运行时也产生一定数量的机械性噪声流体动力性噪声，如运输车、空压机等。现场作业环境的噪声主要由人为操作产生，且各类操作并无规律，因此现场环境的噪声基本为非规律性的非稳态噪声。采掘面作业人员工作地点相对固定，但接触的噪声不规律，破碎工和机修工需流动作业，牵引车司机则接触较规律的非稳态噪声。其接触噪声特点和检测要点见表2-28。

表2-28 采矿业劳动定员及接触噪声情况

工种（或岗位）	工作内容	接触噪声特点及检测要点
钻孔工	在采掘面采掘、钻孔	采掘、钻孔过程中接触较高噪声，由于需要人为操作而接触不规律的非稳态噪声，需进行个体噪声的检测
破碎工	在破碎场操作机械设备破碎采掘出来的固体矿物	作业地点不固定，需进行个体噪声的检测
机修工	负责维修采掘工具、运输工具、破碎工具等	由于需要人为操作而接触不规律的非稳态噪声，需进行个体噪声的检测
牵引车司机	将钻孔爆破工在采掘面采掘的固体矿物，通过人工或机械装进运输车辆中运出地面	接触的噪声主要来源于牵引车运行过程中发动机产生的声音，相对较规律，可测量车辆运行过程中一段时间的等效声级

(三) 作业环境噪声分布

采矿业采掘、钻孔过程中铲、锤、打钻机等手工工具与矿物的撞击声,破碎机的破碎声等会产生 100 dB(A) 以上的噪声,其中采掘、钻孔工序的噪声危害较严重。采矿业现场环境详细噪声分布情况见表 2-29 至表 2-31。

表 2-29 采矿业作业环境噪声水平

工 序	数量/个	噪声强度/dB(A) 范围	$\bar{x} \pm s$	≥80 dB(A) 的数量和比例/个 (%)	≥85 dB(A) 的数量和比例/个 (%)
采掘、钻孔	6	89.6~119.0	107.0±13.2	6 (100.0)	6 (100.0)
铲运	6	81.1~105.5	90.8±8.6	6 (100.0)	4 (66.7)
破碎	15	84.8~99.6	94.2±4.7	15 (100.0)	13 (86.7)
矿井内的其他辅助工艺使用的设备如空压机、风机、提升机等	15	80.3~105.1	94.9±7.4	15 (100.0)	13 (86.7)

表 2-30 采矿业作业环境中 80 dB(A) 以上的构成比

工 艺	数量 (n)	[80, 85) dB(A) 的数量和比例 [n(%)]	[85, 90) dB(A) 的数量和比例/个 (%)	[90, 95) dB(A) 的数量和比例/个 (%)	≥95 dB(A) 的数量和比例/个 (%)
采掘、钻孔	6	0	1 (16.7)	1 (16.7)	4 (66.7)
铲运	6	2 (33.3)	1 (16.7)	2 (33.3)	1 (16.7)
破碎	15	2 (13.3)	0	4 (26.7)	9 (60.0)
矿井内的其他辅助工艺使用的设备如空压机、风机、提升机等	15	2 (13.3)	2 (13.3)	3 (20.0)	8 (53.3)

表 2-31 采矿业作业环境中的主要噪声源及噪声作业点

工 序	主要噪声源及噪声作业点
采掘、钻孔	钻孔机、凿岩机等采掘机械
铲运	铲、锤等手工工具与矿物的撞击声,运输车辆
破碎	破碎机、球岩机、球磨机、棒磨机等
矿井内的其他辅助设备	空压机、风机、提升机等

（四）作业人员噪声接触情况分析

采矿业现场较多噪声源均产生较高水平的噪声，且工人大部分长时间接触，因此作业人员接触的噪声危害均较严重，均为超标接触。钻孔工接触的噪声水平变化较大，原因与其工作量有关，一些企业需要钻孔工一直在打钻，一些则只要求其工作一段时间后即可休息。采矿业各作业岗位接触噪声强度详细情况见表2-32。

表2-32 采矿业作业人员接触的噪声水平

岗 位	数量/个	噪声强度 dB(A) 范 围	噪声强度 dB(A) $\bar{x}\pm s$	≥80 dB(A)的数量和比例/个（%）	≥85 dB(A)的数量和比例/个（%）	结果判定	危害等级
钻孔工	7	83.2～111.9	101.9±11.5	7（10.0）	6（85.7）	超标接触	Ⅳ级
破碎工	3	83.4～90.1	86.5±3.4	3（100.0）	2（66.7）	超标接触	Ⅱ级
机修工	3	84.7～87.7	86.5±1.6	3（100.0）	2（66.7）	超标接触	Ⅰ级
牵引车司机	5	88.8～91.7	90.9±1.4	5（100.0）	4（100.0）	超标接触	Ⅱ级

三、炼钢业

（一）一般情况

炼钢生产工艺主要包括炼钢、连铸、轧钢等流程。

（1）炼钢：是把原料（铁水和废钢等）里过多的碳及硫、磷等杂质去掉并加入适量的合金成分。主要工序为将铁合金、碳钢废钢、不锈钢废钢等原材料通过电弧炉熔化，再经过脱碳炉、精炼炉等进行脱碳、脱气和成分微调后，送到连铸设备。

（2）连铸：将钢水经中间罐连续注入用水冷却的结晶器里，凝成坯壳后，从结晶器以稳定的速度拉出，再经喷水冷却，待全部凝固后，切成指定长度的连铸坯。

炼钢和连铸的生产以配料、装料入炉、熔炼、出钢水和清钢渣、炉体炉盖修砌、连铸工序为主，产生噪声的设备和工艺较多。电弧炉、脱碳炉、精炼炉、烘烤机、拆钢包敲砖机、冷却风机、连铸机、公用动力等设备为主要的噪声源。修理作业时的各种加工机床及物料运输时也产生一定的噪声。

（3）热轧：连铸出来的钢锭和连铸坯以热轧方式在不同的轧钢机轧制成各类钢材，形成产品。热轧主要工艺流程为：合格连铸板坯→加热炉→高压水除磷→粗轧机→精轧机→层流冷却→卷曲→产品。其间各种机器设备运转均会产生噪声。

（4）冷轧：是不锈钢生产后段加工部分，经过冷拉、冷弯、冷拔等冷加工把钢板或钢带加工成各类钢材。本章介绍的冷轧工序主要包括3条生产线：连续冷轧退火酸洗生产线（WRAP）、热轧退火酸洗生产线（HAPL）、冷轧退火酸洗机生产线（CAPL）。

炼钢厂作业人员包括炼钢、连铸、热轧、冷轧各工艺的炉操作工、加料工，设备驾驶员，精轧机、粗轧机等设备操作员，炉区、酸区等操作员，其劳动定员见表2-33。

表2-33 炼钢厂劳动定员接触噪声情况

生产单元	工种（或岗位）	工作内容	接触噪声特点及检测要点
炼钢、连铸	各种炉的操作工、加料工、清洁人员、敲砖机驾驶员、渣车驾驶员、连铸工	负责各种炉的监盘、加料，车间环境清洁，驾驶敲砖机、渣车等	接触噪声水平高、时间长，作业点不固定，个体噪声检测
热轧	各种设备如加热炉、精轧机、粗轧机、盘卷机、退火炉、轧辊机等的操作员、技术员	各种设备的监盘、操作、维护、巡视等	接触噪声水平高、时间长，作业点不固定，个体噪声检测
冷轧	不同生产线炉区、酸区、设备等的操作员	负责在不同生产线的不同区域进行各种设备的保养、操作、维护等	接触噪声水平高、时间长，作业点不固定，个体噪声检测

（二）噪声危害特点及检测要点

炼钢企业的生产性噪声主要为机械性噪声和流体动力性噪声，危害较严重的基本为机械性噪声。炼钢和连铸的现场作业环境的噪声由于跟工作状态有关，因此基本为非规律性的非稳态噪声。热轧现场作业环境的噪声在钢坯通过时升高，钢坯通过后则降低，亦为非稳态噪声。冷轧现场作业环境的噪声则主要为现场机械设备产生，相对较稳定，大多为稳态噪声。炼钢企业作业人员根据工作情况大部分时间在现场流动作业，部分时间在控制室。检测时需对作业现场的各设备、各种操作进行典型监测点检测。对于作业人员，由于其作业点不固定，均需进行个体检测。详细噪声特点见表2-33。

（三）作业环境噪声分布

炼钢厂各工序均存在高噪声，如炼钢连铸车间炼钢时的EAF电炉平台和倒钢渣时的瞬时噪声，热轧车间钢坯通过各种设备如盘卷机、精轧机、粗轧机、剪切机、高压水除锈机、边轧机产生的噪声，冷轧车间热轧退火酸洗生产线的喷砂操作、燃烧空气风机产生的噪声等。炼钢、连铸的高噪声源主要是电炉，以致附近的区域噪声强度均较高。热轧工艺的高噪声主要来源于钢坯出来后经过各种设备时冷却、转动的声音。炼钢厂现场环境噪声分布详细情况见表2-34至表2-36。

表2-34 炼钢厂作业环境噪声水平

生产单元	数量/个	噪声强度/dB(A) 范围	噪声强度/dB(A) $\bar{x} \pm s$	≥80 dB(A)的数量和比例/个（%）	≥85 dB(A)的数量和比例/个（%）
炼钢、连铸	42	73.5～107.8	84.6±8.1	29 (69.0)	16 (38.1)
热轧	39	75.6～106.4	87.2±8.1	29 (74.4)	22 (56.4)
冷轧	80	75.0～103.3	84.8±5.5	66 (82.5)	38 (47.5)

表2-35 炼钢厂作业环境中80 dB(A)以上的构成比

生产单元	数量 (n)	[80, 85) dB(A) 的数量和比例 [n(%)]	[85, 90) dB(A) 的数量和比例/个(%)	[90, 95) dB(A) 的数量和比例/个(%)	≥95 dB(A) 的数量和比例/个(%)
炼钢、连铸	42	13 (31.0)	9 (21.4)	3 (7.1)	4 (9.5)
热轧	39	7 (17.9)	8 (20.5)	6 (15.4)	8 (20.5)
冷轧	80	28 (35.0)	26 (32.5)	8 (10.0)	4 (5.0)

表2-36 炼钢厂作业环境中的主要噪声源及噪声作业点

生产单元	噪声危害程度	噪声源及噪声作业点
炼钢、连铸	[80, 85)	连铸浇铸手操作台、L/D MAN 操作台
	轻度危害 [85, 90)	冷却风机、烘烤器、拆钢包敲砖机操作区域，LF 炉开盖口，AOD 炉平台
	中度危害 [90, 95)	AOD 拆砌炉区域切磋作业、扒渣作业
	重度及极重危害≥95	炼钢时的 EAF 电炉平台和倒钢渣时的瞬时噪声
热轧	[80, 85)	研磨机、钢坯储区、平板储区的天车移动声
	轻度危害 [85, 90)	普通运行状态下的加热炉旁、出料口巡查台等
	中度危害 [90, 95)	入料机构的风机、普通运行状态下的盘卷机、精轧机、粗轧机、剪切机、高压水除锈机、边轧机等
	重度及极重危害≥95	钢坯通过时的各种设备如盘卷机、精轧机、粗轧机、剪切机、高压水除锈机、边轧机等噪声
冷轧	[80, 85)	WRAP 的退火炉区、活套区、除油区、出口；HAPL 的收卷控制平台、喷砂机除尘段、部分机刷机、整平机、炉辊、烘炉、电弧焊接机；CAPL 的裁剪机
	轻度危害 [85, 90)	WRAP 的三机架冷轧机；HAPL 的水冷段、燃烧空气风机、入口解卷机、喷砂段、机刷机、碎屑段、炉辊、电弧焊接机、整平机；CAPL 的风冷段、加热段、电焊操作、出口风机等
	中度危害 [90, 95)	WRAP 风机；HAPL 的入口解卷机、烘炉旁、喷砂除尘、燃烧空气风机等；CAPL 的风机
	重度及极重危害≥95	HAPL 的喷砂操作、燃烧空气风机

（四）作业人员噪声接触情况分析

因炼钢厂存在较多高噪声源，而炼钢厂作业人员较多时间需停留在现场作业，因此其大部分作业人员为噪声作业甚至超标接触,其中炼钢厂钢包拆罐站敲砖机驾驶员接触的噪声强度最高可接近 100 dB(A),危害严重。炼钢厂各个工序内作业人员接触的噪声强度见表 2-37。

表 2-37 炼钢厂作业人员接触的噪声水平

生产单元	岗位	数量/个	噪声强度范围/dB(A) 范围	$\bar{x} \pm s$	≥80 dB(A)的数量和比例/个(%)	≥85 dB(A)的数量和比例/个(%)	结果判定	危害等级
炼钢、连铸	渣车驾驶员	2	84.0~84.1				噪声作业	—
	钢包拆罐站敲砖机驾驶员	4	88.5~99.0				超标接触	Ⅲ级
	地下料仓加料工	2	73.3~80.6	87.7±5.8	19(95.0)	12(60.0)	噪声作业	—
	炼钢清洁工	4	84.0~93.8				超标接触	Ⅱ级
	EAF 炉操作工	2	92.1~92.5				超标接触	Ⅱ级
	AOD 炉操作工	1	94.2				超标接触	Ⅱ级
	连铸工	2	84.9~85.2				超标接触	Ⅰ级
	连铸清洁工	3	83.7~89.5				超标接触	Ⅰ级
热轧	加热炉区操作员	4	78.6~87.1				超标接触	Ⅰ级
	轧制运转股技术员	2	85.2~88.7				超标接触	Ⅰ级
	研磨工	1	88.9				超标接触	Ⅰ级
	工辊操作员	1	79.7				非噪声作业	—
	粗轧机操作员	2	79.5~80.0	83.9±5.2	15(71.4)	10(47.6)	噪声作业	—
	精轧机操作员	2	81.7~88.8				超标接触	Ⅰ级
	盘卷区操作员	2	76.4~81.8				噪声作业	—
	罩式退火炉操作工	2	88.3~89.0				超标接触	Ⅰ级
	出货钢卷包装工	2	92.3~92.7				超标接触	Ⅱ级
	储区管理员	1	82.1				噪声作业	—
	天车驾驶员	2	75.9~79.2				非噪声作业	—
冷轧	WRAP 轧机操作员	1	91.3	83.6±7.2	2(66.7)	1(33.3)	超标接触	Ⅱ级
	WRAP 炉区操作员	2	77.0~82.4				噪声作业	—

续表 2-37

生产单元	岗 位	数量/个	噪声强度范围/dB(A) 范 围	噪声强度范围/dB(A) $\bar{x}\pm s$	≥80 dB(A)的数量和比例/个（%）	≥85 dB(A)的数量和比例/个（%）	结果判定	危害等级
冷轧	HAPL 酸区操作员	1	85.0	88.1±2.2	10（100.0）	10（100.0）	超标接触	Ⅰ级
	HAPL 上料工	1	89.7				超标接触	Ⅰ级
	HAPL 入口操作工	1	91.8				超标接触	Ⅱ级
	HAPL 喷砂区操作工	1	86.3				超标接触	Ⅰ级
	HAPL 炉区操作工	2	85.8~88.1				超标接触	Ⅰ级
	HAPL 电焊机操作员	2	86.7~87.7				超标接触	Ⅰ级
	HAPL 打包工	1	89.2				超标接触	Ⅰ级
	HAPL 出口操作员	1	90.8				超标接触	Ⅱ级
	CAPL 炉区操作员	2	81.0~92.5	86.9±4.9	4（100.0）	3（75.0）	超标接触	Ⅱ级
	CAPL 出口操作员	2	85.5~88.5				超标接触	Ⅰ级

四、烟草制品业

（一）一般情况

卷烟生产的整个工艺过程分为原料片烟的进出库、制丝生产线、辅料的进出库、成品烟丝外运、卷接包生产线、成品烟的进出库六部分。其中，产生噪声的制丝和卷接包工艺如下。

制丝生产线以片烟、烟梗为原料进行生产。工艺流程主要包括备料配叶、片烟预处理、薄片处理、制叶丝、烟梗备料预处理、制梗丝、掺配加香、贮丝喂丝、CO_2 膨胀烟丝加工等主要工序。生产线主要有叶丝生产线、梗丝生产线和 CO_2 膨胀烟丝生产线。

卷接包工艺主要是：卷烟机需要的烟丝从贮丝系统输出计量后，经风力喂丝机的风送至卷接机组的落丝箱中。烟支由连接机送至包装机组进行包装。条烟经条烟输送系统送至装封箱机进行装封箱。封装好的烟箱由皮带输送机及提升机送至成品高架库二层的烟箱码垛间，经机器人码垛后送入成品高架库贮存。

卷烟厂的作业人员包括制丝车间中叶丝生产线、梗丝生产线和 CO_2 膨胀烟丝生产线的喂料工、切片工、润叶工、叶加料工等和卷接包车间中卷接联合机操作员、包装机操作员、封箱工等，以及其他机修人员、清洁人员等，卷烟厂劳动定员及接触噪声情况见表 2-38。

表 2-38 卷烟厂劳动定员及接触噪声情况

生产单元	工种（或岗位）	工作内容	接触噪声特点及检测要点
制丝	制丝车间的操作员，包括叶丝生产线、梗丝生产线和 CO_2 膨胀烟丝生产线的喂料工、切片工、润叶工、叶加料工、切丝工、烘丝工、润梗工、压梗工、切梗工、膨胀冷端工、热端工、回潮工等	操作制丝车间不同生产线的生产设备，如解包机、切片机、回潮机、加料机、切丝机、干燥机、切梗机、热端工艺控制等	作业人员在相应设备前作业，接触的噪声较规律，可根据现场情况测量瞬时噪声或一段时间的等效声级
卷接包	卷接包车间的操作员，包括卷接联合机操作员、包装机操作员、封箱工和成型机操作员	负责操作现场的卷接机、包装机、成型机等设备及进行包装作业等	作业人员在相应设备前作业，接触的噪声较规律，可根据现场情况测量瞬时噪声或一段时间的等效声级
—	机修工	换设备零部件	由于需要人为操作而接触不规律的非稳态噪声，需进行个体噪声的检测
—	检验工	红外线水分、成品物理检验	需在不同生产线进行检验工作，为流动作业，接触不规律的非稳态噪声，需进行个体噪声的检测
—	电仪维修操作工	现场电器维修	由于需要人为操作而接触不规律的非稳态噪声，需进行个体噪声的检测
—	清洁工	清洁车间环境	在生产车间流动作业，接触不规律的非稳态噪声，需进行个体噪声的检测

（二）噪声危害特点及检测要点

烟草制造业现场环境噪声主要是机械性噪声流体动力性噪声，可随输气量、压力变化而变化。强噪声源主要集中在解包、垂直切片、松散润叶、洗梗、喂丝、烘丝、烟丝膨胀等生产设备,以及链条输送机、除尘机、压棒机、锅炉、泵、风机、空压机等辅助设施。现场环境的噪声基本为机械设备运转产生,相对较稳定。大部分作业人员在相应设备周围作业,工作地点较固定,接触的噪声为稳态噪声。部分作业人员如机修工、检验工等为流动作业,接触的噪声为非稳态噪声。因此,制丝工艺及卷接包工艺的作业人员可根据现场情况测量瞬时噪声或一段时间的等效声级,而机修工、检验工的噪声则需进行个体噪声的检测。详细接触噪声特点及检测要点见表2-38。

(三) 作业环境噪声分布

卷烟厂制丝工艺中有较多生产线,噪声源种类亦较多。卷接包工艺现场设备主要有卷烟机、包装机、封箱机和滤棒成型机,种类较少,但数量较多。由结果可见,卷烟厂中大部分作业环境在80 dB(A)以上,部分作业环境超过了85 dB(A),有少数作业点在90 dB(A)以上,没有超过95 dB(A)的作业点。详细情况见表2-39至表2-41。

表2-39 卷烟厂制丝及卷接包作业环境噪声水平

生产单元	数量/个	噪声强度/dB(A)		≥80 dB(A)的数量和比例/个(%)	≥85 dB(A)的数量和比例/个(%)
		范围	$\bar{x} \pm s$		
制丝	30	75.6~94.0	83.5±4.3	25(83.3)	10(33.3)
卷接包	23	77.8~90.1	83.8±3.1	21(91.3)	7(30.4)

表2-40 卷烟厂制丝及卷接包作业环境中80 dB(A)以上的构成比

生产单元	数量(n)	[80, 85) dB(A)的数量和比例[n(%)]	[85, 90) dB(A)的数量和比例/个(%)	[90, 95) dB(A)的数量和比例/个(%)	≥95 dB(A)的数量和比例/个(%)
制丝	30	15(50.0)	8(26.7)	2(6.7)	0
卷接包	23	14(60.9)	6(26.1)	1(4.3)	0

表2-41 卷烟厂制丝及卷接包作业环境中的主要噪声源及噪声作业点

生产单元	噪声危害程度	噪声源及噪声作业点
制丝	<80	叶丝生产线切丝机、贮叶、叶丝回潮、梗丝生产线烟梗喂料
	[80, 85)	叶丝生产线光谱除杂下料口、就地风选、叶丝烘干,CO_2供料小线冷端备料段喂料机、热端电柜,梗丝生产线振槽、光谱除杂下料口、压梗机、切梗丝
	轻度危害[85, 90)	梗丝生产线烘梗丝、梗丝加料、叶丝生产线解包机、CO_2供料小线
	中度危害[90, 95)	CO_2供料小线风机、梗丝生产线洗梗位
	重度及极重危害≥95	—

续表 2-41

生产单元	噪声危害程度	噪声源及噪声作业点
卷接包	<80	封箱机
	[80, 85)	滤棒成型机
	轻度危害 [85, 90)	卷烟机、包装机
	中度危害 [90, 95)	—
	重度及极重危害 ≥95	—

（四）作业人员噪声接触情况分析

制丝车间、卷接包车间大部分生产线操作工基本在设备前操作，因此生产线操作工接触的噪声水平可通过其在设备旁作业点的噪声水平进行计算。另外，有部分操作工为流动作业，包括机修工、检验工、电仪维修工、设备员和清洁工等，需要进行个体噪声的检测。由结果可以看出，卷烟厂制丝工序大部分岗位为噪声作业甚至超标接触，卷接包工序作业岗位则基本为超标接触，但封箱岗位为非噪声作业。而机修工、检验工等流动作业人员因每天的工作量不定、作业地点不定，因此噪声接触水平变化较大。烟厂作业人员接触的噪声水平见表 2-42。

表 2-42 卷烟厂作业人员接触的噪声水平

岗 位	数量 /n	噪声强度 /dB(A) 范 围	噪声强度 /dB(A) $\bar{x} \pm s$	≥80 dB(A) 的数量和比例 /n (%)	≥85 dB(A) 的数量和比例 /n (%)	结果判定	危害等级
制丝工序叶丝生产线喂料工	6	85.1~87.2	86.0±0.9	6 (100.0)	6 (100.0)	超标接触	Ⅰ级
制丝工序叶丝生产线切片工	3	78.5~85.0	82.0±3.3	2 (66.7)	1 (33.3)	超标接触	Ⅰ级
制丝工序叶丝生产线润叶工	3	80.8~85.8	84.1±2.9	3 (100.0)	2 (66.7)	超标接触	Ⅰ级
制丝工序叶丝生产线叶处理工	1	83.4	—	1 (100.0)	0	噪声作业	—
制丝工序叶丝生产线储叶工	3	75.1~76.3	75.7±0.6	0	0	非噪声作业	—
制丝工序叶丝生产线切丝工	3	74.8~77.5	76.7±1.7	0	0	非噪声作业	—

续表 2-42

岗 位	数量/n	噪声强度/dB(A) 范围	噪声强度/dB(A) $\bar{x} \pm s$	≥80 dB(A)的数量和比例/n(%)	≥85 dB(A)的数量和比例/n(%)	结果判定	危害等级
制丝工序叶丝生产线叶加料工	3	74.0～75.6	74.5±0.9	0	0	非噪声作业	—
制丝工序叶丝生产线烘丝工	3	76.2～81.5	79.6±2.9	2(66.7)	0	噪声作业	—
制丝工序叶丝生产线烘烟工	3	80.4～84.6	82.5±2.1	3(100.0)	0	噪声作业	—
制丝工序梗丝生产线投储梗工	3	75.5～76.8	75.9±0.8	0	0	非噪声作业	—
制丝工序梗丝生产线润梗工	3	91.2～91.3	91.3±0.1	3(100.0)	3(100.0)	超标接触	Ⅱ级
制丝工序梗丝生产线洗梗除杂工	1	88.7	—	1(100.0)	1(100.0)	超标接触	Ⅰ级
制丝工序梗丝生产线切梗工	3	80.2～81.1	80.8±0.5	3(100.0)	0	噪声作业	—
制丝工序梗丝生产线压梗工	1	81.4	—	1(100.0)	0	噪声作业	—
制丝工序梗丝生产线加香工	3	79.6～79.8	79.7±0.1	0	0	非噪声作业	—
制丝工序梗丝生产线梗加料工	3	87.4～87.9	87.6±0.3	3(100.0)	3(100.0)	超标接触	Ⅰ级
制丝工序梗丝生产线膨化工	3	89.1～89.6	89.3±0.3	3(100.0)	3(100.0)	超标接触	Ⅰ级
制丝工序梗丝生产线储丝工	3	88.8～89.9	89.5±0.6	3(100.0)	3(100.0)	超标接触	Ⅰ级
制丝工序 CO_2 供料小线冷端烟丝回潮工	3	84.2～84.6	84.4±0.2	3(100.0)	0	噪声作业	—
制丝工序 CO_2 供料小线冷端工	1	85.3	—	1(100.0)	1(100.0)	超标接触	Ⅰ级

续表 2-42

岗 位	数量 /n	噪声强度 /dB(A) 范围	噪声强度 /dB(A) $\bar{x} \pm s$	≥80 dB(A) 的数量和比例 /n（%）	≥85 dB(A) 的数量和比例 /n（%）	结果判定	危害等级
制丝工序 CO_2 供料小线热端工	1	86.7	—	1 (100.0)	1 (100.0)	超标接触	Ⅰ级
卷接包工序封箱操作员	2	77.8～79.0	78.4±0.8	0	0	非噪声作业	—
卷接包工序卷烟操作员	8	80.4～90.1	84.2±3.5	8 (100.0)	2 (25.0)	超标接触	Ⅱ级
卷接包工序包装操作员	8	82.0～88.6	85.1±2.3	8 (100.0)	4 (50.0)	超标接触	Ⅰ级
卷接包工序滤棒成型操作员	5	81.3～86.8	83.1±2.1	5 (100.0)	1 (20.0)	超标接触	Ⅰ级
机修工	5	73.1～91.2	82.3±5.7	3 (60.0)	2 (40.0)	超标接触	Ⅱ级
检验工	5	75.0～85.7	79.7±4.9	2 (40.0)	1 (20.0)	超标接触	Ⅰ级
电仪维修操作工	5	78.8～89.3	82.8±4.2	4 (80.0)	1 (20.0)	超标接触	Ⅰ级
清洁工	12	74.9～84.7	80.6±3.0	9 (75.0)	0	噪声作业	—

五、汽车制造业

（一）一般情况

汽车制造业的车间一般分为冲压车间、焊接车间、涂装车间、总装车间及公用工程等。生产由冲压车间开始，冲压车间承担车身的大中型覆盖件的备料、冲压成型、质量检验以及成品储存、发放任务。成型冲压件运送到焊接车间，进行车身总成及其分总成的焊接装配。完成的白车身总成通过焊装—涂装通廊送涂装车间，进行车身保护性涂层、装饰的涂装。涂装完车体输送至总装车间进行内饰装配、底盘装配、最终装配、发动机变速箱分装等。最后由品质车间检定完毕后运输至成品车停放场。汽车制造（不包括零部件制造）的主要生产工艺流程见图 2-3。

汽车制造企业的作业人员包括冲压车间的备料工、冲压工，焊接车间各种焊工，涂装车间的喷漆工、打磨工、吹扫工，总装车间各种装配工以及品质车间检查工等，详细劳动定员及接触噪声情况见表 2-43。

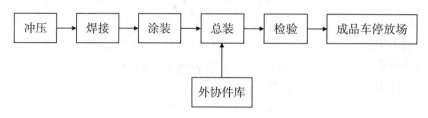

图2-3 汽车制造的主要生产工艺流程

表2-43 汽车制造厂劳动定员及接触噪声情况

生产单元	工种（或岗位）	工作内容	接触噪声特点及检测要点
冲压车间	备料工、冲压操作员等	负责冲压车间备料、冲压等工作	作业人员需在现场流动作业，接触较高的噪声，需进行个体噪声的检测
焊接车间	车身不同生产线的焊工	负责车身不同部位如前地板、后地板、前门、后门等的焊接作业	作业人员在车间内相对固定的位置作业，但接触到不规律的非稳态噪声，需进行个体噪声的检测
涂装车间	不同工艺的喷漆、打磨、修正、吹扫、检查等工种人员	负责工件的漆前处理、电泳底漆、密封胶、底涂、打磨、喷漆、烘干、精修等工作	作业人员作业地点不固定，需进行个体噪声的检测
总装车间	车身的内饰装配、底盘装配、车门装配、发动机装配等工种人员	负责车身不同部件的安装装配工作	作业人员作业地点相对固定，接触到有规律的非稳态噪声，可进行一段时间的等效声级的检测
品质车间	品质检查工	负责对整车的出厂检测	作业人员接触的噪声不规律，作业点不固定，需进行个体噪声的检测

（二）噪声危害特点及检测要点

汽车制造企业生产过程中产生的噪声主要包括机械性噪声和气体动力性噪声，其中以机械性噪声为主。噪声源分布在各个车间。冲压车间噪声来源于备料区卷料、落料设备的运转，冲压区冲压机等设备的运转，声源较分散，噪声多为规律性的非稳态噪声。焊接车间噪声主要来源于各条焊接线上运输设备和焊机，作业人员搬动、组合焊接工件时碰撞产生，声源较分散。多为非稳态噪声，部分时候有规律，但部分时候由于人为操作而不规律。涂装车间噪声主要来源于各喷涂线烘干设备、风机及运输设备和部分需人工操作的吹扫、打磨、抛光等。由设备运转产生的噪声基本为稳态噪声，由人工操作产生的噪声基本为非稳态噪声。总装车间属于流水线作业，工人作业地点固定，接触的噪声主要由各种装配作业产生的规律性变化的非稳态噪声。品质车间噪声主要来源于试车过程中产生的不规律的非稳态噪声。其中，大部分车间作业人员由于工作地点不固定或接触不规律的噪声，因此需进行个体噪声的检测；总装车间作业人员由于接触较规律的非稳态噪声，因此可进行一段时间的等效声级的检测，详细噪声特点及检测要点见表2-43。

（三）作业环境噪声分布

汽车制造厂噪声源，除品质车间外，在各个车间都有分布，主要集中于冲压车间、焊接车间、涂装车间和总装车间。由结果可见，冲压车间、焊接车间和总装车间大部分现场作业环境均在 80 dB（A）甚至 85 dB（A）以上，其中涂装车间的高噪声主要为一些抛光打磨、吹扫作业引起。详细结果见表2-44、表2-45。

表2-44 汽车制造厂作业环境噪声水平

生产单元	数量/个	噪声强度/dB（A） 范围	$\bar{x} \pm s$	≥80 dB（A）的数量和比例/个（%）	≥85 dB（A）的数量和比例/个（%）
冲压车间	14	73.2～92.7	84.2±4.4	12（85.7）	6（42.9）
焊接车间	10	74.7～96.6	87.4±7.0	8（80.0）	7（70.0）
涂装车间	27	66.4～105.4	81.2±8.1	13（48.1）	7（25.9）
总装车间	11	75.2～97.7	86.8±6.1	10（90.9）	7（63.6）
品质车间	2	71.0～79.0	75.0±5.7	0	0

表2-45 汽车制造厂作业环境中的主要噪声源及噪声作业点

生产单元	噪声危害程度	噪声源及噪声作业点
冲压车间	[80，85)	质量检查、备料线的控制屏前
	轻度危害 [85，90)	打包装车口、冲压机旁、装箱操作
	中度危害 [90，95)	维修区维修作业
	重度及极重危害≥95	—
焊接车间	[80，85)	各个区域的点焊作业和钣金打磨作业
	轻度危害 [85，90)	点焊钣金打磨、右侧圈生产线作业位、点焊CO_2保护焊区作业位、后轮拱生产线作业位、车身完成线小零件安装
	中度危害 [90，95)	前后地板生产线作业位、车厢系生产线作业位、车身完成线小零件安装
	重度及极重危害≥95	无

续表 2-45

生产单元	噪声危害程度	噪声源及噪声作业点
涂装车间	[80, 85)	上涂线清漆内装、涂装面漆抛光返修、密封胶岗位、上涂线烘炉控制盘、烘炉出口、中途干燥炉控制盘
	轻度危害 [85, 90)	上涂线色漆内装区、中途喷漆手工区、中途打磨区
	中度危害 [90, 95)	吹气作业
	重度及极重危害 ≥95	吹扫作业
总装车间	[80, 85)	左后悬挂分装区、前转向节准备区、副司机侧 SRS 气囊安装、座椅安装、玻璃安装、制动磨合岗
	轻度危害 [85, 90)	车门合车区、左后悬挂分装区、后转向第一准备区、发动机安装、前副车架安装、前悬挂合装右侧
	中度危害 [90, 95)	右门分装、右前座椅安装、电装系发动机支承安装、左门锁安装、刹车液加注、排气管隔热板安装、消声器安装
	重度及极重危害 ≥95	电装岗位、内装岗位、排气管隔热板安装

(四) 作业人员噪声接触情况分析

总装车间操作工基本为固定岗位作业，作业时较少流动，且工作内容比较有规律，为流水线作业，因此其现场环境噪声能够代表作业人员接触的噪声水平。其他车间作业人员基本为流动作业或无规律作业。由结果可见，由于本次选择评估的岗位基本为现场生产作业人员，其在生产现场停留时间较长，接触的噪声强度均较高，因此除品质车间的岗位噪声结果为 79.6 dB(A) 外，其他车间的岗位均为噪声作业岗位，且大部分均超标接触。涂装车间不同部位的吹扫工由于一直用高压气枪进行吹扫作业，其接触的噪声强度均达到 100 dB(A) 以上，总装车间的隔热板安装工、电装工等亦在 95 dB(A) 以上，危害严重，属于接触高噪声的人群，每年体检时需密切关注其听力检测情况。汽车制造厂作业人员接触的噪声水平见表 2-46。

表 2-46 汽车制造厂作业人员接触的噪声水平

生产单元	岗位	数量 /n	噪声强度 /dB(A)		≥80 dB(A) 的数量和比例 /n (%)	≥85 dB(A) 的数量和比例 /n (%)	结果判定	危害等级
			范围	$\bar{x} \pm s$				
冲压车间	备料工	5	85.6~90.1	87.3±1.7	5 (100.0)	4 (100.0)	超标接触	Ⅱ级
	冲压工	4	83.5~92.4	88.0±3.7	4 (100.0)	3 (75.0)	超标接触	Ⅱ级
焊接车间	门、盖焊接工	6	82.5~86.6	84.7±1.4	6 (100.0)	3 (50.0)	超标接触	Ⅰ级
	地板焊接工	6	88.0~94.3	90.8±2.1	6 (100.0)	6 (100.0)	超标接触	Ⅱ级
	CO_2 焊接工	6	86.3~88.9	87.8±1.0	6 (100.0)	6 (100.0)	超标接触	Ⅰ级

续表2-46

生产单元	岗位	数量/n	噪声强度/dB(A) 范围	噪声强度/dB(A) $\bar{x} \pm s$	≥80 dB(A)的数量和比例/n(%)	≥85 dB(A)的数量和比例/n(%)	结果判定	危害等级
涂装车间	修正工	3	80.8~81.3	81.1±0.3	3(100.0)	0	噪声作业	—
	打磨工	3	82.8~86.4	84.7±1.8	3(100.0)	1(33.3)	超标接触	Ⅰ级
	吹扫工	6	98.4~107.6	102.3±3.1	6(100.0)	6(100.0)	超标接触	Ⅳ级
	喷漆工	3	89.7~95.8	92.4±3.1	3(100.0)	3(100.0)	超标接触	Ⅲ级
	检查工	5	85.6~94.0	89.2±3.5	5(100.0)	5(100.0)	超标接触	Ⅱ级
总装车间	座椅安装工	3	81.6~85.5	83.4±2.0	3(100.0)	1(33.3)	超标接触	Ⅰ级
	门锁安装工	3	90.1~94.9	91.9±2.6	3(100.0)	3(100.0)	超标接触	Ⅱ级
	后悬挂分装工	3	83.0~91.8	87.9±4.5	3(100.0)	2(66.7)	超标接触	Ⅱ级
	制动磨合工	3	80.4~81.2	80.8±0.4	3(100.0)	0	噪声作业	—
	前座椅安装工	3	85.9~94.3	88.8±4.7	3(100.0)	3(100.0)	超标接触	Ⅱ级
	右门分装工	3	86.6~90.8	88.3±2.2	3(100.0)	3(100.0)	超标接触	Ⅱ级
	消声器安装工	3	90.4~97.9	93.2±4.1	3(100.0)	3(100.0)	超标接触	Ⅲ级
	前转向准备安装工	3	83.0~85.1	84.2±1.1	3(100.0)	1(33.3)	超标接触	Ⅰ级
	前悬挂合装工	3	83.9~85.3	84.7±0.7	3(100.0)	1(33.3)	超标接触	Ⅰ级
	前副车架安装工	3	85.6~94.2	88.8±3.4	3(100.0)	3(100.0)	超标接触	Ⅱ级
	隔热板安装工	3	93.1~96.3	94.5±1.6	3(100.0)	3(100.0)	超标接触	Ⅲ级
	内装工	3	91.6~94.3	93.9±2.1	3(100.0)	3(100.0)	超标接触	Ⅱ级
	后转向准备安装工	3	87.9~88.6	88.2±0.4	3(100.0)	3(100.0)	超标接触	Ⅰ级
	司机气囊安装工	3	81.8~83.2	82.6±0.7	3(100.0)	0	噪声作业	—
	发动机号码打刻工	1	90.7	—	1(100.0)	1(100.0)	超标接触	Ⅱ级
	电装工	3	95.9~97.7	97.1±1.0	3(100.0)	3(100.0)	超标接触	Ⅲ级
	车门合车安装工	1	89.9	—	1(100.0)	1(100.0)	超标接触	Ⅰ级
	刹车液加注工	1	94.3	—	1(100.0)	1(100.0)	超标接触	Ⅱ级
	玻璃安装工	3	78.6~81.4	79.8±1.4	1(33.3)	0	噪声作业	—
品质车间	品质检查工	1	79.6	—	0	0	非噪声作业	—

六、集装箱码头

(一) 一般情况

集装箱码头是指包括港池、锚地、进港航道、泊位等水域以及货运站、堆场、码头前沿、办公生活区域等陆域范围,能够容纳完整集装箱装卸操作过程的具有明确界限的场所。作业人员包括各种牵引车、叉车、堆高机等车辆的驾驶员以及维修工等,详细劳动定员见表 2-47。

表 2-47 集装箱码头劳动定员及接触噪声情况

工种（或岗位）	工作内容	接触噪声特点及检测要点
维修工	对不同装卸车辆、集装箱体、场桥、岸桥等机器设备进行维修保养	由于需要人为操作而接触不规律的非稳态噪声,需进行个体噪声的检测
牵引车司机	在码头和堆场之间来回驾驶牵引车装载运输集装箱	主要接触牵引车发电机运转产生的声音和装卸集装箱时碰撞的声音,接触的为非稳态噪声,较规律,可测量一段时间的等效声级或个体噪声
堆高机、正面吊司机	在堆场驾驶堆高机、正面吊放置集装箱	主要接触各种装卸集装箱机械设备发电机运转产生的声音和装卸过程中碰撞的声音,接触的为非稳态噪声,较规律,可测量一段时间的等效声级或个体噪声
叉车司机	驾驶叉车进行小货件的运输工作	主要接触牵引车发电机运转产生的声音,接触的为非稳态噪声,较规律,可测量一段时间的等效声级或个体噪声
岸吊操作员	在码头岸桥驾驶室将集装箱从船上抓起放于牵引车上或从牵引车上抓起放于船上,不接触噪声	不需检测
场吊操作员	在堆场场桥驾驶室将集装箱从堆场抓起放于牵引车上或从牵引车上抓起放于堆场,不接触噪声	不需检测
公用工程作业人员	负责对公用工程的设备进行维护、保养,偶尔在现场巡检,大部分时间在控制室监盘,接触噪声的时间很短	由于接触时间短,可根据现场环境测量情况及调查其接触时间来判定,必要时可进行个体噪声的检测

(二) 噪声危害特点及检测要点

集装箱码头最主要的噪声为各种装卸车辆运行时发动机转动以及装卸集装箱时碰撞产生的机械性噪声，主要由操作产生，为非稳态噪声。接触噪声的作业人员主要为各种车辆的驾驶员。此外，还有公共工程中的泵、空压机等产生稳态的机械性噪声。作业人员主要为流动作业。各种车辆的驾驶员可测量一段时间的等效声级，维修工、公用工程操作员则需进行个体噪声的检测。详细噪声特点及检测要点见表2-47。

(三) 作业环境噪声分布

装卸车辆发动机以及公用工程中污水处理站泵、空压机、维修作业中的打磨作业等是集装箱码头的主要噪声源。堆高机和正面吊驾驶室因为有进行封闭，大部分在80 dB(A)以下，只有小部分驾驶室在开了窗或窗户损坏的情况下会超过80 dB(A)。牵引车在作业时需打开窗户，但因司机位离牵引车发动机有一段距离，因此有部分超过80 dB(A)。叉车驾驶室基本没有进行封闭，且操作员距离发动机很近，因此噪声都在80 dB(A)以上，大部分超过了85 dB(A)。维修作业中焊接作业噪声较低，但打磨作业、切割作业噪声均较高，大多数超过了95 dB(A)。现场环境噪声分布情况见表2-48、表2-49。

表2-48 集装箱码头作业环境噪声水平

设备或作业	数量/个	噪声强度/dB(A) 范围	噪声强度/dB(A) $\bar{x} \pm s$	≥80 dB(A)的数量和比例/个(%)	≥85 dB(A)的数量和比例/个(%)
牵引车	32	70.3～93.2	80.3±5.9	17 (53.1)	8 (25.0)
堆高机、正面吊	25	68.3～85.4	76.2±4.5	4 (16.0)	2 (8.0)
叉车	17	81.7～96.9	88.8±3.9	17 (100.0)	15 (88.2)
公用工程空压机、风机、泵等	22	76.8～100.6	87.0±6.4	19 (86.4)	16 (72.7)
维修打磨作业	9	95.1～111.1	101.6±5.0	9 (100.0)	9 (100.0)
维修焊接作业	3	76.7～81.2	79.2±2.3	1 (33.3)	0
维修切割作业	2	93.6～101.8	97.7±5.8	2 (100.0)	2 (100.0)

表2-49 集装箱码头作业环境中80 dB(A)以上的构成比

设备或作业	数量/个	[80, 85) dB(A)的数量和比例[n(%)]	[85, 90) dB(A)的数量和比例/个(%)	[90, 95) dB(A)的数量和比例/个(%)	≥95 dB(A)的数量和比例/个(%)
牵引车	32	9 (28.1)	7 (21.9)	1 (3.1)	0
堆高机、正面吊	25	2 (8.0)	2 (8.0)	0	0

续表 2-49

设备或作业	数量（n）	[80, 85) dB(A)的数量和比例 [n(%)]	[85, 90) dB(A)的数量和比例/个（%）	[90, 95) dB(A)的数量和比例/个（%）	≥95 dB(A)的数量和比例/个（%）
叉车	17	2 (11.8)	7 (41.2)	7 (41.2)	1 (5.9)
公用工程空压机、风机、泵等	22	3 (13.6)	11 (50.0)	2 (9.1)	3 (13.6)
维修打磨作业	9	0	0	0	9 (100.0)
维修焊接作业	3	1 (33.3)	0	0	0
维修切割作业	2	0	0	1 (50.0)	1 (50.0)

（四）作业人员噪声接触情况分析

码头作业人员中牵引车、堆高机、正面吊和叉车驾驶员均一直在车辆驾驶室内作业，接触驾驶室环境的噪声。公用工程的现场噪声虽然较高，但作业人员在公用工程停留的时间很少，且人数不多。维修工作业内容较多，较无规律，且每天工作内容不定，接触的噪声水平变化大。由结果可以看出，维修工、叉车司机基本为噪声作业，且大部分超过了接触限值。堆高机、正面吊司机只有少部分因设备窗户屏蔽不好，为噪声作业，其余大部分均低于 80 dB(A)。集装箱码头作业人员噪声接触情况见表 2-50、表 2-51。

表 2-50 集装箱码头作业人员接触的噪声水平

岗位	数量/n	噪声强度/dB(A) 范围	噪声强度/dB(A) $\bar{x} \pm s$	≥80 dB(A)的数量和比例/n（%）	≥85 dB(A)的数量和比例/n（%）	结果判定	危害等级
维修工	22	77.8～96.5	86.9±4.8	20 (90.0)	16 (72.7)	超标接触	Ⅲ级
牵引车司机	32	70.3～93.2	80.3±5.9	17 (53.1)	8 (25.0)	超标接触	Ⅱ级
堆高机、正面吊司机	25	68.3～85.4	76.2±4.5	4 (16.0)	2 (8.0)	超标接触	Ⅰ级
叉车司机	17	81.7～96.9	88.8±3.9	17 (100.0)	15 (88.2)	超标接触	Ⅲ级

表 2-51 集装箱码头作业人员接触 80 dB(A) 以上的构成比

岗位	数量/n	[80, 85) dB(A)的数量和比例/n(%)	[85, 90) dB(A)的数量和比例/n（%）	[90, 95) dB(A)的数量和比例/n（%）	≥95 dB(A)的数量和比例/n（%）
维修工	22	4 (18.2)	10 (45.5)	5 (22.7)	1 (4.5)
牵引车司机	32	9 (28.1)	7 (21.9)	1 (3.1)	0

续表 2-51

岗　位	数量 /n	[80, 85) dB (A) 的数量和比例/n (%)	[85, 90) dB (A) 的数量和比例/n (%)	[90, 95) dB (A) 的数量和比例/n (%)	≥95 dB(A) 的数量和比例/n (%)
堆高机、正面吊司机	25	2 (8)	2 (8)	0	0
叉车司机	17	2 (11.8)	7 (41.2)	7 (41.2)	1 (5.9)

七、石化行业

石化行业的生产过程包括油气勘探、油气田开发、钻井工程、采油工程、油气集输、原油储运、石油炼制、化工生产、油品销售等，本章以某大型炼油和化工生产企业为例，探讨石化行业的噪声危害情况。

（一）一般情况

该炼油项目包括常减压蒸馏装置、加氢裂化、加氢处理、加氢精制、航煤加氢、延迟焦化、硫黄回收、制氢、脱硫、催化裂化、气体分馏、罐区、空分站等装置，各个装置的高噪声设备主要是主风机、机泵、空冷机、烟机、气压机、增压机、放空设施、鼓引（风）机、压缩机等。

（二）噪声危害特点及检测要点

生产过程中产生的噪声主要来源于：各种机器、泵等设备在运转过程中由于振动、摩擦、碰撞而产生的机械性噪声流体动力性噪声；由于风管、气管（如风机、蒸汽管道）中介质的扩容、节流、排气、漏气而产生的气体动力性噪声。作业环境基本为稳态噪声，有较多高噪声源，且布局较密集。进行现场环境噪声检测时，在噪声密集的生产区可按 3 dB(A) 进行声级区划分并测量。噪声源较为分散的生产区，如公用工程，可采取典型监测位布点的方式，在各噪声源附近及作业工人噪声停留点进行布点测量。

作业人员主要以巡检为主，大部分时间在现场各装置点，部分时间在控制室或值班室，接触非规律性非稳态噪声。进行作业岗位作业人员噪声接触水平评估时，则需要按照岗位分工抽样进行个体噪声的检测。

（三）作业环境噪声分布

石化厂主要生产现场因为有较多高噪声源，且布局较密，一些非噪声源附近如分馏塔、吸收塔、换热器、采样口等现场环境噪声基本都在 80 dB(A) 以上，而主要的噪声源附近大多在 90 dB(A) 以上甚至超过 100 dB(A)。石化厂辅助包装车间和物流装置噪声源相对较少，噪声水平较低。现场环境噪声详细情况见表 2-52、表 2-53。

表 2-52 某石化厂作业环境噪声水平

生产单元	数量/n	噪声强度/dB(A) 范围	噪声强度/dB(A) $\bar{x} \pm s$	≥80 dB(A) 的数量和比例/n(%)	≥85 dB(A) 的数量和比例/n(%)
乙烯、汽油加氢和苯抽提、丁二烯装置	96	74.7~98.8	87.6±5.2	91 (94.8)	66 (68.8)
苯乙烯—环氧丙烷装置	83	76.6~103.5	86.6±5.8	75 (90.4)	46 (55.4)
环氧乙烷—乙二醇装置	21	81.0~108.3	89.9±8.7	21 (100.0)	12 (57.1)
公用工程	39	70.6~104.8	87.6±8.7	32 (82.1)	25 (64.1)
多元醇装置	14	74.1~86.9	81.0±4.2	9 (64.3)	3 (21.4)
聚丙烯装置	29	78.0~103.9	88.5±6.7	27 (93.1)	20 (69.0)
高密度聚乙烯装置	18	81.3~100.2	89.5±5.0	18 (100.0)	16 (88.9)
低密度聚乙烯装置	20	85.2~102.9	91.7±4.5	20 (100.0)	20 (100.0)
包装车间	6	73.9~84.1	79.8±4.6	3 (50.0)	0
物流车间	9	76.8~88.7	82.8±3.8	7 (77.8)	3 (33.3)

表 2-53 某石化厂作业环境中 80 dB(A) 以上的构成比

生产单元	数量/个	[80, 85) dB(A) 的数量和比例/个(%)	[85, 90) dB(A) 的数量和比例/个(%)	[90, 95) dB(A) 的数量和比例/个(%)	≥95 dB(A) 的数量和比例/个(%)
乙烯、汽油加氢和苯抽提、丁二烯装置	96	25 (26.0)	39 (40.6)	19 (19.8)	8 (8.3)
苯乙烯—环氧丙烷装置	83	29 (34.9)	25 (30.1)	12 (14.5)	9 (10.8)
环氧乙烷—乙二醇装置	21	9 (42.9)	3 (14.3)	4 (19.0)	5 (23.8)
公用工程	39	7 (17.9)	8 (20.5)	8 (20.5)	9 (23.1)
多元醇装置	14	6 (42.9)	3 (21.4)	0	0

续表 2-53

生产单元	数量/个	[80, 85) dB(A)的数量和比例/个（%）	[85, 90) dB(A)的数量和比例/个（%）	[90, 95) dB(A)的数量和比例/个（%）	≥95 dB(A)的数量和比例/个（%）
聚丙烯装置	29	7 (24.1)	10 (34.4)	5 (17.2)	5 (17.2)
高密度聚乙烯装置	18	2 (11.1)	10 (55.6)	3 (16.7)	3 (16.7)
低密度聚乙烯装置	20	0	7 (35.0)	9 (45.0)	4 (20.0)
包装车间	6	3 (50.0)	0	0	0
物流车间	9	4 (44.4)	3 (33.3)	0	0

（四）作业人员噪声接触情况分析

石化厂的现场作业人员均为巡检作业，各装置外操工负责本装置设备的定期巡检、维护等。由结果可见，该石化厂除多元醇外操工外其余均为噪声作业，且大多为超标接触，但除乙烯、汽油加氢和苯抽提、丁二烯装置的作业人员外其余噪声超标接触的不多，主要因为其自动化程度高、作业人员巡检时间较少。该石化厂各装置运行外操工接触噪声水平见表 2-54、表 2-55。

表 2-54 某石化厂作业人员接触的噪声水平

岗位	数量/n	噪声强度/dB(A) 范围	噪声强度/dB(A) $\bar{x} \pm s$	≥80 dB(A)的数量和比例/n（%）	≥85 dB(A)的数量和比例/n（%）	结果判定	危害等级
乙烯、汽油加氢和苯抽提、丁二烯外操工	27	75.0~91.5	83.6±3.9	23 (85.2)	10 (37.0)	超标接触	Ⅱ级
苯乙烯—环氧丙烷装置外操工	33	71.6~88.5	79.3±4.7	13 (39.4)	5 (15.2)	超标接触	Ⅰ级
环氧乙烷—乙二醇外操工	16	75.8~94.6	81.4±4.9	10 (62.5)	2 (12.5)	超标接触	Ⅱ级
公用工程外操工	13	72.6~85.4	79.4±3.9	6 (46.2)	1 (7.7)	超标接触	Ⅰ级
多元醇外操工	9	69.7~79.4	75.0±3.1	0	0	非噪声作业	—
聚丙烯外操工	11	73.7~84.7	81.0±3.1	8 (72.7)	0	噪声作业	—

续表 2-54

岗 位	数量/n	噪声强度 /dB(A) 范围	噪声强度 /dB(A) $\bar{x} \pm s$	≥80 dB(A) 的数量和比例 /n(%)	≥85 dB(A) 的数量和比例 /n(%)	结果判定	危害等级
高密度聚乙烯外操工	10	72.4～87.6	79.9±5.3	6 (60.0)	2 (20.0)	超标接触	Ⅰ级
低密度聚乙烯外操工	16	72.9～83.3	79.2±3.1	7 (43.8)	0	噪声作业	—
包装外操工	15	75.7～88.6	80.7±4.2	8 (53.3)	2 (13.3)	超标接触	Ⅰ级
物流外操工	24	69.9～83.8	77.5±4.2	8 (33.3)	0	噪声作业	—

表 2-55 某石化厂作业人员接触 80 dB(A) 以上的构成比

岗 位	数量/n	[80, 85) dB(A)的数量和比例/n(%)	[85, 90) dB(A)的数量和比例/n(%)	[90, 95) dB(A)的数量和比例/n(%)	≥95 dB(A)的数量和比例/n(%)
乙烯、汽油加氢和苯抽提、丁二烯外操工	27	13 (48.1)	9 (33.3)	1 (3.7)	0
苯乙烯—环氧丙烷装置外操工	33	8 (24.2)	5 (15.2)	0	0
环氧乙烷—乙二醇外操工	16	8 (50.0)	0	2 (12.5)	0
公用工程外操工	13	5 (38.5)	1 (7.7)	0	0
多元醇外操工	9	0	0	0	0
聚丙烯外操工	11	8 (72.7)	0	0	0
高密度聚乙烯外操工	10	4 (40.0)	2 (20.0)	0	0
低密度聚乙烯外操工	16	7 (43.8)	0	0	0
包装外操工	15	6 (40.0)	2 (13.3)	0	0
物流外操工	24	8 (33.3)	0	0	0

八、制鞋业

（一）一般情况

运动鞋制作包括鞋面制作和鞋底制作。鞋面制作主要是不同的皮质经过裁剪、针车后，形成鞋面。鞋底制作是利用不同的橡胶材料和不同辅料进行混合、热压后，形成鞋底，再进行贴底。鞋底和鞋面进行加工后形成鞋。总工艺流程见图2-4。

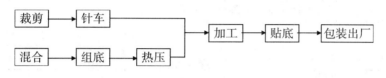

图2-4 制鞋业工艺流程

制鞋业的作业人员包括裁剪工艺的开裁机操作员、磨皮工等，针车工艺的针车工、冲孔工等，混合工艺的密炼工、加硫操作员等，热压工艺的热压工、整修工等，加工、贴底工艺的各种操作工等。详细劳动定员见表2-56。

表2-56 制鞋业劳动定员及接触噪声情况

工艺	工种（或岗位）	工作内容	接触噪声特点及检测要点
裁剪	开裁机操作员、磨皮工、刷胶工等	去仓库领鞋子材料，核对是否和样品鞋一致，裁料合格后，用裁刀将裁料裁成所需形状，再进行磨皮、削皮，然后形成鞋面部件	现场噪声主要来自于裁剪设备如裁剪机、打磨机、削皮机等产生的机械性噪声流体动力性噪声，多为规律性非稳态噪声。作业人员工作地点较固定，接触的噪声较规律，可根据现场情况测量一段时间的等效声级
针车	针车工、冲孔工、打扣工、折边工、喷胶工等	核对裁料部件是否与样品鞋一致（如车线、配色等），烫好，再将裁好的各个部件用针车组成鞋面。包括针车、冲孔、打扣、折边等	现场噪声主要来自于针车设备如针车、冲孔机、打扣机等产生的机械性噪声流体动力性噪声，部分为稳态噪声，部分为非稳态噪声，都有规律性。作业人员工作地点较固定，接触的噪声较规律，可根据现场情况测量瞬时噪声或一段时间的等效声级
混合	密炼工、加硫操作员、接片操作员、裁断工等	根据化工部提供的配方，领出胶料，进行混合、密炼，再进行炼胶、加硫、成片	现场噪声主要来自于混合设备如密炼机、加硫机、炼胶机等产生的机械性噪声流体动力性噪声，多为非稳态噪声，较规律。作业人员工作地点较固定，接触的噪声较规律，可测量一段时间的等效声级

续表 2-56

工艺	工种（或岗位）	工作内容	接触噪声特点及检测要点
热压	热压工、整修工	准备好的成片，依样品鞋颜色进行热压，形成底的配件，交给贴底工序	现场噪声主要来自于热压设备如热压机、整修机等产生的机械性噪声流体动力性噪声，为规律性非稳态噪声。作业人员工作地点较固定，接触的噪声较规律，可根据现场情况测量一段时间的等效声级
加工	各种加工过程中的操作员，如后跟定型、喷胶、拉帮、画线、刷胶、贴合、拔楦、压鞋垫等操作人员	针车配好对的鞋面交给加工工序，加工人员按确认鞋的样板配好底，开始放鞋面，检查经过鞋面是否有不良品，进行加工流程，鞋面经过烘箱、擦胶工序再贴合组底。按确认鞋，领出底的部件，处理好后配好对，鞋底经过照射固化处理，放入贴底流程	现场噪声主要来自于各种加工过程中因操作而产生的噪声，部分为稳态噪声，部分为非稳态噪声，较规律。作业人员工作地点较固定，接触的噪声较规律，可根据现场情况测量瞬时噪声或一段时间的等效声级
贴底	各种贴底过程中的操作员，如贴合、照射、打磨、水洗、烘干、擦胶、打包等操作人员	主要为水洗、烘干、擦胶、贴合、压底、清洗等	现场噪声主要来自于各种贴底过程中因操作而产生的噪声，部分为稳态噪声，部分为非稳态噪声，较规律。作业人员工作地点较固定，接触的噪声较规律，可根据现场情况测量瞬时噪声或一段时间的等效声级

（二）噪声危害特点及检测要点

制鞋业前工序的现场噪声主要来自于加工设备产生的机械性噪声流体动力性噪声，后工序的现场噪声则大多为手工操作产生。制鞋业作业人员基本在固定的岗位上进行流水线作业，接触的噪声多为规律性的非稳态噪声，如裁剪机操作员。检测时可根据现场情况测量作业环境作业点的瞬时噪声或等效声级，通过计算获得作业人员接触的噪声声级。详细噪声特点及检测要点见表 2-56。

（三）作业环境噪声分布

制鞋业大部分作业环境噪声水平在 80 dB(A) 以上，但超过 85 dB(A) 的环境较少。超过 85 dB(A) 的测点主要集中在混合、热压和加工、贴底等作业位，只有混合和热压测点的噪声强度超过 90 dB(A)。制鞋业不同生产工艺包括的不同工序及噪声强度见表 2-57、表 2-58。

表2-57 制鞋业作业环境噪声水平

工艺	工序	数量/n	噪声强度/dB(A) 范围	噪声强度/dB(A) $\bar{x} \pm s$	≥80 dB(A) 的数量和比例/n(%)	≥85 dB(A) 的数量和比例/n(%)
裁剪	裁剪	14	76.4～83.1	79.7±1.7	6 (42.9)	0
	削皮	4	76.9～79.1	77.9±1.0	0	0
	鞋底打磨	4	79.3～88.6	84.1±3.9	3 (75.0)	2 (50.0)
	切割织带	5	81.5～88.0	83.7±2.6	5 (100.0)	1 (20.0)
	磨皮	4	81.8～87.8	84.8±2.5	4 (100.0)	1 (25.0)
针车	折边	3	78.5～82.6	80.0±2.2	1 (33.3)	0
	开骨	2	80.8～81.3	81.0±0.4	2 (100.0)	0
	针车	4	75.5～79.1	77.6±1.5	0	0
	打扣	4	82.0～83.7	82.7±0.7	4 (100.0)	0
	冲孔	1	81.9	—	1 (100.0)	0
混合	裁剪	10	86.6～94.9	89.0±3.0	10 (100.0)	10 (100.0)
	密炼	3	90.3～92.7	91.6±1.2	3 (100.0)	3 (100.0)
	硫化	2	92.7～93.1	92.9±0.3	2 (100.0)	2 (100.0)
	炼胶	2	89.6～92.7	91.2±2.2	2 (100.0)	2 (100.0)
	加硫	2	91.9～96.3	94.1±3.1	2 (100.0)	2 (100.0)
	出片	1	88.9	—	1 (100.0)	1 (100.0)
热压	热压	3	86.9～90.4	88.2±1.9	3 (100.0)	3 (100.0)
	整修	3	83.5～85.6	84.6±1.1	3 (100.0)	1 (33.3)
加工、贴底	品管	7	80.8～88.0	84.6±2.8	7 (100.0)	3 (42.9)
	维修保养	5	80.7～87.9	84.0±2.6	5 (100.0)	1 (20.0)
	拔楦	5	83.1～85.8	84.8±1.2	5 (100.0)	3 (60.0)
	绑松紧带	1	83.1	—	1 (100.0)	0
	抱鞋	3	81.8～84.4	82.7±1.4	3 (100.0)	0
	补边漆	1	82.0	—	1 (100.0)	0
	擦胶	4	78.3～82.3	80.5±1.7	3 (75.0)	0
	穿扣子	1	80.9	—	1 (100.0)	0
	钉跟	3	84.3～87.9	86.6±2.0	3 (100.0)	2 (66.7)
	对双加硫	4	81.3～85.6	83.3±1.9	4 (100.0)	1 (25.0)
	发中底皮	1	83.3	—	1 (100.0)	0
	盖盒盖	2	79.0～79.3	79.2±0.2	0	0

续表 2-57

工艺	工序	数量/n	噪声强度/dB(A) 范围	噪声强度/dB(A) $\bar{x} \pm s$	≥80 dB(A) 的数量和比例/n(%)	≥85 dB(A) 的数量和比例/n(%)
加工、贴底	固定	1	81.8	—	1 (100.0)	0
	挂价标	1	80.0	—	1 (100.0)	0
	过冷冻	1	82.7	—	1 (100.0)	0
	后帮	3	84.1~85.3	84.7±0.6	3 (100.0)	1 (33.3)
	画线	1	79.8	—	0	0
	减加强带	1	80.9	—	1 (100.0)	0
	拉腰帮	1	83.5	—	1 (100.0)	0
	打磨	11	82.2~89.1	84.3±2.1	11 (100.0)	3 (27.3)
	拿鞋	1	82.7	—	1 (100.0)	0
	配鞋面	1	79.5	—	0	0
	前帮	4	82.1~86.5	83.9±1.9	4 (100.0)	1 (25.0)
	去胶	1	79.5	—	0	0
	刷胶	14	77.5~84.8	80.7±2.0	10 (71.4)	0
	水洗	2	83.3~88.2	85.8±3.5	2 (100.0)	1 (50.0)
	贴底	12	78.6~82.7	81.0±1.2	11 (91.7)	0
	洗药水	1	82.1	—	1 (100.0)	0
	鞋面清洁	1	81.8	—	1 (100.0)	0
	压底	8	79.7~83.3	81.1±1.3	6 (75.0)	0
	压盒	5	78.6~84.3	82.1±2.1	4 (80.0)	0
	腰帮	3	83.2~85.6	84.6±1.3	3 (100.0)	2 (66.7)
	中底皮上胶	1	83.4	—	1 (100.0)	0
	塞纸	2	80.1~81.7	80.9±1.1	2 (100.0)	0
	品检	8	76.8~83.2	80.4±2.1	5 (62.5)	0
	包装	3	77.7~78.0	77.9±0.2	0	0

表 2-58 制鞋业作业环境中的主要噪声源及噪声作业点

工艺	噪声危害程度	噪声源及噪声作业点
制鞋前工艺，包括裁剪、针车、混合、热压等	[80, 85)	热压工艺的整修，针车工艺的冲孔、打扣、折边等岗位
	轻度危害 [85, 90)	裁剪工艺的裁剪、打磨、削皮、切割织带，热压工艺的热压成型岗位
	中度危害 [90, 95)	混合工艺的密炼、炼胶岗位
	重度及极重危害 ≥95	混合工艺的加硫

续表 2-58

工 艺	噪声危害程度	噪声源及噪声作业点
制鞋后工艺，包括加工、贴底等	[80, 85)	成型的刷面药水、压彩盒、打大底、刷胶、拉腰帮、中底皮上胶、压底、发中底皮、品检、绑松紧带、刷白胶、压机、去胶、过冷冻、压内盒、补边漆、贴底的贴合、压机等岗位
	轻度危害 [85, 90)	成型的打磨、钉跟机、拔楦、前帮、腰帮、对双加硫、后帮，贴底的水洗
	中度危害 [90, 95)	—
	重度及极重危害 ≥95	—

（四）作业人员噪声接触情况分析

制鞋业作业人员中混合工序和热压工序作业人员大部分超标接触噪声，其余工序作业人员大部分为噪声作业，但较少超标接触。其中，裁剪、混合、热压工序的大部分作业岗位均超标接触，加工、贴底工序只有部分岗位超标接触，针车工序无超标接触的岗位。制鞋业作业人员接触的噪声水平见表 2-59。

表 2-59 制鞋业作业人员接触的噪声水平

工艺	工种	数量/n	噪声强度/dB(A) 范围	噪声强度/dB(A) $\bar{x} \pm s$	≥80 dB(A) 的数量和比例/n (%)	≥85 dB(A) 的数量和比例/n (%)	结果判定	危害等级
裁剪	裁剪工	14	76.4~83.1	79.7±1.7	6 (42.9)	0	噪声作业	—
	削皮工	4	76.9~79.1	77.9±1.0	0	0	非噪声作业	—
	鞋底打磨工	4	79.3~88.6	84.1±3.9	3 (75.0)	2 (50.0)	超标接触	Ⅰ级
	切割织带工	5	81.5~88.0	83.7±2.6	5 (100.0)	1 (20.0)	超标接触	Ⅰ级
	磨皮工	4	81.8~87.8	84.8±2.5	4 (100.0)	1 (25.0)	超标接触	Ⅰ级
针车	折边工	3	78.5~82.6	80.0±2.2	1 (33.3)	0	噪声作业	—
	开骨工	2	80.8~81.3	81.0±0.4	2 (100.0)	0	噪声作业	—
	针车工	4	75.5~79.1	77.6±1.5	0	0	非噪声作业	—
	打扣工	4	82.0~83.7	82.7±0.7	4 (100.0)	0	噪声作业	—
	冲孔工	1	81.9	—	1 (100.0)	0	噪声作业	—
混合	裁剪工	10	86.6~94.9	89.0±3.0	10 (100.0)	10 (100.0)	超标接触	Ⅱ级
	密炼工	3	90.3~92.7	91.6±1.2	3 (100.0)	3 (100.0)	超标接触	Ⅱ级
	硫化工	2	92.7~93.1	92.9±0.3	2 (100.0)	2 (100.0)	超标接触	Ⅱ级
	炼胶工	2	89.6~92.7	91.2±2.2	2 (100.0)	2 (100.0)	超标接触	Ⅱ级
	加硫工	2	91.9~96.3	94.1±3.1	2 (100.0)	2 (100.0)	超标接触	Ⅲ级
	出片工	1	88.9	—	1 (100.0)	1 (100.0)	超标接触	Ⅰ级

续表 2-59

工艺	工种	数量/n	噪声强度/dB(A) 范围	$\bar{x} \pm s$	≥80 dB(A)的数量和比例/n(%)	≥85 dB(A)的数量和比例/n(%)	结果判定	危害等级
热压	热压工	3	86.9~90.4	88.2±1.9	3(100.0)	3(100.0)	超标接触	Ⅱ级
	整修工	3	83.5~85.6	84.6±1.1	3(100.0)	1(33.3)	超标接触	Ⅰ级
加工、贴底	品管工	7	80.8~88.0	84.6±2.8	7(100.0)	3(42.9)	超标接触	Ⅰ级
	维修保养工	5	80.7~87.9	84.0±2.6	5(100.0)	1(20.0)	超标接触	Ⅰ级
	拔楦工	5	83.1~85.8	84.8±1.2	5(100.0)	3(60.0)	超标接触	Ⅰ级
	绑松紧带工	1	83.1	—	1(100.0)	0	噪声作业	—
	抱鞋工	3	81.8~84.4	82.7±1.4	3(100.0)	0	噪声作业	—
	补边漆工	1	82.0	—	1(100.0)	0	噪声作业	—
	擦胶工	4	78.3~82.3	80.5±1.7	3(75.0)	0	噪声作业	—
	穿扣子工	1	80.9	—	1(100.0)	0	噪声作业	—
	钉跟工	3	84.3~87.9	86.6±2.0	3(100.0)	2(66.7)	超标接触	Ⅰ级
	对双加硫工	4	81.3~85.6	83.3±1.9	4(100.0)	1(25.0)	超标接触	Ⅰ级
	发中底皮工	1	83.3	—	1(100.0)	0	噪声作业	—
	盖盒盖工	2	79.0~79.3	79.2±0.2	0	0	非噪声作业	—
	固定工	1	81.8	—	1(100.0)	0	噪声作业	—
	挂价标工	1	80.0	—	1(100.0)	0	噪声作业	—
	过冷冻工	1	82.7	—	1(100.0)	0	噪声作业	—
	后帮工	3	84.1~85.3	84.7±0.6	3(100.0)	1(33.3)	超标接触	Ⅰ级
	画线工	1	79.8	—	0	0	非噪声作业	—
	减加强带	1	80.9	—	1(100.0)	0	噪声作业	—
	拉腰帮工	1	83.5	—	1(100.0)	0	噪声作业	—
	打磨工	11	82.2~89.1	84.3±2.1	11(100.0)	3(27.3)	超标接触	Ⅰ级
	拿鞋工	1	82.7	—	1(100.0)	0	噪声作业	—
	配鞋面工	1	79.5	—	0	0	非噪声作业	—
	前帮工	4	82.1~86.5	83.9±1.9	4(100.0)	1(25.0)	超标接触	Ⅰ级
	去胶工	1	79.5	—	0	0	非噪声作业	—
	刷胶工	14	77.5~84.8	80.7±2.0	10(71.4)	0	噪声作业	—
	水洗工	2	83.3~88.2	85.8±3.5	2(100.0)	1(50.0)	非噪声作业	—
	贴底工	12	78.6~82.7	81.0±1.2	11(91.7)	0	噪声作业	—

续表 2-59

工艺	工种	数量/n	噪声强度/dB(A) 范围	噪声强度/dB(A) $\bar{x} \pm s$	≥80 dB(A)的数量和比例/n（%）	≥85 dB(A)的数量和比例/n（%）	结果判定	危害等级
加工、贴底	洗药水工	1	82.1	—	1（100.0）	0	噪声作业	—
	鞋面清洁工	1	81.8	—	1（100.0）	0	噪声作业	—
	压底工	8	79.7～83.3	81.1±1.3	6（75.0）	0	噪声作业	—
	压盒工	5	78.6～84.3	82.1±2.1	4（80.0）	0	噪声作业	—
	腰帮工	3	83.2～85.6	84.6±1.3	3（100.0）	2（66.7）	超标接触	Ⅰ级
	中底皮上胶工	1	83.4	—	1（100.0）	0	噪声作业	—
	塞纸工	2	80.1～81.7	80.9±1.1	2（100.0）	0	噪声作业	—
	品检	8	76.8～83.2	80.4±2.1	5（62.5）	0	噪声作业	—
	包装	3	77.7～78.0	77.9±0.2	0	0	非噪声作业	—

九、纺织业

（一）一般情况

纺织工艺主要包括纺纱加工、织造加工和染整加工三个加工过程。

纺纱加工是将纺织纤维（天然纤维和化学纤维）经纺纱工艺制成纱线，也就是将纤维由杂乱无章的状态变为按纵向有序排列的加工过程。其工艺流程包括清棉、梳棉、精梳、并条、粗纱、细纱络筒等。

织造加工是将纱线或纤维经编织工艺或非织造工艺制成各种织物。织造可分为针织和梭织两种。其工艺流程包括整经、浆纱、穿筘、织造、整理等。

染整加工是将纱线或织物经物理和化学处理，实现其色彩、形态、实用等方面的效应，制成纺织成品。纺织品通过侵轧、洗涤、烘燥、蒸化等物理化学方法进行加工处理，使其具有多种附加功能的加工过程。纺织品染整加工通常包括预处理、染色、印花及后整理等内容。

纺织厂作业人员一般包括纺纱工艺中各种纺纱设备（如精梳机、络筒机等）的操作人员，织造工艺中织布机和喷气织机的操作人员，染整工艺中起毛机、水洗机、分筒机及松纱机等设备的操作人员等，其劳动定员见表 2-60。

（二）作业环境噪声分布

纺织厂噪声源较多，其中梭织车间的噪声强度较高，是纺织业中噪声污染最严重的车间，但织造中的针织车间的现场环境比较安静，无噪声源。由结果可以看出，纺织业的梭织织布车间的织布机、喷气织机噪声强度较高，进入该车间作业的人员需佩戴耳罩或耳塞加耳罩组合。另外,纺纱车间的噪声危害亦比较严重,大部分测点均在 80 dB(A) 以上,甚至 85 dB(A) 以上。纺织厂各工序的现场环境噪声分布情况等见表 2-61 至表 2-63。

表 2-60 纺织厂劳动定员及接触噪声情况

生产单元	工 种	工作内容	接触噪声特点及检测要点
纺纱	各种纺纱设备如精梳机、络筒机、细纱机、并条机、梳棉机、粗纱机、抓棉机等的操作人员	负责操作、维护、巡视各种纺纱设备如精梳机、络筒机、细纱机、并条机、梳棉机、粗纱机、抓棉机等	现场噪声主要来自于纺纱设备如精梳机、络筒机产生的机械性噪声流体动力性噪声,多为规律性的稳态或非稳态噪声。作业人员工作地点较固定,接触的噪声较规律,可根据现场情况测量瞬时噪声或一段时间的等效声级
织造	织布机、喷气织机的操作人员	负责操作、维护、巡视织布机和喷气织机	现场噪声主要来自于织造设备织布机和喷气织机产生的机械性噪声流体动力性噪声,基本为规律性的稳态噪声。作业人员工作地点较固定,接触的噪声较规律,可测量瞬时噪声
染整	包括后整车间起毛机、水洗机、丝光机、液氨机、预缩机等设备的操作人员和染纱车间的分筒机、松纱机、并捻机等的操作人员	负责操作、维护、巡视后整车间起毛机、水洗机、丝光机、液氨机、预缩机等和染纱车间的分筒机、松纱机、并捻机等设备	现场噪声主要来自于染整设备如起毛机、水洗机产生的机械性噪声流体动力性噪声,多为规律性的稳态或非稳态噪声。作业人员工作地点较固定,接触的噪声较规律,可根据现场情况测量瞬时噪声或一段时间的等效声级

表 2-61 纺织厂作业环境噪声水平

生产单元	数量 /n	噪声强度/dB(A)		≥80 dB(A) 的数量和比例/n(%)	≥85 dB(A) 的数量和比例/n(%)
		范围	$\bar{x} \pm s$		
纺纱	39	74.3~97.5	86.4±5.4	36 (92.3)	23 (59.0)
织造	19	93.9~102.4	97.6±2.6	19 (100.0)	19 (100.0)
染整	26	75.1~97.3	82.5±5.6	19 (73.1)	6 (23.1)

表 2-62 纺织厂作业环境中 80 dB(A) 以上的构成比

生产单元	数量 /n	[80, 85) dB(A) 的数量和比例/n(%)	[85, 90) dB(A) 的数量和比例/n(%)	[90, 95) dB(A) 的数量和比例/n(%)	≥95 dB(A) 的数量和比例/n(%)
纺纱	39	13 (33.3)	14 (35.9)	6 (15.4)	3 (8.7)
织造	19	0	0	4 (21.1)	15 (78.9)
染整	26	13 (50.0)	3 (11.5)	2 (7.7)	1 (3.8)

表2-63 纺织厂作业环境中的主要噪声源及噪声作业点

生产单元	噪声危害程度	噪声源及噪声作业点
纺纱	[80, 85)	抓棉机
	轻度危害 [85, 90)	精梳机、络筒机、细纱机、清花机、梳棉机、粗纱机
	中度危害 [90, 95)	并条机
	重度及极重危害≥95	捻线机
织造	[80, 85)	—
	轻度危害 [85, 90)	
	中度危害 [90, 95)	
	重度及极重危害≥95	织布机、喷气织机
染整	[80, 85)	后整车间的起毛机、水洗机、丝光机、液氨机、预缩机；染纱车间的染台缸、络筒机、并筒机、脱水区域等
	轻度危害 [85, 90)	染纱车间的分筒机
	中度危害 [90, 95)	染纱车间的松纱机
	重度及极重危害≥95	染纱车间的并捻机

(三) 作业人员噪声接触情况分析

纺织厂的作业人员基本在自己负责操作的设备前进行作业，其接触的噪声水平可以根据现场环境的噪声声级直接进行评估，纺织厂作业人员中纺纱工艺并条机操作员、捻线机操作员，织造工艺的织布机、喷气织机操作人员和染整工艺的并捻操作员接触的噪声强度较高，危害很严重，需要采取严格的防控措施。纺织厂作业人员接触的噪声水平见表2-64。

表2-64 纺织厂作业人员接触的噪声水平

生产单元	工种	数量/n	噪声强度/dB(A) 范围	噪声强度/dB(A) $\bar{x} \pm s$	≥80 dB(A)的数量和比例/n (%)	≥85 dB(A)的数量和比例/n (%)	结果判定	危害等级
纺纱	并条机操作员	3	84.7～97.5	89.6±6.9	3 (100.0)	2 (66.7)	超标接触	Ⅲ级
	捻线机操作员	5	92.8～97.1	95.0±1.6	5 (100.0)	5 (100.0)	超标接触	Ⅲ级
	精梳机操作员	3	83.3～94.9	88.4±5.9	3 (100.0)	2 (66.7)	超标接触	Ⅱ级
	络筒机操作员	5	84.0～91.0	87.0±2.7	5 (100.0)	4 (80.0)	超标接触	Ⅱ级
	细纱机操作员	9	83.3～90.9	86.6±2.3	9 (100.0)	7 (77.8)	超标接触	Ⅱ级
	梳棉机操作员	4	80.2～85.4	83.3±2.2	4 (100.0)	1 (25.0)	超标接触	Ⅰ级
	粗纱机操作员	3	81.6～85.3	83.3±1.9	3 (100.0)	1 (33.3)	超标接触	Ⅰ级
	抓棉机操作员	3	83.2～83.4	83.3±0.1	3 (100.0)	0	噪声作业	—

续表 2-64

生产单元	工种	数量 /n	噪声强度/dB(A) 范围	噪声强度/dB(A) $\bar{x} \pm s$	≥80 dB(A)的数量和比例/n(%)	≥85 dB(A)的数量和比例/n(%)	结果判定	危害等级
织造	织布机操作员	13	94.4～102.4	98.6±2.5	13 (100.0)	13 (100.0)	超标接触	Ⅳ级
织造	喷气织机操作员	6	93.9～97.2	95.6±1.3	6 (100.0)	6 (100.0)	超标接触	Ⅲ级
染整	分筒操作员	2	81.4～89.6	85.5±5.8	2 (100.0)	1 (50.0)	超标接触	Ⅰ级
染整	络筒操作员	3	80.0～81.8	81.2±1.0	3 (100.0)	0	噪声作业	—
染整	松纱操作员	3	87.2～91.3	89.1±2.1	3 (100.0)	3 (100.0)	超标接触	Ⅱ级
染整	并捻操作员	2	93.7～97.3	95.5±2.5	2 (100.0)	2 (100.0)	超标接触	Ⅲ级
染整	并筒操作员	2	79.5～80.4	80.0±0.6	1 (50.0)	0	噪声作业	—

十、造纸业

造纸的原料来源很广，常见的有木浆、草浆、竹浆和废纸等。根据原料来源，造纸可分为纸浆造纸和废纸造纸。这两类造纸，前期处理工艺常不同，后期成纸工艺过程基本相同。

（一）纸浆造纸

1. 一般情况

本章以竹料制浆造纸为例，说明该类造纸行业存在的噪声危害。竹料造纸的生产过程如下：备料工序→制浆工序→浆板工序→碱回收工序，各工序在相应车间内完成。备料工序主要是竹捆削片，去除夹带金属、碎屑、沙石和杂质。制浆工序包括蒸煮工段→洗选及氧脱木素工段→漂白工段→二氧化氯制备工段→化学品制备工段。浆板工序包括精选工段→抄浆工段→完成工段→成品库。碱回收工序包括蒸发工段→燃烧工段→苛化工段→石灰回收工段→臭气处理系统。

现代造纸工艺基本实现自动化、机械化，造纸厂生产岗位主要包括备料操作员、制浆操作员、浆板操作员、碱回收操作员等，工人的作业方式主要是定期按照巡检路线进行巡检。

2. 作业环境噪声分布

竹浆造纸厂各主要生产车间的噪声源分布见表 2-65。由于工人主要采取巡检作业方式，因此，对各生产岗位的巡检点进行噪声检测，对各工序主要巡检点的噪声强度进行分析。从结果可以看出，造纸厂高强度噪声源较多，且分布较广，尤其是制浆车间和碱回收车间中超过 95 dB(A) 的作业点比例较高。详细结果见表 2-66、表 2-67。

表2-65 纸浆造纸厂作业环境中的噪声源

序号	生产单元	主要噪声来源
1	备料车间	抓斗起重机、移动式皮带输送机、轮式装载机、削片机、竹片筛竹片、堆出料器、竹片再碎机、竹片输送系统、竹片水洗机、螺旋脱水机等
2	制浆车间	喂料螺旋、塔式蒸煮锅、喷放锅、洗渣机、洗节机、洗浆机、中浓泵、冲浆泵等
3	浆板车间	浆板机、切纸机、液压打包机、损纸碎浆机、真空泵等
4	碱回收车间	碱回收炉、静电除尘器、石灰消化提渣机、连续苛化器、预挂式过滤机、真空泵、引风机、鼓风机等

表2-66 纸浆造纸厂作业环境噪声水平

生产单元	数量 /n	噪声强度/dB(A) 范围	噪声强度/dB(A) $\bar{x} \pm s$	≥80 dB(A)的数量和比例/n(%)	≥85 dB(A)的数量和比例/n(%)
备料车间	21	80.9~106.1	90.4±5.6	21(100.0)	19(90.5)
制浆车间	35	87.0~107.6	94.5±4.5	35(100.0)	35(100.0)
抄浆车间	9	84.9~97.5	91.2±3.7	9(100.0)	8(88.9)
碱回收车间	46	74.9~113.8	93.3±7.8	43(93.5)	42(91.3)
合计	111	74.9~113.8	93.0±6.4	108(97.3)	104(93.7)

表2-67 纸浆造纸厂作业环境中80 dB(A)以上的构成比

生产单元	数量/n	[80,85) dB(A)的数量和比例/n(%)	[85,90) dB(A)的数量和比例/n(%)	[90,95) dB(A)的数量和比例/n(%)	≥95 dB(A)的数量和比例/n(%)
备料车间	21	2(9.5)	10(47.6)	6(28.6)	3(14.3)
制浆车间	35	0	4(11.4)	17(48.6)	14(40.0)
抄浆车间	9	1(11.1)	3(33.3)	4(44.4)	1(11.1)
碱回收车间	46	1(2.2)	10(21.7)	16(34.8)	16(34.8)
合计	111	4(3.6)	27(24.3)	43(38.7)	34(30.6)

3. 作业人员噪声接触情况分析

造纸厂工人为流动岗位,通过佩戴个体噪声仪评估其岗位噪声接触情况。造纸厂超过90%的岗位接触的噪声强度超过职业接触限值,备料、制浆、抄浆、碱回收车间存在较多噪声危害中度或重度的岗位,造纸厂的噪声危害极其突出。主要接触噪声岗位的噪声检测结果及分布见表2-68、表2-69。

表2-68 纸浆造纸厂作业人员接触的噪声水平

工 种	数量/n	噪声强度/dB(A) 范围	噪声强度/dB(A) $\bar{x}\pm s$	≥80 dB(A)的数量和比例/n(%)	≥85 dB(A)的数量和比例/n(%)	结果判定	危害等级
备料操作员	5	89~94	91.2±1.9	5(100.0)	5(100.0)	超标接触	Ⅱ级
制浆操作员	7	86~100	90.0±5.6	7(100.0)	7(100.0)	超标接触	Ⅳ级
抄浆操作员	4	87~89	90.5±5.1	4(100.0)	4(100.0)	超标接触	Ⅰ级
碱回收操作员	13	83~93	87.1±3.3	13(100.0)	11(84.6)	超标接触	Ⅱ级
合 计	29	83~100	89.0±4.2	29(100.0)	27(93.1)	超标接触	Ⅳ级

表2-69 纸浆造纸厂作业人员接触80 dB(A)以上的构成比

工 种	数量/n	[80,85) dB(A)的数量和比例/n(%)	[85,90) dB(A)的数量和比例/n(%)	[90,95) dB(A)的数量和比例/n(%)	≥95 dB(A)的数量和比例/n(%)
备料操作员	5	0	1(20.0)	4(80.0)	0
制浆操作员	7	0	5(71.4)	0	2(28.6)
抄浆操作员	4	0	3(75.0)	0	1(25.0)
碱回收操作员	13	2(15.4)	8(61.5)	0	3(23.1)
合 计	29	2(6.9)	17(58.6)	4(13.8)	6(20.7)

（二）废纸造纸

1. 一般情况

以废纸为原料的造纸工艺流程包括碎浆、废纸脱墨、造纸。碎浆车间工艺包括废纸分拣、碎纸、粗筛；废纸脱墨车间工艺包括除渣、前浮选、精筛、浓缩、热分散、漂白、后浮选、浓缩、还原漂白、贮浆等；造纸车间工艺包括辅料制备、配浆、上浆、夹网成型、压榨、干燥、压光、卷曲、复卷、包装等。

废纸造纸厂岗位设置见表2-70。

表2-70 废纸造纸厂岗位设置

生产单元	岗 位	作业方式
碎浆车间	废纸分拣	固定
	叉车	固定
	化学品站巡检位	巡检
	碎浆机、高浓除渣	巡检
	剪线机、散包机、运输机	固定
	碎浆间控制室	固定
	链板机输送带称重	固定

续表 2-70

生产单元	岗 位	作业方式
脱墨车间	除渣、前浮选	巡检
	精筛、浓缩	巡检
	热分散	巡检
	后浮选、浓缩	巡检
	还原漂白、贮浆	巡检
	脱墨间控制室	固定
	脱墨车间配电房	巡检
造纸车间	辅料加料操作	固定
	夹网成型、压榨巡检	巡检
	干燥、压光操作位	固定
	湿部控制室、干部控制室、复卷控制室	固定
	上浆系统巡检、夹层干燥部巡检	巡检
	造纸车间化验室	固定
	高低压配电室	巡检
	产品定量、检定	固定

2. 作业环境噪声分布

某废纸造纸厂的检测结果显示，碎浆车间噪声强度为 65.0～78.3 dB(A)，脱墨车间噪声强度为 65.5～99.4 dB(A)，造纸车间噪声强度为 59.1～96.3 dB(A)。

3. 作业人员噪声接触情况分析

某废纸造纸厂的部分岗位以固定作业为主，结合接触时间，脱墨车间有 5 个岗位的噪声超标，造纸车间有 1 个岗位的噪声超标。部分流动岗位采用个体噪声计进行噪声评估，叉车司机、化学品站加料工、碎浆高浓度除渣工均为噪声作业岗位，其中碎浆高浓度除渣工的噪声强度超标。

十一、通用设备制造

(一) 一般情况

通用设备制造业广义的意思是使用于 1 个以上行业的设备制造。通用设备制造业中属于机械工业的中类行业有 9 个，即锅炉及原动机制造，金属加工机械制造，起重运输设备制造，泵、阀门、压缩机及类似机械的制造，轴承、齿轮、传动动部件的制造，烘炉、熔炉及电炉制造，风机、衡器、包装设备等通用设备制造，通用零部件制造及机械修理，金属铸、锻加工。

通用设备制造现场噪声多为作业人员使用的各种设备运转、碰撞产生的机械性噪声流体动力性噪声。作业时大部分为流水线作业，噪声主要为规律性非稳态噪声。作业人员工作地点较固定，接触的噪声较规律，可测量一段时间的等效声级。

空气压缩机（以下简称"空压机"）是常见的通用设备之一，本文以空压机的制造为例，阐述该行业的噪声分布及危害情况。空压机制造工艺如下：在机械加工车间（包括铸造）制造出缸体、活塞（转轴）、阀片、连杆、曲轴、端盖等零部件；在电机车间组装出转子、定子；在冲压车间制造出壳体等；然后在总装车间进行装配、焊接、清洗烘干，最后经检验合格包装出厂。空压机生产线的生产岗位包括：马达卷线班，汽缸班，活塞班，滑片班精加工组，机架班，曲轴系，钣金班冲压组，钣金班上壳体组，钣金班清洗组，主壳体、转子班、组立、成品焊接班，成品涂装检漏班，成品出荷线班等的操作人员。

（二）作业环境噪声分布

空压机生产线各主要作业点的噪声强度结果见表2-71、表2-72。从表2-71、表2-72可以看出，各工序存在较多噪声强度超过85 dB(A)的作业点。

表2-71 通用设备制造业作业环境噪声水平

生产单元	数量/n	噪声强度/dB(A)		≥80 dB(A)的数量和比例/n（%）	≥85 dB(A)的数量和比例/n（%）
		范围	$\bar{x} \pm s$		
马达卷线	21	80.9~93.3	85.7±3.0	20（95.2）	12（57.1）
汽缸班	47	84.6~92.5	88.3±1.7	47（100.0）	46（97.9）
活塞班	15	73.2~92.6	86.3±4.8	14（93.3）	11（73.3）
滑片班精加工组	8	86.3~95.3	89.0±3.0	8（100.0）	8（100.0）
机架班	27	80.5~91.6	85.6±2.8	27（100.0）	16（59.3）
曲轴系	45	75.8~99.5	84.8±4.2	38（84.4）	23（51.1）
钣金班冲压	13	83.7~97.7	89.1±4.5	13（100.0）	11（84.6）
钣金班上壳体	7	85.3~90.4	87.9±2.0	7（100.0）	7（100.0）
钣金班清洗	2	89.6~95.6	92.8±4.5	2（100.0）	2（100.0）
主壳体	15	90.2~101.4	93.8±3.7	15（100.0）	15（100.0）
转子班	10	84.2~89.3	86.7±1.5	10（100.0）	9（90.0）
组立	35	75.1~92.2	82.5±3.6	26（74.3）	7（20.0）
成品焊接	32	72.0~102.2	86.0±6.5	25（78.1）	20（62.5）
成品涂装检漏	3	97.5~101.9	99.9±2.2	3（100.0）	3（100.0）
成品出荷线	12	70.0~114.4	84.0±13.3	7（58.3）	4（33.3）
合计	292	70.0~114.4	86.5±5.4	262（89.7）	194（66.4）

表 2-72 通用设备制造业作业环境中 80 dB(A) 以上的构成比

生产单元	数量/n	[80, 85) dB(A) 的数量和比例/n (%)	[85, 90) dB(A) 的数量和比例/n (%)	[90, 95) dB(A) 的数量和比例/n (%)	≥95 dB(A) 的数量和比例/n (%)
马达卷线	21	8 (38.1)	11 (52.4)	1 (4.8)	0
成品焊接	32	5 (15.6)	13 (40.6)	5 (15.6)	2 (6.3)
成品涂装检漏	3	0	0	0	3 (100.0)
成品出荷线	12	3 (25.0)	1 (8.3)	0	3 (25.0)
汽缸班	47	1 (2.1)	41 (87.2)	5 (10.6)	0
活塞班	15	3 (20.0)	8 (53.3)	3 (20.0)	0
滑片班精加工组	8	0	6 (75.0)	1 (12.5)	1 (12.5)
机架班	27	11 (40.7)	15 (55.6)	1 (3.7)	0
曲轴系	45	15 (33.3)	20 (44.4)	2 (4.4)	1 (2.2)
钣金班冲压	13	2 (15.4)	7 (53.8)	1 (17.7)	3 (23.1)
钣金班上壳体	7	0	6 (85.7)	1 (14.3)	0
钣金班清洗	2	0	1 (50.0)	0	1 (50.0)
主壳体	15	0	0	10 (66.7)	5 (33.3)
转子班	10	1 (10.0)	9 (90.0)	0	0
组立	35	19 (54.3)	6 (17.1)	1 (2.9)	0
合　计	292	68 (23.3)	144 (49.3)	31 (10.6)	19 (6.5)

(三) 作业人员噪声接触情况分析

空压机以流水线方式生产，工人作业方式以固定操作为主，其生产岗位采用每周 5 d、每天工作 8 h 的标准工作制度时，主要接触噪声岗位接触的噪声强度和分布见表 2-73、表 2-74。

从表 2-73 和表 2-74 可以看出，80% 以上接触噪声岗位属于噪声作业岗位，60% 以上接触噪声岗位的噪声强度超过职业接触限值。空压机生产线的噪声危害严重，需要加强噪声危害防护措施。

表2-73 通用设备制造业作业人员接触的噪声水平

岗 位	数量/n	噪声强度/[dB(A)] 范 围	噪声强度/[dB(A)] $\bar{x} \pm s$	≥80 dB(A)的数量和比例/n(%)	≥85 dB(A)的数量和比例/n(%)	结果判定	危害等级
马达卷线操作人员	21	80.9~93.3	85.7±3.0	20(95.2)	12(57.1)	超标接触	Ⅱ级
汽缸班操作人员	47	84.6~92.5	88.3±1.7	47(100.0)	46(97.9)	超标接触	Ⅱ级
活塞班操作人员	15	73.2~92.6	86.3±4.8	14(93.3)	11(73.3)	超标接触	Ⅱ级
滑片班精加工组操作人员	8	86.3~95.3	89.0±3.0	8(100.0)	8(100.0)	超标接触	Ⅲ级
机架班操作人员	27	80.5~91.6	85.6±2.8	27(100.0)	16(59.3)	超标接触	Ⅱ级
曲轴系操作人员	45	75.8~99.5	84.8±4.2	38(84.4)	23(51.1)	超标接触	Ⅲ级
钣金班冲压操作人员	13	83.7~97.7	89.1±4.5	13(100.0)	11(84.6)	超标接触	Ⅲ级
钣金班上壳体操作人员	7	85.3~90.4	87.9±2.0	7(100.0)	7(100.0)	超标接触	Ⅱ级
钣金班清洗操作人员	2	89.6~95.6	92.8±4.5	2(100.0)	2(100.0)	超标接触	Ⅲ级
主壳体操作人员	15	90.2~101.4	93.8±3.7	15(100.0)	15(100.0)	超标接触	Ⅳ级
转子班操作人员	10	84.2~89.3	86.7±1.5	10(100.0)	9(90.0)	超标接触	Ⅰ级
组立操作人员	35	75.1~92.2	82.5±3.6	26(74.3)	7(20.0)	超标接触	Ⅱ级
成品焊接操作人员	32	72.0~102.2	86.0±6.5	25(78.1)	20(62.5)	超标接触	Ⅳ级
成品涂装检漏操作人员	3	97.5~101.9	99.9±2.2	3(100.0)	3(100.0)	超标接触	Ⅳ级
成品出荷线操作人员	12	70.0~114.4	84.0±13.3	7(58.3)	4(33.3)	超标接触	Ⅳ级
合　　计	292	70.0~114.4	86.5±5.4	262(89.7)	194(66.4)	超标接触	Ⅳ级

表2-74 通用设备制造业作业人员接触80 dB(A)以上的构成比

岗 位	数量/n	[80,85) dB(A)的数量和比例/n(%)	[85,90) dB(A)的数量和比例/n(%)	[90,95) dB(A)的数量和比例/n(%)	≥95 dB(A)的数量和比例/n(%)
马达卷线操作人员	21	8(38.1)	11(52.4)	1(4.8)	0
成品焊接操作人员	32	5(15.6)	13(40.6)	5(15.6)	2(6.3)
成品涂装检漏操作人员	3	0	0	0	3(100.0)

续表 2-74

岗 位	数量/n	[80, 85) dB(A) 的数量和比例/n(%)	[85, 90) dB(A) 的数量和比例/n(%)	[90, 95) dB(A) 的数量和比例/n(%)	≥95 dB(A) 的数量和比例/n(%)
成品出荷线操作人员	12	3 (25.0)	1 (8.3)	0	3 (25.0)
汽缸班操作人员	47	1 (2.1)	41 (87.2)	5 (10.6)	0
活塞班操作人员	15	3 (20.0)	8 (53.3)	3 (20.0)	0
滑片班精加工组操作人员	8	0	6 (75.0)	1 (12.5)	1 (12.5)
机架班操作人员	27	11 (40.7)	15 (55.6)	1 (3.7)	0
曲轴系操作人员	45	15 (33.3)	20 (44.4)	2 (4.4)	1 (2.2)
钣金班冲压操作人员	13	2 (15.4)	7 (53.8)	1 (17.7)	3 (23.1)
钣金班上壳体操作人员	7	0	6 (85.7)	1 (14.3)	0
钣金班清洗操作人员	2	0	1 (50.0)	0	1 (50.0)
主壳体操作人员	15	0	0	10 (66.7)	5 (33.3)
转子班操作人员	10	1 (10.0)	9 (90.0)	0	0
组立操作人员	35	19 (54.3)	6 (17.1)	1 (2.9)	0
合 计	292	68 (23.3)	144 (49.3)	31 (10.6)	19 (6.5)

十二、日用化学产品制造业

日用化学产品主要包括合成洗涤剂、化妆品、肥皂、香皂、硬脂酸、牙膏、火柴、精甘油、动物胶、香料等。本文以较常见的化妆品为例，介绍化妆品制造业中的噪声危害情况。

化妆品按剂型分类可以分为液体、乳液、膏霜类、粉类和块状类。其大概生产过程包括溶解混合、搅拌、调整、过滤及装瓶、装箱、包装等。其中混合、搅拌、调整、过滤等生产环境较少噪声源，一般只有一些加压泵、搅拌泵类，且自动化程度较高，作业人员较少时间待在现场。而装瓶、装箱、包装等一般为生产流水线，流水线上的设备是主要的噪声源，且需要做封盖、贴标签、称重和记载批号、合格证等工作，这部分工作需要作业人员长时间在现场观察检查等。因此，化妆品制造业的主要噪声危害在装瓶、装箱、包装等流水线工艺上,且现场环境噪声结果即为相应的作业岗位的噪声接触情况。

化妆品各工序噪声强度见表2-75至表2-77。

表2-75 日用化学产品制造业中装瓶、装箱、包装等作业环境噪声水平

工 艺	数量/n	噪声强度范围/dB(A)		≥80 dB(A)的数量和比例/n(%)	≥85 dB(A)的数量和比例/n(%)
		范 围	$\bar{x}\pm s$		
装瓶、装箱、包装等	95	73.7～93.4	83.3±4.2	71(74.7)	37(38.9)

表2-76 日用化学产品制造业中装瓶、装箱、包装等作业环境中80 dB(A)以上的构成比

工 艺	数量/n	[80, 85) dB(A)的数量和比例/n(%)	[85, 90) dB(A)的数量和比例/n(%)	[90, 95) dB(A)的数量和比例/n(%)	≥95 dB(A)的数量和比例/n(%)
装瓶、装箱、包装等	95	34(35.8)	32(33.7)	5(5.3)	0

表2-77 日用化学产品制造业中装瓶、装箱、包装等作业环境中的主要噪声源及噪声作业点

工 艺	噪声危害程度	噪声源及噪声作业点
装瓶、装箱、包装等	[80, 85)	倒瓶、吹瓶、放盒、封膜机、拆箱、放箱、打箱
	轻度危害[85, 90)	称重、检查卷边、加盖、整盖机、放瓶、放管、看管、充填机、质检
	中度危害[90, 95)	整泵、包装储缸电动泵
	重度及极重危害≥95	—

十三、机械加工行业

机械加工是一种用加工机械对工件的外形尺寸或性能进行改变的过程。按被加工的工件的温度情况,分为冷加工和热加工。一般在常温下加工,并且不引起工件的化学或物相变化,称冷加工。一般在高于或低于常温状态的加工,会引起工件的化学或物相变化,称热加工。冷加工按加工方式可分为切削加工和压力加工。热加工常见的有热处理、锻造、铸造和焊接。

切削加工是用切削工具(包括刀具、磨具和磨料)把坯料或工件上多余的材料层切去成为切屑,使工件获得规定的几何形状、尺寸和表面质量的加工方法。主要使用不同的机床。按机床加工性质和所用刀具可分为12类,包括车床、钻床、镗床、磨床、齿轮加工机床、螺纹加工机床、铣床、刨插床、拉床、锯床、特种加工车、其他机床。按机床的万能性可分为3类,即通用机床、专门化机床、专用机床;按机床的精度可分为3类,即普通机床、精密机床、高精度机床;按机床的重量可分为4类,即一般机

床、大型机床、重型机床、超重型机床。

压力加工是利用金属在外力作用下所产生的塑性变形,来获得具有一定形状、尺寸和力学性能的原材料、毛坯或零件的生产方法,又称金属塑性加工。压力加工中较常见的是各种冲压设备。

锻造是一种利用锻压机械对金属坯料施加压力,使其产生塑性变形以获得具有一定机械性能、一定形状和尺寸的锻件的加工方法。铸造是指将室温下为液态但不久后将固化的物质倒入特定形状的铸模待其凝固成形的加工方式。焊接是被焊工件的材质(同种或异种)通过加热或加压或两者并用,并且用或不用填充材料,使之达到原子间的结合而形成永久性连接的工艺过程。

在机械加工中砂轮打磨和机械加工过程中由于振动、摩擦、碰撞而产生机械性噪声流体动力性噪声;气动打磨、碳弧气刨、电焊、切割过程中产生气体动力性噪声。作业场所噪声存在强度大、非稳态等特点。另外,部分项目各噪声源间无有效的屏蔽和隔断,因此现场存在着噪声作业影响邻近作业区域以及各噪声作业点间相互影响的情况。

本章将机械加工中较常见的各种设备,包括各种车床、冲压设备、焊接和打磨的噪声情况进行识别。由结果可见,机械加工行业中车床噪声强度较低,冲压、打磨则噪声强度很高,噪声危害严重。焊接中噪声超过 85 dB(A) 的作业主要为各种金属制品生产线中的自动焊接,其主要受周围高噪声环境影响。而手工焊接如 CO_2 焊、手工电焊、氩弧焊等则噪声较低。另外,在机械加工行业中亦有如掼打式的手工操作因其需要用力掼打铁块,故噪声一般超过 100 dB(A)。各种设备或作业的噪声强度见表 2-78、表 2-79 所示。

表 2-78 机械加工行业各种设备或作业噪声水平

设备或作业	数量 /n	噪声强度/dB(A)		≥80 dB(A) 的数量和比例/n(%)	≥85 dB(A) 的数量和比例/n(%)
		范围	$\bar{x} \pm s$		
车床	62	73.2~93.5	81.1±3.4	43 (69.4)	5 (8.1)
冲压	62	78.1~106.2	92.1±6.5	61 (98.4)	53 (85.5)
焊接	151	73.2~101.1	88.0±5.9	132 (87.4)	109 (72.2)
打磨	41	80.0~111.1	96.8±6.7	41 (100.0)	38 (92.7)

表 2-79 机加工行业各种设备或作业 80 dB(A) 以上的构成比

设备或作业	数量 /n	[80, 85) dB(A) 的数量和比例/n(%)	[85, 90) dB(A) 的数量和比例/n(%)	[90, 95) dB(A) 的数量和比例/n(%)	≥95 dB(A) 的数量和比例/n(%)
车床	62	38 (61.3)	4 (6.5)	1 (1.6)	0
冲压	62	8 (12.9)	14 (22.6)	20 (32.3)	19 (30.6)
焊接	151	23 (15.2)	49 (32.5)	43 (28.5)	17 (11.3)
打磨	41	3 (7.3)	3 (7.3)	10 (24.4)	25 (61.0)

第三章 噪声对人体健康的危害

第一节 听觉的产生

听觉系统大致分为外耳、中耳、内耳和耳蜗神经四部分,见图3-1。外耳的主要功能是收集声音并且将声波传导至鼓膜,并且能确认声源的方向。中耳主要依靠中耳鼓室内一组由锤骨、砧骨、镫骨相互衔接而成的听骨链在声音传导至内耳的过程中发挥重要作用。内耳具有感音的功能,其功能的发挥主要依靠耳蜗基底膜上的螺旋器(Corti器)上排列的听觉感受细胞(外毛细胞和内毛细胞)。哺乳动物耳蜗外毛细胞在声音传导过程中具有调制器的作用,通过它们的主动运动,调谐声频率和提高内耳的敏感性,以此构成耳蜗频率选择的特异性。

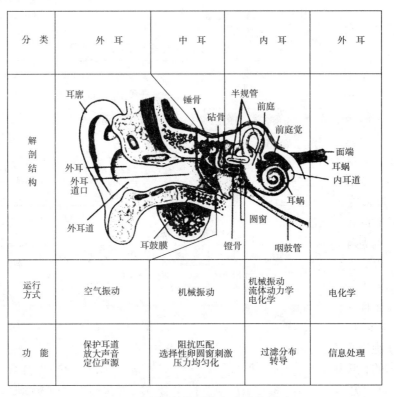

图3-1 人耳结构及各部分功能图示

听觉的产生是一个精妙复杂的过程。声波传经外耳道引起鼓膜振动，然后通过听小骨使前庭窗（卵圆窗）膜内移，引起前庭阶中外淋巴振动，从而引起蜗管中的内淋巴、基底膜、螺旋器等反方向振动。封闭的蜗窗膜随着上述过程与前庭膜反方向振动，同时缓冲压力。基底膜的振动使螺旋器与盖膜相连的毛细胞弯曲变形，产生与声波相应频率的电位变化（称为微音器效应）而引起听神经冲动，经听觉传导道传到中枢引起听觉。听觉传导道的第一级神经元位于耳蜗的螺旋神经节，其树突分布于耳蜗的毛细胞上，其轴突组成耳蜗神经，入桥脑止于延髓和脑桥交界处的耳蜗核，更换神经元（第二级神经元）后，发出纤维横行到对侧组成斜方体，向上行经中脑下丘交换神经元（第三级神经元）后上行止于丘脑后部的内侧膝状体，换神经元（第四级神经元）后发出纤维经内囊到达大脑皮层颞叶听觉中枢。另外，耳蜗核发出的一部分纤维经中脑下丘，下行终止于脑干与脊髓的运动神经元，是听觉反射的反射弧。声音传导除通过声波振动经外耳、中耳的气传导外，尚可通过颅骨的振动，引起颞骨骨质中的耳蜗内淋巴发生振动引起听觉，称为骨传导。骨传导极不敏感，正常人对声音的感受主要依靠空气对声波的传导。

第二节 噪声对听力的损害

一、噪声对听力的损害的类型

生产性噪声是影响作业工人身体健康的主要职业性有害因素之一，可引起听觉系统特异性损伤和非听觉系统的损伤。噪声对听觉的影响，主要与噪声强度和持续时间有关系。人或动物接触一段时间、一定水平的噪声后听阈发生变化，而在脱离噪声环境一段时间后听力可恢复到以前水平，称为暂时性听阈位移（temporary threshold shift，TTS）。短时间暴露在强烈噪声环境中，感觉声音刺耳、不适，停止接触后，听觉器官敏感性下降，脱离噪声环境后对外界的声音不敏感，听阈可提高 10～15 dB，脱离噪声环境后可在 1 min 内恢复，这种现象称为听觉适应（auditory adaptation），听觉适应是一种生理保护现象。较长时间停留在强烈噪声环境中，引起听力明显下降，听阈可提高 15～30 dB，需要数小时甚至数十小时听力才能恢复，称为听觉疲劳（auditory fatigue）。一般在十几小时内可以完全恢复的属生理性听觉疲劳。在实际工作中以 16 h 为限，约为脱离接触后到第二天上班前的时间间隔。随着接触时间延长，如果前一次接触引起的听力变化未能完全恢复而又再次接触，可使听觉疲劳逐渐加重，听力不能恢复而变为永久性听阈位移（permanent threshold shift，PTS）。PTS 病理变化的基础，如听毛倒伏、稀疏、脱落，听毛细胞出现肿胀、变性或消失，可引起听觉器官器质性的变化，属于不可逆改变。根据损伤的程度，PTS 可分为听力损失（hearing loss）以及噪声性耳聋（noise-induced deafness）。另外，突然而强烈的音响冲击耳朵，如近距离爆炸、飞机起飞等产生的噪声强度可达到 140 dB 以上，可震破耳膜，形成爆震聋，也属于职业病。

二、噪声对听力损害的影响因素

1. 不同类型噪声致听力损伤的差别

非稳态噪声与稳态噪声分别对听觉系统造成不同程度的损伤。但是迄今为止对非稳态噪声所致的听力损伤是否比稳态噪声严重，国内外研究尚无定论。目前，有研究者认为在校正年龄对听力损伤的影响后，观察到接触脉冲噪声后的听阈水平变化与根据 Robinson 模型预测出的听阈水平变化基本一致，而 Robinson 模型是根据稳态噪声与听力损伤的人群研究而总结获得的剂量—反应关系模型。这提示非稳态噪声与稳态噪声对听觉系统的损伤效应相似。但是，国内研究发现暴露于非稳态噪声的工人高频听力损伤率高于稳态噪声，而且非稳态噪声引起人耳语频听力损伤率明显高于稳态噪声。随着相关研究的进展，非稳态噪声与稳态噪声与听力关系的研究倾向认为非稳态噪声可以导致接触者出现严重的听力损害，且多数结果支持非稳态噪声对听觉系统的损伤高于稳态噪声的观点。

2. 噪声的强度和频谱特性

一般来说，噪声强度大、频率高则危害大。现场调查表明接触噪声作业工人中耳鸣、耳聋、神经衰弱综合征的检出率随噪声强度而增加。不同行业生产性噪声强度与频谱特征存在差异。在同样噪声强度时，噪声的频谱特征可能不同，一般高频为主的噪声较低频为主的噪声对听力损害严重。不同行业作业场所噪声强度和频谱特征往往不同，如聚苯乙烯造粒机等大型设备的作业场所噪声 A 声级值不高且以低频噪声为主，主要声强级频率均在 200 Hz 以下；纺织行业的生产性噪声以中高频为主。通过对接触不同频谱噪声的工人听力损失情况分析发现，听力下降的频段与接触噪声的频谱特性有关。因此，分析归类行业频谱特征，可找出防护重点并采取更为有效的防护措施，对今后防治噪声的危害有重要意义。

3. 累积噪声暴露量对工人听力损失的影响

在研究中，人们已经利用累积暴露和累积效应的原理进行分析和评价，如观察到工作环境噪声强度越大，噪声作业工龄越长，听力损伤越严重，于是在研究噪声与听力损失关系中引入了累积噪声暴露量（cumulative noise exposure，CNE）这个指标。研究表明，CNE 是研究噪声与听力损失关系一个较为科学的指标。通过对 512 名稳态噪声作业工人的工作环境噪声强度及听力损失情况进行调查，发现听力损失发生率与 CNE 存在线性关系，随着 CNE 的增大，听力损失发生率也增加。通过多个相关因素与听力损失关系的非条件回归分析也发现 CNE 为各因素中与听力损失相关性最强的指标。高频和语频听力损伤患病率都随着工人接触噪声剂量的增大而升高，呈典型的剂量—反应关系。经绘图可发现，累积噪声暴露量与高频或语频听力损伤的变化呈现 S 形曲线的规律（图 3-2）。累积噪声暴露损伤听力的原理可以理解为：当一次噪声暴露的效应尚未完全消除时再次接触，其生物效应可以累积，反复暴露的次数越多，累积效应越明显。

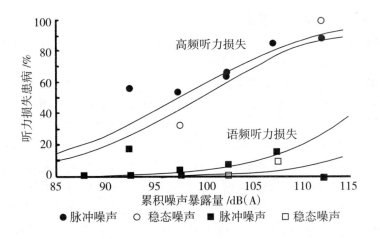

图3-2 工业脉冲和稳态噪声累积暴露剂量与工人高频及语频 CNE 与听力损伤的剂量—反应关系图示

4. 药物、有机溶剂和重金属对噪声所致听力损失的影响

噪声与其他因素对听力损失的交互作用越来越受到重视。研究发现一些药物、有机溶剂等与噪声联合引起职业人群听力损失的作用比噪声单独作用更明显。如链霉素、庆大霉素、卡那霉素等氨基糖甙类抗生素以及氯奎、速尿、阿司匹林等药物本身具有引起听力损害的可能，而服用这些药物可能进一步加重噪声所致听力损失。但是，也有研究称一些药物可能对听力有一定的保护作用。实验动物研究发现，在暴露脉冲噪声时，施以苯异丙腺苷的动物耳较对照组动物耳的永久性听阈位移在任何频率上都要低 8～13 dB，而且施药组动物耳的外、内毛细胞缺失率明显较对照组 (10%～50%，15%～45%)。其原因可能是苯异丙腺苷可加强实验动物耳内相关抗氧化酶的活性，同时促进听觉器官的微循环而阻止谷氨酸盐的合成，促进谷胱甘肽的生成从而减轻噪声造成的毛细胞破坏。

国内有学者发现苯系混合物与噪声联合暴露的人群比单独噪声暴露人群的高频听力损失更明显，而且苯系混合物与噪声联合暴露人群与对照人群相比，不仅高频听力损失明显增加，而且语频听力损失也显著增加，说明苯系物可加速或加重职业暴露人群噪声性听力损失。有机溶剂具有脂溶性，可与细胞膜的膜蛋白结合，致使毛细胞的细胞膜出现功能紊乱。有机溶剂与神经系统也有较高的亲和性，可使听觉系统的神经细胞和神经纤维中毒、变性。动物实验研究发现有机溶剂暴露可使实验动物耳蜗出现功能障碍及病理损伤。如甲苯可干扰耳蜗外毛细胞的缓慢运动及其对声音的敏感性，继而影响毛细胞内 Ca^{2+} 的储存和释放，削弱 Ca^{2+} 回收机制引起胞内 Ca^{2+} 超载。另外，某些有机溶剂也可致内毛细胞损伤。如研究发现三氯乙烯可损伤内毛细胞和螺旋神经节细胞的功能。

金属毒物如铅、汞、砷等具有耳毒性。研究发现，耳蜗神经和中枢听力结构对铅 (Pb^{2+}) 的毒性敏感，过量的 Pb^{2+} 负荷可使听力阈值升高，听性脑干反应 (auditory brainstem response，ABR) 波潜伏期延长。通过组织学方法可观察到 Pb^{2+} 暴露的实验动物听神经纤维出现部分脱髓鞘、耳蜗神经轴索变性。另外，Pb^{2+} 可干扰外毛细胞膜 K^+ 电流从而影响听力，因为 K^+ 电流与外毛细胞的快速运动反应有关。

5. 噪声性听力损失的个体易感性差异

噪声所致听力损伤是基因和环境交互作用的结果，不仅与噪声暴露的水平有关，而且受个体相关基因的表达水平或基因序列差异的影响。随着职业流行病学对噪声性听力损失研究的不断深入，不同个体之间、左右耳之间、同一人且同一天的不同时间段内对噪声的敏感性也存在不同程度的差别。说明噪声引起职业人群中不同个体听力损失程度存在差异，而且与个体间遗传因素（如基因多态性）和环境因素密切相关，可能是一个多基因参与、基因与环境交互作用的复杂过程。

国内外已报道与噪声所致听力损失易感性相关的基因主要有以下四种：①线粒体基因（mtDNA4977）缺失可使职业性噪声致听力损伤易感性增加；②参与机体抗氧化系统的超氧化物歧化酶编码基因 SOD1 缺失可能增加噪声性听力损失的易感性；③钙粘蛋白 23 定位于毛细胞静纤维上，其编码基因 CDH23 序列上 rs1227049 位点 CC 基因型比 GG 基因型，以及 rs3802721 位点 TT 基因型比 CT 基因型发生噪声性听力损失的易感性高；④化学物代谢转化相关的基因 GSTM-1 非缺失型个体比缺失型个体更易发生听觉损失。

此外，年龄、健康状况、生活习惯等个体因素的差异也会影响个体对噪声所致听力损伤的敏感程度。目前的相关研究尚未发现在不同行业中噪声暴露所致高频、语频听力损失与性别之间存在关联。

6. 其他因素

除上述几项因素外，其他可影响噪声性听力损失的化学因素还包括苯乙烯、二硫化碳、一氧化碳等；可显著增加噪声性听力损失的物理因素包括振动、高温和电磁辐射等。

职业性噪声听力损失的发生是一个多因素参与的复杂过程。虽然目前国内外对于噪声性听力损失发生的机制探讨存在多种假说，而且对于其发生的规律已经有了比较全面的认识，但是还需要进一步了解不同企业在不同生产条件下对噪声性听力损失发生规律的影响，从而为建立适合自身类型的"时间—剂量—效应关系"和听力防护计划提供依据，并为制定卫生标准提供参考。

三、噪声引起听力损伤的机制

（一）机械损伤

高强度噪声可致耳蜗迷路内液体流动加剧，螺旋器剪式运动范围加大，引起不同程度的毛细胞机械损伤及前庭窗破裂、毛细血管出血，甚至螺旋器从基底膜剥离等，爆震性耳聋对听觉系统的损伤就属此类。爆炸瞬间产生的强大超压冲击波可在外耳道内瞬间达到压力峰值，经鼓膜听骨链的放大作用传至内耳，到达内耳结构的声级超过其结构的生理限度可导致 Corti 器的完全断裂和破坏。

一定强度的噪声能够影响外毛细胞的声机械电转换过程，而持续的一定强度的噪声可导致耳毛细胞发生病理变化，进一步引起内毛细胞传音的灵敏度下降，听神经复合动作电位阈值升高。通过电镜可观察到噪声暴露对豚鼠耳蜗内外毛细胞的影响：不仅外毛细胞出现空泡，内毛细胞谷氨酸免疫金颗粒密度也明显降低，同时内毛细胞下神经末梢有广泛空泡形成。据此可推测内毛细胞谷氨酸过度释放可引起耳蜗内毛细胞传入神经递质谷氨酸的过度释放继而对耳蜗传入神经产生兴奋毒损伤。

另外，噪声暴露使得耳蜗微循环血管收缩，引起耳蜗缺血缺氧，毛细胞和螺旋器继而发生退行性改变。微循环血管收缩可能是由于持续不断的机械性噪声刺激所引起。

（二）代谢损伤

当毛细胞将声波的机械刺激变为神经冲动时，要消耗氧气和葡萄糖、ATP等能量物质。这些物质是由基底膜上和耳蜗内侧壁血管纹中的毛细血管供给。当强声刺激时，这些毛细血管收缩，造成缺氧及营养障碍，使毛细胞受损。因此，持续不断的噪声可引起内耳感音细胞代谢增强，耗氧量增加而致使氧张力降低和酶活性下降，从而影响毛细胞的呼吸和代谢，进一步导致细胞的变性坏死并最终引起感音性耳聋。

（三）其他机制

动物实验研究表明，豚鼠在噪声暴露前后听觉脑干诱发电位听阈改变有显著性差异，且实验组耳蜗半胱胺酸蛋白酶家族（Caspase-3）反应呈阳性，这提示耳蜗细胞凋亡在噪声性耳聋的发病机制中起重要作用。噪声暴露可引起耳蜗组织产生活性氧自由基，从而破坏耳蜗的抗氧化体系，对耳蜗组织中生物活性大分子产生损伤。如国内研究人员发现，噪声预暴露诱导的高表达热休克蛋白70（HSP-70）对毛细胞具有保护作用，因为HSP-70参与听觉系统的一种自身防御机制，具有防止蛋白变构或变性及促进病损组织修复的作用，所以高表达HSP-70被认为是噪声预暴露防护高强度噪声所致听力损伤的机制之一。另外，国外学者发现，过度噪声刺激后大鼠耳蜗c-Fos基因表达增加，而c-Fos基因过度表达产物直接或间接地激活了细胞内的限制性核酸内切酶干预细胞核的修复功能。

近年来研究发现耳蜗内环境改变导致Ca^{2+}、Na^+和K^+电流改变也与噪声造成听觉损伤机制有关。研究表明，Ca^{2+}在听觉转换机制过程中的神经递质释放、离子通道门控和毛细胞慢运动中起十分重要的作用。噪声暴露后，可使内淋巴Ca^{2+}浓度升高，使毛细胞Ca^{2+}超载而导致噪声性听力损伤。此外，正常听觉时，声波刺激能使螺旋器产生端电势，端电势的高低与引起神经冲动的强弱成正比。而在长期强噪声刺激下，毛细胞受损使膜对Na^+、K^+通透性增加，造成膜内外Na^+、K^+浓度差减小，因而在同样强的刺激时，产生的端电势降低。

第三节　噪声对非听觉系统的影响

噪声还可引起听觉外系统的损伤，如心血管系统、神经系统、消化系统、内分泌系统和免疫系统等。国外把长期接触高声压、低频率（large pressure amplitude and low frequency，LPALF）噪声［≥90dB SPL（sound pressure level），≤500Hz］所致的多系统损害病，命名为振动听觉病（vibration hearing disease，VAD），此病的听觉外系统损伤主要包括神经功能紊乱、呼吸系统疾病和心血管系统损害等。

一、噪声对神经系统的危害

噪声通过听觉器官传入大脑皮层和丘脑下部的植物神经中枢，从而引起中枢神经系统的一系列反应。根据接触噪声强度和性质的不同及接触时间的长短，中枢神经系统有反应程度不同。长期接触高强度噪声，可出现头疼、头晕、心悸、耳鸣和睡眠障碍等神经衰弱症状，表现出疲倦易激怒（燥性神经衰弱症），脑电图检测可发现大脑皮层功能表现为抑制和兴奋过程平衡失调，脑电图节律消失，视觉运动反应潜伏期延长，视觉分析功能下降，视力清晰度及稳定性下降。

二、噪声对精神行为的影响

暴露于高噪声的工人经常主诉的不适症状包括头痛、恶心、好争辩、情绪改变和焦虑。在飞机噪声和道路交通噪声的研究中均发现，噪声和烦恼情绪发生率之间存在剂量—反应关系。研究发现居住在高噪声环境的居民常常抱怨头痛、夜不安宁、紧张和急躁等，但是这些研究中不排除存在过度报告症状的偏倚。而另一项研究在校正了年龄、性别、收入和居住时间等因素后，发现道路交通噪声与路边居民精神症状之间存在弱相关。夜晚睡觉时暴露于噪声会使得血压升高、心跳和脉搏次数增加，而且在随后的第二天出现后遗效应，包括主观感觉睡眠质量下降、情绪不稳定、反应时间延长等。但是也有研究并没有发现类似的结果，如机场附近的研究没有发现飞机噪声暴露和上述心理症状之间存在关联。

噪声还可影响学习记忆功能，其可能的机制有两方面：一是通过网状上行激动系统干扰大脑皮质的正常功能，使皮质的整合功能不能发挥作用；二是通过影响边缘系统（特别是海马）的活动而影响学习功能，海马在学习记忆活动中发挥重要协同作用，而噪声能降低海马区神经元活性，导致一氧化氮合酶（NOS）的合成减少，从而抑制海马习得性长时程突触增强，影响记忆的获得与保持，进而延迟短时记忆向长时记忆的转化。动物实验证实，噪声能影响大鼠的空间学习记忆，使大鼠空间学习能力减弱，学习达标时间延长。有研究发现，噪声只影响学习记忆过程而对学会后记忆保持没影响，只干扰瞬时和短时记忆而对长时记忆没有影响，影响人的思维能力，但人的推理能力基本不受噪声影响。但是有的研究却得到了不同的结果，在 85 dB、90 dB 两种强度噪声条件下暴露 2 h，对人的思维作业任务的绩效有影响，表明中等强度噪声对较为复杂或脑力负荷较大的作业的工效有影响，而且该影响与被试者的性格特性有关，噪声可使性格内向者的正确率绩效降低。此外，研究还发现噪声可以使人的加减的最慢反应时间及记忆扫描的错误数增加，而准确数减少；立体视觉的最短时间延长，准确数减少；曲线吻合的平均偏移延长，准确数减少；听简单反应以及视复杂反应的平均耗时和最短时间延长。

三、噪声对心血管系统的影响

(一) 噪声对血压的影响

研究显示噪声对血压会产生影响。研究发现，机场附近、接触噪声水平在 55~72 dB 的居民高血压患病率较高，提示噪声暴露与高血压有一定关联。但是噪声对接触者血压影响的调查结果并不一致，通过分析纺织女工高血压患病率与噪声强度之间的关系，发现高血压患病率有随噪声强度增加而增高的趋势，用 Logistic 回归模型进行分析，并采用累积接触噪声剂量后，结合年龄、父母高血压史及进盐量等因素，引起高血压危险性强度大小的顺序是：年龄 > 父母高血压史 > 高进盐量 > 累积噪声剂量。此外，噪声强度的变化可能比噪声强度更易引起接触者血压的变化。多数学者认为长期接触噪声可引起血压升高，但也有学者认为噪声暴露人群的血压并不高于对照人群。

(二) 噪声对心电图的影响

作业工人暴露于一定强度的噪声下，其心率可表现为加快或减慢，心电图 ST 段或 T 波可能会出现缺血性改变、传导阻滞等。通过累积噪声暴露量与心血管系统疾患相关分析表明，接触噪声组心血管患病率与对照组相比，差异有统计学意义。流行病学调查发现不同接触噪声强度与接触噪声工龄对工人心电图的影响时发现噪声接触强度和接触时间与心电图异常发生率之间呈现明显的剂量 – 反应关系。通过用典型相关方法对 490 例纺织工人心电图分析发现影响其 QC（K 值）增加的主要因素是噪声暴露工龄，其次是遗传因素和声压级共同作用的结果。

四、噪声对内分泌系统的影响

噪声可引起交感神经兴奋性增高，肾上腺素分泌增多，导致自主神经功能改变。研究发现，在中等强度噪声作用下，肾上腺皮质功能增强，而在大强度噪声作用下，肾上腺皮质功能减弱，表现出一定的低剂量兴奋效应。在噪声影响下，噪声刺激通过听觉传入大脑皮层和丘脑下部，能影响内分泌的调节，引起血清中甘油三酯、胆固醇、β – 脂蛋白的升高。

五、噪声对消化系统的影响

流行病学研究发现，噪声可引起胃肠道消化功能紊乱，胃蠕动减弱，胃液分泌异常，食欲下降，甚至发生恶心呕吐。噪声长期作用于机体，会使大脑和丘脑下部交感神经兴奋，从而导致消化腺分泌减少、胃肠道蠕动减弱，使胃排空延迟。动物实验结果表明，强噪声暴露后，大鼠超氧化物氧化酶、胃泌素、5 – 羟色胺等水平明显改变，胃损伤指数增加，而且对大鼠急性胃粘膜损伤及慢性胃溃疡愈合有明显负性影响。同时，职业人群研究发现，接触噪声工人出现胃部症状如反酸、烧灼感、上腹部疼痛感等消化道症状、胃病检出率、尿胃蛋白酶浓度和空腹基础胃酸排出量均显著升高。但也有研究认为引起胃分泌功能减低的概率多于增高的概率，其可能与接触噪声的强度和工龄有关，是否早期的表现为增强，更高的强度更长的接触时间会导致减低等问题还有待于进一步研究。

六、噪声对生殖系统、妊娠结局及子代的影响

除了对月经功能影响有共同的认识外，噪声对女性生殖机能及妊娠结局的影响如对妊娠经过、结局，胎儿体重，出生缺陷方面仍存在较大的分歧。研究人员普遍认为，噪声对月经会产生明显的影响，导致月经周期紊乱、经量及经期异常和痛经。其机制可能是噪声对中枢神经系统有强烈刺激作用，造成中枢神经系统功能失调，通过下丘脑—垂体—卵巢轴的调节作用，影响内分泌激素的合成和分泌产生。此外，噪声能影响月经周期雌激素代谢产物，如雌酮结合物（EIC）的水平，随着噪声暴露强度的增大，EIC 水平逐渐降低并呈现明显的剂量反应关系，当噪声水平大于 85 dB 时，EIC 水平显著降低。

噪声对妊娠经过及结局的影响，目前存没有定论。大多数研究发现噪声对作业女工妊娠经过和结局有不良影响，会使妊娠并发症增多，自然流产、早产率增加。如有研究发现，噪声暴露可使自然流产发生率增高，虽然暴露组难产、早产、死胎、先天畸形及低体重儿等指标的发生率与对照组比较差异无显著性，但是当按暴露不同声级组进行比较，则上述指标的发生率有随暴露水平增加而增高的趋势，表明噪声对早期妊娠有明显的危害，但对中、晚期妊娠存在潜在的危害。但是，也有少数报道认为噪声对妊娠结局并无影响，因为相关研究中存在较多的干扰因素，还需要做进一步的研究才能得出更可靠的结论。

七、噪声对呼吸系统的影响

职业流行病学调查发现，长期接触高声压、低频率噪声可引起呼吸系统损害，包括咳嗽、支气管炎、上呼吸道感染等。动物实验研究发现，20 只 Wister 大鼠进行每天 8 h，每周 5 d 进行高声压、低频率噪声暴露，累积暴露 1 236 h 后，接触噪声的大鼠气管上皮细胞纤毛出现蓬乱、坏死及有规律的折断，同时还可见损伤的纤毛处于不同的恢复期。此实验结果表明高声压、低频率噪声对气管上皮细胞纤毛可导致不良影响，可以部分解释接触者出现呼吸道症状的原因。国外学者通过对 140 名职业性接触高声压、低频率噪声所致的振动听觉病患者进行调查，排除其他干扰因素后分析结果显示，有呼吸困难症状的患者肺功能检查没有显著改变，但患者呼吸系统症状与高清晰度 CT 扫描中的肺纤维化图像的相关性有统计学意义，说明接触者的肺纤维化主要与职业性接触高声压、低频率噪声相关，同时提示肺纤维化是振动听觉病的重要特征。

八、噪声对机体的其他影响效应

（一）噪声对血脂、血糖的影响

噪声可以使机体处于应激状态，兴奋交感神经，分泌皮质醇增加使糖异生加强并加快脂肪分解，分解糖原及释放葡萄糖，导致大脑皮层由初期的兴奋转而产生同步诱导，抑制皮层，使迷走神经功能兴奋占优势，促进胰岛素分泌的作用减弱，加强机体升高血糖的作用，减弱降低血糖的作用，导致血糖升高。噪声还刺激能影响下丘脑—垂体—肾上腺轴及机体的内脏神经调节功能的正常状态，从而降低胆固醇酯化酶活性或者使胆固醇卵磷脂酰基转换酶活性下降受阻碍，引起脂代谢紊乱，引起血清甘油三酯、胆固醇含量的增高。动物试验证实，噪声可以导致大鼠血糖、甘油三酯和胆固醇含量升高。研究发现，接触噪声组的空腹血糖、甘油三酯和胆固醇的含量均高于对照组。进一步研究发现，接触噪声对工人血脂的影响，随接触强度增大而增大，随接触工龄增加而增大，存在剂量—反应关系。

（二）噪声对免疫系统的不良影响

动物实验发现，噪声使大鼠的淋巴细胞转化率和活性花环形成率均下降，说明噪声可抑制大鼠细胞免疫，而其可能机理是外源噪声通过听神经和促肾上腺皮质激素分泌皮质类固醇，抑制T与B细胞的活性，使免疫反应功能减弱或使动物机体产生抑制性介质抑制淋巴细胞的免疫反应。噪声对人体免疫系统的干扰可使机体对各类传染病以及癌症等的抵抗力下降，但目前尚没有相关的流行病学资料，因此还需进一步的研究证实。

第四节 噪声所致职业病

一、职业性噪声聋

职业性噪声聋（occupational noise-induced deafness）又名职业性听力损伤（occupational noise-induced hearing loss），是人们在工作过程中长期接触噪声而发生的一种进行性的感音性听觉损伤。职业性噪声聋在我国属于法定职业病，也是现阶段世界范围内最主要的职业病之一，因而是国内外职业卫生领域研究的热点。

（一）临床表现

短期在高强度噪声污染严重的生产环境下工作的劳动者，离开噪声环境后，需要数小时甚至更多时间才能恢复听力。长期接触强噪声，会出现听力下降，离开噪声环境后听力仍永久不能恢复。职业性听力损伤的早期主要症状为进行性听力减退及耳鸣。噪声引起听力损失的特点，初期表现为高频段 3 000 ～ 6 000 Hz 听力下降，对普通说话和交流无明显影响因此不容易被察觉，但是通过专业的听力测试和检查可发现高频段听力损失，病理检查可见耳蜗基底部组织细胞受损变性、坏死；随着接触噪声时间延长，病情加重，向语言频段 500 Hz、1 000 Hz、2 000 Hz 发展，最终导致耳蜗大部分或全部受损，尤其是当顶部受损时就会出现明显的语言听力障碍，影响正常的语言交流和沟通。

（二）诊断

1. 诊断原则

根据连续 3 年以上职业性噪声作业史，出现渐进性听力下降、耳鸣等症状，纯音测听为感音神经聋，结合职业健康监护资料和现场职业卫生学调查，进行综合分析，排除其他原因所致听觉损害，方可诊断。

在诊断原则中，"噪声作业"指工作场所噪声强度超过 GBZ 2.2—2007 "工作场所有害因素职业接触限值—物理因素" 的作业，即工作场所的作业人员每天 8 h 或每周 40 h 等效噪声声级 ≥85 dB(A)。

2. 诊断分级

符合双耳高频（3 000 Hz、4 000 Hz、6 000 Hz）平均听阈 ≥40 dB（HL）者，根据较好耳语频（500 Hz、1 000 Hz、2 000 Hz）和高频 4 000 Hz 听阈加权值进行诊断分级：

(1) 轻度噪声聋：26 ～ 40 dB（HL）；

(2) 中度噪声聋：41 ～ 55 dB（HL）；

(3) 重度噪声聋：≥56 dB（HL）。

3. 诊断步骤

(1) 耳科常规检查。

(2) 至少进行 3 次纯音听力检查［纯音听阈测试按 GB/T 7583《声学　纯音气导听阈测定　听力保护用》和 GB/T 16403《声学　测听方法纯音气导和骨导听阈基本测听法》规定进行），两次检查间隔时间至少 3 d，而且各频率听阈偏差 ≤10 dB；诊断评定分级时应以每一频率 3 次中最小阈值进行计算。

(3) 对纯音听力检查结果按 GB/T 7582《声学　听阈与年龄关系的统计分布》进行年龄性别修正（表 3 - 1）。

(4) 进行鉴别诊断，应排除的其他致聋原因主要包括：伪聋、夸大性听力损失、药物（链霉素、庆大霉素、卡那霉素等）中毒性聋、外伤性聋、传染病（流脑、腮腺炎、麻疹等）性聋、家族性聋、梅尼埃病、突发性聋/各种中耳疾患及听神经瘤、听神经病等。

(5) 符合职业性噪声聋听力损失特点者，计算双耳高频平均听阈（BHFTA）。双耳高频平均听阈 ≥40 dB 者，分别计算左右耳平均听阈加权值（MTMV），以较好耳听阈加权值进行噪声聋诊断分级。

(6) BHFTA 和 MTMV 的计算（结果按四舍五入修约至整数）见式（3 - 1）和式（3 - 2）。

$$BHFTA = \frac{HL_L + HL_R}{6} \qquad 式（3 - 1）$$

式中：HL_L——左耳 3 000 Hz、4 000 Hz、6 000 Hz 听力级之和（$HL_{3\,000\,Hz} + HL_{4\,000\,Hz} + HL_{6\,000\,Hz}$），单位为分贝（dB）；$HL_R$——右耳 3 000 Hz、4 000 Hz、6 000 Hz 听力级之和（$HL_{3\,000\,Hz} + HL_{4\,000\,Hz} + HL_{6\,000\,Hz}$），单位为分贝（dB）

$$MTMV = \frac{HL_{500\,Hz} + HL_{1\,000\,Hz} + HL_{2\,000\,Hz}}{3} \times 0.9 + HL_{4\,000\,Hz} \times 0.1 \qquad 式（3-2）$$

式中：HL——听力级，单位为分贝（dB）。

4. 诊断注意事项

（1）职业性噪声聋的听力评定以纯音听阈测试结果为依据，纯音听阈各频率重复性测试结果阈值偏差≤10 dB，听力损失应符合噪声性听力损伤的特点。为排除暂时性听力阈移的影响，应将受试者脱离噪声环境 48 h 后作为测定听力的筛选时间。若筛选测听结果已达噪声聋水平，应进行复查，复查时间定为脱离噪声环境后一周。

（2）听力计应符合 GB/T 7341.1（《电声学 测听设备 第1部分：纯音听力计》）的要求，并按 GB/T 4854.1（《声学 校准测听设备的基准零级 第1部分：压耳式耳机纯音基》）进行校准。

（3）纯音听力检查时若受检者在听力计最大声输出值仍无反应，以最大声输出值计算。

（4）纯音听力检查结果应按 GB/T 7582 进行年龄、性别修正见表 3-1。

（5）当一侧耳为混合聋，若骨导听阈符合职业性噪声聋的特点，可按该耳骨导听阈进行诊断评定。若骨导听阈不符合职业性噪声聋的特点，应对侧耳的纯音听阈进行诊断评定。

（6）若双耳为混合性聋，骨导听阈符合职业性噪声聋的特点，可按该导听阈进行诊断评定。

（7）语频听力损失大于或等于高频听力损失，不应诊断为职业性噪声聋。

（8）纯音听力测试结果显示听力曲线为水平样或近似直线、对纯音听力检查结果的真实性有怀疑，或纯音听力测试不配合，或语言频率听力损失超过中度噪声聋以上，应进行客观听力检查，如听觉脑干诱发电位测试、40 Hz 听觉诱发电位测试、声阻抗声反射阈测试、耳声发射测试、多频稳态听觉电位测试等检查，以排除伪聋和夸大性听力损失的可能。

表 3-1 耳科正常人随年龄增长的听阈阈移偏差中值

年龄/岁	纯音气导听阈频/Hz															
	250		500		1 000		2 000		3 000		4 000		6 000		8 000	
	男	女	男	女	男	女	男	女	男	女	男	女	男	女	男	女
20～29	0	0	0	0	0	0	0	0	0	0	0	0	0	0	0	0
30～39	0	0	1	1	1	1	1	1	2	1	2	1	3	2	3	2
40～49	2	2	2	2	2	2	3	3	6	4	8	5	9	6	11	7
50～59	3	3	4	4	4	4	7	6	12	8	16	9	18	12	23	15
60～69	5	5	6	6	7	7	12	11	20	13	28	16	32	21	39	27
70 以上	8	8	9	9	11	11	19	16	31	20	43	24	49	32	60	41

5. 处理原则

（1）噪声聋患者均应调离噪声工作场所。

（2）对噪声敏感者（上岗前职业健康体检纯音听力检查各频率听力损失均≤25 dB，但噪声作业 1 年之内，高频段 3 000 Hz、4 000 Hz、6 000 Hz 任一耳、任一频率听阈≥65 dB）应调离噪声作业场所。

（3）对话障碍者可配戴助听器。

（4）如需劳动能力鉴定，按 GB/T 16180 处理。

二、职业性爆震聋

爆震聋（explosive deafness）是暴露于瞬间发生的短暂而强烈的冲击波或强脉冲噪声所造成的中耳、内耳或中耳及内耳混合性急性损伤所导致的听力损失或丧失。冲击波（blast wave）是指最大超压峰值不小于 6.9 kPa（170.7 dB）的空气压缩波。

（一）临床表现

爆震性耳聋早期表现为耳痛、持续性耳鸣、听力下降，有时伴有眩晕、恶心、呕吐，重者可产生一时性昏迷，两耳全聋。轻者在 2 周内可以自行恢复，重者则终身耳聋耳鸣。检查可见鼓膜充血、出血或穿孔，表面附有血痂，有时可见到听小骨脱位。听力检查多为感音性聋或混合性聋。听力曲线多为水平下降型、高音陡坡下降或斜坡下降型。有平衡障碍者，可出现自发性眼球震颤，前庭功能迟钝或消失。

（二）诊断

1. 诊断原则

根据确切的职业性爆震接触史，有自觉的听力障碍及耳鸣、耳痛等症状，耳科检查可见鼓膜充血、出血或穿孔，有时可见听小骨脱位等，纯音测听为传导性聋、感音神经性聋或混合性聋，结合客观测听资料，现场职业卫生学调查，并排除其他原因所致听觉损害，方可诊断。

确切的职业性爆震接触史是指爆破作业近距离暴露；或在工作场所中受到易燃易爆化学品、压力容器等发生爆炸瞬时产生的冲击波及强脉冲噪声的累及。爆破作业近距离暴露是指由于炸药或引爆出现意外，爆破作业人员未能及时撤离至安全区域所导致的爆震接触。

2. 诊断分级

轻度爆震聋：26～40 dB（HL）；中度爆震聋：41～55 dB（HL）；重度爆震聋：56～70 dB（HL）；极重度爆震聋：71～90 dB（HL）；全聋：≥91 dB（HL）。

3. 诊断步骤

（1）确切的职业性爆震接触史。

（2）耳科常规检查，怀疑听骨链断裂时可进行 CT 检查。

（3）在作出诊断分级前，至少应进行 3 次以上的纯音听力检查，每次检查间隔时间至少 3 d，而且各频率听阈偏差≤10 dB；诊断评定分级时应以气导听阈最小值进行计算（表 3-1）。

（4）对纯音听力检查结果按 GB/T 7582 进行年龄、性别修正。

（5）怀疑中耳疾患时可进行声导抗检查。

（6）对纯音听力测试不配合的患者，或对纯音听力检查结果的真实性有怀疑时，应进行客观听力检查，如听性脑干反应测试、40 Hz 听觉相关电位测试、声导抗、镫骨肌声反射阈测试、耳声发射测试等检查，以排除伪聋和夸大性听力损失的可能。

（7）单耳平均听阈的计算（结果按四舍五入修约至整数）见式（3-3）。诊断时分别计算左右耳 500 Hz、1 000 Hz、2 000 Hz、3 000 Hz 平均听阈值，并分别进行职业性爆震聋诊断分级。

$$单耳平均听阈（dB）= \frac{HL_{500\,Hz} + HL_{1\,000\,Hz} + HL_{2\,000\,Hz} + HL_{3\,000\,Hz}}{6} \quad 式（3-3）$$

（8）诊断时应排除的其他致聋原因主要包括：药物（链霉素、庆大霉素、卡那霉素等）中毒性聋、外伤性聋、传染病（流脑、腮腺炎、麻疹等）性聋、家族性聋、梅尼埃病、突发性聋、中枢性聋、听神经病以及各种中耳疾患等。

4. 诊断注意事项

（1）中耳损伤是指鼓膜破裂，中耳黏膜出血，听骨脱位，听骨链断裂；中耳并发症是指因爆震性中耳损伤所致急、慢性中耳炎，以及继发性中耳胆脂瘤。

（2）双耳听力损失相差 40 dB 以上，测试较差时应对较好耳进行掩蔽，掩蔽方法步骤应按 GB/T 16403 进行。

（3）纯音听力检查时，若受检者在听力计最大声输出值仍无反应，以最大声输出值计算。

（4）测听环境应符合 GB/T 16403 要求；听力计应符合 GB/T 7341.1 的要求，并按 GB/T 4854.1、GB/T 4854.3、GB/T 4854.4 进行校准。

（5）纯音气导听力检查结果应按 GB/T 8170 数值修约规则取整数，并按 GB/T 7582—2004 进行年龄性别修正。

（6）职业性爆震聋的听力评定以纯音气导听阈测试结果为依据，纯音气导听阈重复性测试结果各频率阈值偏差应≤10 dB。

5. 处理原则

职业性爆震聋患者应尽早进行治疗，最好在接触爆震 3 d 内开始并动态观察听力 1～2 个月。

（1）中耳损伤的处理：鼓膜穿孔根据穿孔大小及部位行保守治疗或烧灼法促进愈合，经保守治疗 3 个月未愈者可行鼓膜移补或鼓室成形术。听骨脱位、听骨链折裂者应行听骨链重建术。

（2）中耳并发症的处理：并发中耳炎的患者按急、慢性中耳炎的治疗方案进行治疗。合并继发性中耳胆脂瘤的患者应行手术治疗。

（3）双耳 500 Hz、1 000 Hz、2 000 Hz、3 000 Hz 平均听力损失≥56 dB（HL）者应配戴助听器。

（4）如需劳动能力鉴定，按 GB/T 16180 处理。

三、噪声性耳聋和爆震聋的预防和治疗

噪声性耳聋和爆震聋的预防是一个综合措施，一般包括控制噪声源、减少接触时间、佩戴个人防护用品以及进行健康监护等，详见本书其他相关章节。

对噪声性和药物（化学）中毒性所致听力损伤目前仍无有效的治疗方法。噪声性听力损伤初期出现症状后，应及时脱离噪声环境，停止噪声刺激，促使其自然恢复。当药物（化学）中毒性耳聋发生后，一般难以恢复。目前常见的治疗药物包括调节神经营养的药物，如维生素 B 类药物；血管扩张剂，如烟酸、山莨菪碱（654-2）等；促进代谢的生物制品，如三磷腺苷、辅酶 A 等。有报道用高压氧综合治疗突发性耳聋取得较为肯定的疗效，但目前尚未见使用高压氧对噪声性和药物（化学）中毒性耳聋治疗的相关报道。

四、伤残等级与劳动能力丧失程度判定

伤残等级与劳动能力丧失程度判定如下：

平时不能用语言与人对话、交流，易怒、烦躁或抑郁、沉默不语，双耳平均听力损失 ≥ 91 dB（HL），评定为伤残 4 级，完全丧失劳动能力。

在上述症状基础上，双耳听力平均损失 ≥ 81 dB（HL），可评为伤残 5 级；双耳听力损伤 ≥ 71 dB（HL）时，可评定为伤残 6 级，大部分丧失劳动能力。

当双耳听力损失 ≥ 57 dB（HL）时，评定为伤残 7 级；双耳听损 ≥ 41 dB（HL），或一耳 ≥ 91 dB（HL），可评定为伤残 8 级，属部分丧失劳动能力。

当双耳听力损失 ≥ 31 dB（HL），或一耳 ≥ 71 dB（HL），可评定为伤残 9 级；双耳听损 ≥ 26 dB（HL），或一耳听损 ≥ 56 dB（HL），可评定为伤残 10 级，属部分劳动能力丧失。

爆震性耳聋致一侧或双侧鼓膜穿孔，治疗后无听力损伤者，为无劳动能力丧失；虽然鼓膜已修补或自行治愈，但听力下降仍不能恢复的，听力损失为 26~55 dB 者可评为伤残 9~10 级，属部分丧失劳动能力。

第五节 职业性噪声聋诊断实例

李某，男，34 岁，2001 年 3 月起至 2015 年 3 月于广州市某电器工业有限公司从事冲压工种工作，工作中有接触噪声，近两年自觉听力下降并伴耳鸣。2015 年 3 月职业健康体检提示疑似职业性噪声聋，2015 年 4 月李某提请职业病诊断。李某相关专科检查如下：

(1) 电耳镜检查。双耳鼓膜完整，光锥存在，无出血及穿孔。

(2) 纯音测听：李某进入诊断程序后共做 3 次纯音测听检查，结果稳定，示：双耳语频、高频听阈提高；取 3 次检查每个频率的气导最小值进行计算，右耳听阈加权值为 37 dB（HL），左耳听阈加权值为 41 dB（HL），双耳高频平均听阈 64 dB（HL）。（图 3 - 3）

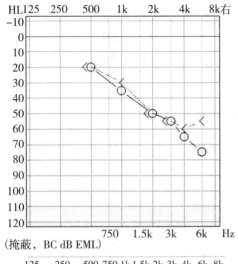 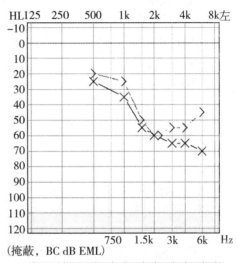

图 3 - 3 纯音测听结果

(3) 声导抗。鼓室压图：双耳 A 型鼓室图；镫骨肌声反射：双耳 500 Hz ～ 4 000 Hz 同对侧均可引出（重振阳性）；双耳同对侧声衰试验阴性。

(4) 客观听力检查。脑干听觉诱发电位（ABR）：右耳阈值 65 dB（HL），左耳阈值 75 dB（HL），双耳于最大输出 100 dB（HL）时 Ⅴ 波潜伏期无延长，双耳波峰间期无延长；40 Hz 听觉诱发电位：500 Hz 右耳阈值 20 dB（HL），左耳阈值 25 dB（HL），1 000 Hz 双耳阈值均为 30 dB（HL），2 000 Hz 右耳阈值 50 dB（HL），左耳阈值 55 dB（HL）；多频稳态（ASSR）与纯音测听结果相符，见图 3 - 4；耳声发射：双耳 500 Hz 可引出幅值在正常范围的畸变产物耳声发射（distortion product otoacoustic emission，DPOAE），1 000 Hz ～ 6 000 Hz 未引出有意义的 DPOAE。查阅其入职前体检资料示听力未见异常。

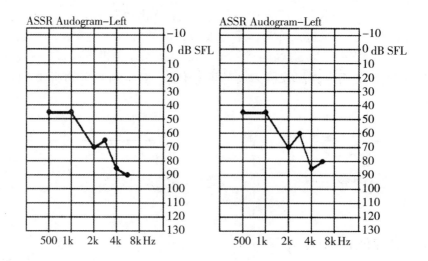

图 3-4 ASSR 检测结果

该公司提供了 2012 年、2013 年、2014 年工作场所噪声强度检测报告，结果显示该岗位噪声检测结果分别为 85.6～92.2 dB(A)、88.7 dB(A)、86.5 dB(A)；该公司未提供其他年份工作场所噪声强度检测报告。

分析主客观检查结果，纯音测听为感音神经性聋，听力损失呈高频下降型，符合噪声聋听力损伤的特点，且客观听力检查结果与主观检查（纯音测听）结果一致；结合李某连续噪声作业 3 年以上的职业史，以及工作场所噪声强度检测报告等资料，根据较好耳（右耳）听阈加权值，该病例诊断为职业性轻度噪声聋。

第四章 噪声的检测与评价

第一节 噪声检测评价工作程序

噪声检测评价工作程序见图4-1。

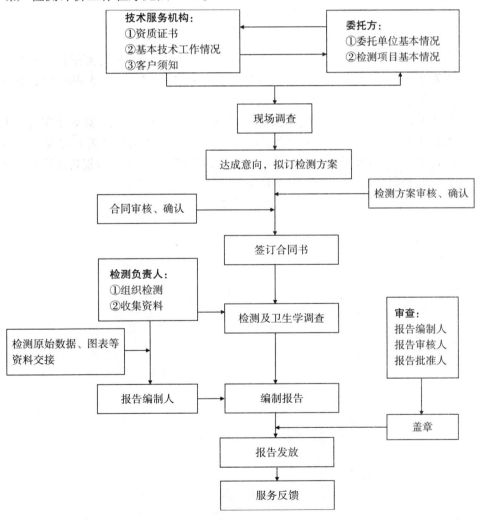

图4-1 噪声检测评价工作程序

工作场所噪声检测与评价

第二节 工作场所噪声的检测

一、工作场所噪声检测的类别

工作场所噪声的检测是对用人单位工作场所噪声进行定量分析的过程。工作场所噪声的检测按照检测的性质可分为委托检测和自主检测。按照检测的范围可分为全面检测和指定检测。委托检测是用人单位或委托方委托职业卫生技术服务机构对工作场所噪声危害进行的检测。自主检测是用人单位根据需求，自己对工作场所噪声危害进行的检测。全面检测是指依据国家职业卫生标准等法律法规要求，对用人单位工作场所所有噪声危害进行的检测。指定检测是对用人单位某些设备、场所或岗位进行有针对性的检测，这种检测结果只服务于委托单位某个特定目的，如了解某个岗位的噪声接触情况，而不能作为用人单位履行职业病防治法要求进行日常定期检测的依据。委托检测和自主检测根据其检测目的可以是全面检测也可以是指定点检测。

按照检测目的不同，工作场所噪声的检测还可分为评价检测、定期检测、监督检测、职业病诊断检测和其他检测等。评价检测是为了满足职业病危害预评价、控制效果评价或现状评价需要，职业卫生技术服务机构对用人单位所进行的全面检测；定期检测是用人单位为履行职业病防治法的要求，委托职业卫生技术服务机构每年或每几年定期对工作场所噪声危害进行的全面检测；监督检测是政府行政部门在执法过程中委托技术服务机构对用人单位噪声危害进行的针对性检测；职业病诊断检测是在职业病诊断过程中，为评估被诊断作业人员接触噪声水平而进行的检测；其他检测往往是用人单位或委托方为了某个特定目的进行的检测，如科研或设备的工程改进需要进行的检测。日常工作中职业病防治法要求的日常定期检测和评价相关检测都需要进行全面监测。监督检测、职业病诊断检测和其他检测往往是指定检测。

噪声的检测，特别是全面检测，不是简单用噪声仪进行数据的采集，而是需要将职业卫生知识进行综合运用，通过收集资料、制订方案、选择仪器、检测前准备及实施检测等几个步骤达到检测目的。这往往需要具有丰富噪声理论知识和实践经验的职业卫生工作者进行。本节重在介绍对工作场所噪声进行全面检测的方法，其他类型的检测都可以参照执行。

二、工作场所噪声检测的一般要求

工作场所噪声危害的全面检测应该委托技术服务机构对工作场所所有噪声作业场所[存在≥80 dB(A)噪声的作业场所]和噪声作业岗位[存在接触有损听力、有害健康或有其他危害的声音，且 8 h/d 或 40 h/w 噪声暴露等效声级≥80 dB(A) 的作业岗位]进行检测评估。如是第一次对某个用人单位噪声危害进行全面的识别检测，对不能直接不明确哪些岗位是噪声作业岗位，这时需要对所有接触≥80 dB(A) 噪声源或工作场所的作业岗位进行检测和评估。

三、工作场所噪声检测的步骤

（一）资料收集

完成工作场所噪声的全面检测，首先需要向用人单位收集相关的资料和信息，从而为制订一个完善的检测方案做准备。对用人单位资料的收集往往采用调查表法（见附录），通过用人单位填写、个人访谈和现场走访的形式获得需要的信息。调查表内容主要包括：工作场所的面积、空间、工艺区划、噪声设备布局等，并绘制略图；工作流程的划分、各生产工序的噪声特征、噪声变化规律等；用人单位的劳动定员，包括工作人员的数量、岗位设置、工作路线、工作方式、停留时间等。

（二）检测方案的制订

检测方案的制订是为达到检测目的，职业卫生技术服务机构依据用人单位调查资料，按照我国职业卫生标准等相关法律法规要求，确定检测点、检测时间、检测仪器及方法等。检测方案的制订是噪声检测最重要、最难的部分，往往需要有一定检测经验的职业卫生专业人员去完成。

对于全面检测，目前多数技术服务工作者是从接触噪声岗位的工人出发制订方案，对每个岗位进行分类布点检测，从而对每个接触噪声岗位进行定量和定性分析，为工人职业健康监护和个人防护提出建议。但笔者认为，噪声的全面监测，除了对接触噪声岗位工作人员接触噪声水平进行定量定性分析外，还应该对工作场所环境噪声危害分布进行全面了解。所以，在对工作场所噪声检测点布置时，需考虑能同时达到这两个目的。实际的工作中，我们可以先不从岗位考虑，只从了解工作环境噪声分布情况出发，进行检测点的布置。然后再从评估作业岗位作业工人噪声接触水平的需要出发，对检测点进行补充，并确定个体噪声检测的对象。

1. 工作场所检测点的布置

对于噪声源密集、噪声分布较均匀的工作场所，如发电厂主厂房、石油化工厂反应区等，可按区域布点检测。如工作场所测量范围内 A 声级差别 <3 dB(A)，可选择 3 个测点，每个测点测量 3 次，取平均值；测量范围内 A 声级差别 ≥3 dB(A) 时，应将其以噪声源为中心划分若干声级区，同一声级区内声级差 <3 dB(A)，每个区域内，选择 2 个测点，取平均值。

对于噪声源分散、噪声区域局限、分布不均匀的工作场所等，很难进行声区划分。这时可对工作场所典型的噪声监测位置进行布点测量，包括劳动者操作位的听力带、噪声源附近、工作区域的出入口、劳动者可能经过或停留的噪声区域。

一个有代表性的工作场所内，有多台同类生产设备时，噪声变化小于 3 dB(A)，1～3 台测 1 台，4～10 台测 2 台，10 台以上至少测 3 台设备的所在检测点。

2. 检测点补充和个体噪声检测对象的确定

工作场所噪声检测点确定后,还需从评估作业岗位作业工人累计噪声接触水平的角度出发,进行检测点补充并确定个体噪声检测对象。如巡检岗位,无法通过工作场所检测点计算累计接触水平,需要考虑进行个体噪声检测。国外某些国家和组织常建议,对作业岗位全部进行个体噪声的检测。笔者在长期的检测工作中发现,个体噪声检测成本较高,在我国还未能普及,而且个体噪声检测过程中往往会出现依从性差、检测质量难控制的问题。所以,从节约资源和质量控制的角度看,笔者提倡首先通过现场检测点噪声值进行作业岗位作业工人接触水平的计算,而对于无法通过现场检测点计算的,如巡检作业岗位,则需要进行个体噪声的检测。

基于相同作业岗位工作环境和工作内容基本一致,2人接触的噪声水平也往往基本一致的理论,我们往往按照岗位等进行分类抽样检测。个体噪声抽样人数满足:每种工作岗位劳动者数不足3名时,全部选为抽样对象;劳动者数大于等于3名时,按表4-1选择,测量结果取最高值。需要注意的是,本文提到的作业岗位不完全是劳动定员中划分的岗位,而是作业内容和接触噪声水平相近的群体,这往往需要按照劳动定员和作业情况进行确认并适当调整。

表4-1 作业岗位噪声检测抽样数量

劳动者数	3～5	6～10	>10
采样对象数	2	3	4

在确定工作场所噪声检测点后,可在工厂平面图上标出每个检测点的位置,列出个体采样的岗位名单和数量,完善检测方案后,与委托方或用人单位取得联系,准备实施检测。

3. 检测时间的确定

进行工作场所噪声检测时,被测单元最好处在满负荷运行的状态下进行,如该单元运行一直未达到满负荷,至少需要保证80%以上运行负荷或正常最大运行负荷下进行,并在报告中注明。

4. 噪声仪的选择

测量瞬时噪声,可选用普通声级计或积分声级计(部分个人噪声剂量计也可进行瞬时噪声的测量),2型或以上,具有A计权、"S(慢)"挡。测量等效连续A声级时,须选用积分声级计或有积分功能的个人噪声剂量计,2型或以上,具有A计权、"S(慢)"挡。进行个体噪声检测时,需选用个人噪声剂量计,2型或以上,具有A计权、"S(慢)"挡。测量脉冲噪声时,需选用有测量脉冲噪声功能的噪声测量仪,具有C计权、有"I"挡。测量噪声频谱时,需选用有倍频程频谱分析功能的噪声频谱分析仪。其他有特殊的噪声检测要求时,根据计权方式、响应时间等确定所需的仪器。工作场所噪声仪的详细介绍见本章第四节。

(三)检测前准备

执行现场检测前,检测人员首先需对项目基本情况及检测方案进行全面且深入的了解。检测人员还需与委托单位或用人单位取得联系,确保受检日期用人单位生产情况正常并有相关人员配合。出发检测前检测人员需检查噪声仪器工作正常,电量充足,并对噪声仪器进行校准。

(四) 检测

1. 现场定点检测

稳态噪声[声级波动<3 dB(A)]测量慢挡瞬时噪声,连续读取3个数值进行记录,取平均值。

非稳态噪声[声级波动≥3 dB(A)],声级随时间变化,应根据声级变化情况测量等效连续 A 声级(L_{Aeq})。如该噪声规律重复出现,可测量一段时间的 L_{Aeq} 即可,但测量时间必须满足至少5 min 以上,且至少覆盖工人3个作业周期。如检测点噪声无规律可循,则需检测整个工作班的噪声,并记录噪声的变化情况。

当然,某些噪声检测点,由于现场放置声级计会影响现场工作人员正常作业,用声级计往往很难进行准确的检测,这时也可以巧妙地运用个人噪声剂量计对作业工人进行一段时间 L_{Aeq} 测量(测量时间必须满足至少5 min 以上,并至少覆盖工人3个作业周期),作为该作业区域的噪声值以及该作业岗位作业工人的全天等效声级。如汽车总装车间座椅安装岗位,约10 min 装配一辆车的座椅,每天装配约200辆车的座椅,该岗位作业工人在局部不停移动,体位不停变换,这时我们用个人噪声剂量计佩戴在作业工人身上,测3个作业周期约30 min 的 L_{Aeq},即可代表座椅安装区域的噪声水平以及座椅安装岗位作业工人的全天等效声级。

现场检测时,声级计传声器位置最好考虑在工作人员不在场且不影响现场噪声水平的情况放置。传声器放置耳部高度建议:站姿在人站立的地面之上1.5 m ± 0.1 m 处,坐姿在水平和垂直调节器中点或紧靠中点安置的座椅平面中央之上0.9 m ± 0.05 m 处。当工作人员必须在场时,为能获得较准确的声压级,传声器应当尽可能地放在离外耳道入口大约0.1 m 的位置。测量仪器可固定在三脚架上,置于测点。若现场不适于放置三角架,可手持声级计,但应保持测试者与传声器的间距>0.5 m。传声器应指向声源方向。如果工作人员的位置紧靠噪声源,则传声器的位置和方向应在测量报告中详细说明。

2. 个体噪声检测

对作业位置不固定的作业岗位,如电厂和石化厂的巡检工人,由于巡视的作业地点多且噪声变化大,通过现场检测点的噪声值很难进行岗位噪声的计算,常采用个体噪声检测的方法。

个体噪声检测时,首先要选择好仪器的测量参数,要求计权方式设定为 A 计权,采样速率设定为"S(慢)"挡,门槛值设定为80 dB(A),限值设定为85 dB(A),交换律设定为3 dB(A)。

佩戴在被测人员身上的个人噪声剂量计传声器应该安放在其肩部、头盔或领部等听力带范围内,即距离外耳道入口0.3 m 半径的区域。佩戴个人噪声剂量计时,必须注意不能干扰其正常工作,特别要避免带来安全隐患。受检者应在整个工作日均正确佩戴个人噪声剂量计,如中午有休息,需扣除中午休息的时间和测量值。影响个体噪声检测结果的因素很多，最常见的是受检者依从性差，所以成功的个体噪声检测必须有很好的质量控制，具体见本书第五章的相关内容。

3. 脉冲噪声检测

测量脉冲噪声时，应选择脉冲噪声测量仪，设定为C计权或不计权，"I"挡，在接触脉冲噪声的作业点测量每一次脉冲噪声的峰值并记录工作日内脉冲次数。

在实际工作中，冲击式的噪声比较多，如冲压、敲打作业等，但不是所有冲击式噪声都是脉冲噪声，在判定是否为脉冲噪声时，还必须严格按照脉冲噪声的定义，明确所评价噪声突然爆发又很快消失，持续时间≤0.5 s，间隔时间>1 s，声压有效值变化≥40 dB。如达不到脉冲噪声，应按照非稳态噪声进行检测评价。

4. 噪声频谱检测

当工作场所噪声强度超过85 dB(A)时，宜对噪声源做频谱分析。应测量中心频率为31.5 Hz、63 Hz、125 Hz、250 Hz、500 Hz、1 000 Hz、2 000 Hz、4 000 Hz 和 8 000 Hz 的9个倍频带的声压级。测量时用有倍频程功能的声级计直接测量。先测线性挡有效值，然后再依次测量中心频率为 31.5～8 000 Hz 的倍频带声压级，将结果记在测量表格上。也可使用录音机录制5 min以上的噪声，然后接到频谱分析仪上进行倍频程分析，再用电平记录仪进行记录。

（五）检测记录

噪声检测常用噪声检测原始记录表对检测结果进行记录，见附录。记录内容应包括企业一般情况、采样仪器、仪器检测前后校准情况、检测点位置标识、环境状况读取数值、计算公式及结果等。

第三节 噪声检测结果的评价

工作场所噪声检测结果的评价是将工作场所和/或作业岗位实际检测结果与职业接触限值进行比较分析，定性判断其是否存在引起职业健康损害的风险，以及其风险程度如何，为工作场所噪声的管理、工程控制、个体防护及健康监护等预防措施的建立提供建议。做好噪声检测结果评价的前提是噪声危害识别到位、检测点布置合理及检测结果真实准确。噪声检测结果评价的内容应该包含工作场所环境噪声的评价以及作业岗位噪声的评价。工作场所噪声的评价是对噪声源、工作场所作业点及区域的噪声水平进行定性分析，目的主要是了解作业场所噪声危害分布情况、找出关键控制点，为工程控制、现场管理提供依据。作业岗位噪声接触水平的评价，是按照劳动定员，对所有接触噪声的作业人员噪声接触水平进行定性分析，为个体防护、健康监护提供依据。目前，我国噪声职业接触限值是针对作业岗位噪声接触水平规定的限值。

一、噪声评价相关物理量

（一）交换律

交换律（exchange rate）是表示噪声接触水平与容许接触时间关系的物理量，指接触时间减半时噪声接触限值增加的分贝数。目前常用的交换律为 3 dB(A)，而巴西、以色列和美国职业安全健康管理局（Occupational Safety and Health Administration，OSHA）等允许接触噪声时间减半限值增加为 5 dB(A)。见表 4-2，当交换律为 3 dB(A) 时，8 h 等效声级限值为 85 dB(A)，当接触时间为 4 h 时，限值增加 3 dB(A) 后为 88 dB(A)，以此类推。当交换律为 5 dB(A) 时，8 h 等效声级限值为 90 dB(A)，当接触时间为 4 h 时，限值增加 5 dB(A) 后为 95 dB(A) 以此类推。

表 4-2　同一噪声接触时间不同交换律的噪声接触限值

每日持续接触时间	噪声接触限值			
	交换律 3 dB(A)		交换律 5 dB(A)	
	声级/dB(A)	噪声剂量 D/%	声级/dB(A)	噪声剂量 D/%
24 h	80	25	80	25
16 h	82	50	85	50
8 h	85	100	90	100
4 h	88	200	95	200
2 h	91	400	100	400
1 h	94	800	105	800
30 min	97	1 600	110	1 600
15 min	100	3 200	115	3 200
7.50 min	103	6 400	—	—
3.75 min	106	12 800	—	—
1.88 min	109	25 600	—	—
0.94 min	112	51 200	—	—
28.12 s	115	102 400	—	—

（二）容许接触时间

容许接触时间是接触某噪声水平后达到职业接触限值所需要的时间，容许接触时间可以由实际接触噪声水平、职业接触限值及交换律求得。见表 4-2，相应的限值所对应的接触时间为该噪声水平的容许接触时间。如按照限值为 85 dB(A)，交换律为 3 dB

（A），容许接触时间按式（4-1）计算；如按交换律为 5 dB(A)，限值为 90 dB(A)，容许接触时间按式（4-2）计算。

$$T_{(\min)} = 480/2^{(L-85)/3} \quad \text{式（4-1）}$$

$$T_{(\min)} = 480/2^{(L-90)/5} \quad \text{式（4-2）}$$

（三）噪声剂量

噪声剂量（noise dose, D）是工作人员暴露于噪声时间内的接受总 A 计权能量的一种量度，用允许的每天噪声剂量的百分比来表示。我国 8 h 噪声接触限值为 85 dB(A)，交换律为 3 dB(A)，则 8 h 接触 85 dB(A) 噪声的噪声剂量为 100%，8 h 接触 88 dB(A) 噪声的噪声剂量 200%，以此类推。噪声剂量不仅与噪声声级，也与工作人员暴露于噪声时间的长短有关，用以评价工业噪声对暴露于噪声中工作人员听力损伤的危险性程度。噪声剂量计算公式见式（4-3）。

$$D = [C_1/T_1 + C_2/T_2 + \cdots + C_n/T_n] \times 100 \quad \text{式（4-3）}$$

式中：C_n 为某噪声水平的接触时间；

T_n 为该噪声水平的容许接触时间。

（四）时间加权平均水平

时间加权平均水平（time weighted average, TWA）是考虑时间累计效应的基础上，计算得出的噪声接触平均水平，类似于我国的 8 h 等效声级，可根据噪声累计接触剂量和职业接触限值如 85 dB(A)，通过式（4-4）计算得到：

$$TWA = 10.0 \times \lg(D/100) + 85 \quad \text{式（4-4）}$$

（五）其他

我国工作场所噪声的评价常用到全天等效声级、8 h 等效声级和每周 40 h 等效声级等物理参数，详见本节"二、噪声评价相关标准及应用"内容。

（六）评价相关指标的转换

例 某作业工人接触噪声为每周 5 d，每天 5 h，其中接触 91 dB(A) 噪声 2 h，接触 80 dB(A) 噪声 2 h，接触 85 dB(A) 噪声 1 h。

按式（4-1），以交换律为 3 dB(A) 求得各单独接触以上各个噪声水平时的容许接触时间见表 4-3。

表 4-3　以交换律为 3 dB(A) 求得不同噪声水平容许接触时间

接触噪声水平/dB(A)	实际接触时间（C/min）	容许接触时间（T/min）
91	120	120
80	120	1 454.5
85	60	240

噪声剂量按式 4-3 计算：

$D = [C_1/T_1 + C_2/T_2 + C_3/T_3] \times 100 = [120/120 + 120/1454.5 + 60/240] \times 100$
$= 133.25\%$

时间加权平均水平按式（4-4）计算：

$TWA = 10.0 \times \lg(D/100) + 85 = 10.0 \times \lg(133.25/100) + 85 = 86.25 \text{ dB}(A)$

全天等效声级为按式（4-5）计算：

$$L_{Aeq,T} = 10\lg\left(\frac{1}{T}\sum_{i=1}^{n} T_i 10^{0.1L_{Aeq,T_i}}\right) \text{dB}(A) = 87.8 \text{ dB}(A)$$

8 h 等效声级按式 4-6：

$$L_{EX,8h} = L_{Aeq,T_e} + 10\lg\frac{T_e}{T_0} = 85.8 \text{ dB}(A)$$

二、噪声评价相关标准及应用

（一）我国工作场所噪声检测结果评价

（1）工作场所噪声职业接触限值的发展。我国卫生部和国家原劳动总局在 1979 年颁布了"工业企业设计卫生标准"（TJ 36-79）。标准规定对于新建、扩建和改建的企业，8 h 工作时间内工人工作地点的稳态连续噪声级不得大于 85 dB(A)。对于现有（标准颁布时）企业，考虑到技术条件和现实可能性，则要求不得大于 90 dB(A)。2002 年，我国卫生部将"工业企业设计卫生标准"修订后分为"工业企业设计卫生标准"（GBZ 1—2002）和"工作场所有害因素职业接触限值"（GBZ 2—2002）两个标准。GBZ 1—2002 中规定了噪声的职业接触限值为工作场所操作人员每天连续接触噪声 8 h，噪声声级卫生限值为 85 dB(A)。对于操作人员每天接触噪声不足 8 h 的场合，可根据实际接触噪声的时间，按接触时间减半，噪声声级卫生限值增加 3 dB(A) 的原则，确定其噪声声级限值，但最高限值不得超过 115 dB(A)。2002 年该标准同时规定了非噪声工作地点噪声声级的卫生限值及工作地点脉冲噪声声级的卫生限值。2007 年，我国将噪声的职业接触限值进行了进一步的修订，并将其归入 GBZ 2.2—2007 "工作场所有害因素职业接触限值 物理因素"。GBZ 2.2—2007 是目前我国正在施行的强制性国家职业卫生标准。2010 年卫生部发布的国家职业卫生标准 GBZ/T 224—2010 "职业卫生名词术语"补充了噪声作业的定义，规定"存在有损听力、有害健康或有其他危害的声音，且 8 h/d 或 40 h/w 噪声暴露等效声级≥80 dB(A) 的作业为噪声作业"。

（2）工作场所非脉冲噪声检测结果评价。虽然 GBZ 2.2—2007 里称噪声职业接触限值为"工作场所噪声职业接触限值"，但该限值本质是工作场所作业工人的接触限值，是不同作业岗位作业工人累计接触水平的限值，不能用该限值简单地去评价某个噪声设备或场所。GBZ 2.2—2007 中规定我国工作场所噪声的职业接触限值为 85 dB(A)。存在非稳态噪声及非 5 d、8 h 工作制作业情况时，需要进行相应的计算转换后才能与限值 85 dB(A) 进行比较。见图 4-2、表 4-4，评价噪声接触水平时，首先需要根据现场作业点检测结果或个体噪声检测结果计算所评价岗位或个人的全天等效声级（$L_{Aeq,T}$）。

如作业岗位每天接触噪声变化不超过 3 dB(A) 的稳态噪声，测得瞬时噪声水平即为全天等效声级；如作业岗位每天接触噪声变化超过 3 dB(A) 的非稳态噪声，全天等效声级则需要根据不同噪声水平的接触时间按式（4-5）计算或通过个体噪声测量出全天等效声级。

$$L_{Aeq,T} = 10\lg\left(\frac{1}{T}\sum_{i=1}^{n} T_i 10^{0.1L_{Aeq,T_i}}\right) \quad dB(A) \quad \text{式（4-5）}$$

式中：$L_{Aeq,T}$——全天的等效声级；
　　　L_{Aeq,T_i}——时间段 T_i 内等效声级；
　　　T——这些时间段的总时间；
　　　T_i——i 时间段的时间；
　　　n——总的时间段的个数。

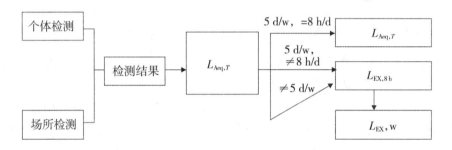

图 4-2　噪声检测结果评价流程

当得到全天等效声级以后，接下来需考虑到作业工人每天工作小时数和每周工作的天数，需要根据不同作业情况按表 4-4 进行比较。当每周工作 5 d，每天工作 8 h，直接比较全天 8 h 等效声级是否达到或超过 85 dB(A)；当每周工作 5 d，每天工作不是 8 h，则需要将一天实际工作时间内接触的噪声强度——全天等效声级通过式（4-6）计算为"按额定 8 h 工作日规格化的等效连续 A 计权声压级（8 h 等效声级，normalization of equivalent continuous A-weighted sound pressure level to a nominal 8 h working day, $L_{EX,8h}$)"，然后与 85 dB(A) 进行比较。

$$L_{EX,8h} = L_{Aeq,T_e} + 10\lg\frac{T_e}{T_0} \quad dB(A) \quad \text{式（4-6）}$$

式中：$L_{EX,8h}$——一天实际工作时间内接触噪声强度规格化到工作 8 h 的等效声级；
　　　T_e——实际工作日的工作时间；
　　　L_{Aeq,T_e}——实际工作日的等效声级；
　　　T_0——标准工作日时间，8 h。

表4-4 工作场所噪声职业接触限值

接触时间	接触限值/[dB(A)]	备注
5 d/w，=8 h/d	85	非稳态噪声计算8 h等效声级
5 d/w，≠8 h/d	85	计算8 h等效声级
≠5 d/w	85	计算40 h等效声级

非每周5 d工作制的工作，如五班三运转等，先按以上方法计算出8 h等效声级，然后按照式（4-7）计算出"按额定每周工作40 h规格化的等效连续A计权声压级（每周40 h等效声级，normalization of equivalent continuous A-weighted sound pressure level to a nominal 40 h working week，$L_{EX,w}$）"，与限值85 dB(A)进行比较。

$$L_{EX,w} = 10\lg\left(\frac{1}{5}\sum_{i=1}^{n} 10^{0.1(L_{EX,8h})_i}\right) \quad dB(A) \quad\quad 式（4-7）$$

式中：$L_{EX,w}$——每周平均接触值；
　　　$L_{EX,8h}$——一天实际工作时间内接触噪声强度规格化到工作8 h的等效声级；
　　　n——每周实际工作天数。

例 某电厂运行部锅炉巡检岗位作业工人测得个体噪声为88.7 dB(A)，该作业岗位为三班两倒，评价其暴露水平有无超标。

解：

作业时间确定和计算：三班两倒为作业工人每天工作12 h，3 d构成一个作业周期，一天白班12 h，一天晚班12 h，一天休息，平均2/3的天数在工作。则该作业工人作业时间规格化为每天工作12 h，平均每周工作7 d×2/3 = 4.67 d。

如前所述，个体噪声所得出的水平是该作业岗位作业工人全天等效声级，因此该岗位全天等效声级为88.7 dB(A)，首先需要按式（4-5）把全天等效声级88.7 dB(A)换算为8 h等效声级：$L_{EX,8h} = L_{Aeq,T_e} + 10\lg\frac{T_e}{T_0} = 90.5$ dB(A)。

同时该作业工人每周工作不是5 d，为4.67 d，还需按照式（4-7）计算每周40 h等效声级 $L_{EX,w} = 10\lg\left(\frac{1}{5}\sum_{i=1}^{n} 10^{0.1(L_{EX,8h})_i}\right) = 10\lg\left(\frac{4.67}{5}10^{0.1\times90.5}\right) = 90.2$ dB(A)。

结论：该作业工人规格化每周40 h等效声级为90.2 dB(A)，大于职业接触限值85 dB(A)的要求，该作业工人噪声接触水平超标。

（3）脉冲噪声检测结果的评价。GBZ 2.2—2007规定脉冲噪声工作场所，噪声声压级峰值和脉冲次数不应超过表4-5的规定。

表4-5 工作场所脉冲噪声职业接触限值

工作日接触脉冲次数/次	≤100	≤1 000	≤10 000
声压级峰值/dB(C)	140	130	120

（4）工作场所噪声等效声级参考接触限值。另外，GBZ/T 189.8—2007"工作场所

物理因素测量——噪声"附录 B 中规定了工作场所噪声等效声级参考接触限值。附录 B 规定在实际工作中,对于每天接触噪声不足 8 h 的工作场所,也可根据实际接触噪声的时间和测量(或计算)的等效声级,按照接触时间减半噪声接触限值增加 3 dB(A) 的原则,根据表 4-6 确定噪声接触限值。

表 4-6 工作场所噪声等效声级接触限值

日接触时间/h	8.0	4.0	2.0	1.0	0.5
接触限值/dB(A)	85	88	91	94	97

本限值来源于 GBZ1—2002,但附录中对该限值的很多使用前提和使用方法都没有进行交代,简单地运用往往会错用误用,建议使用该限值评价方法时,同时参考 ACGIH 或日本的工作场所噪声职业接触限值(内容见下文)。

(二) 国际噪声职业接触限值

1. ACGIH 噪声职业接触阈限值

美国政府工业卫生师协会(American Conference of Government Industrial Hygienists,ACGIH)是一个私营的、非营利的、非政府法人机构,就其本质而言,ACGIH 是一个非营利的学术性的协会,而不是一个制定标准的机构。ACGIH 设立有委员会,由致力于促进工作场所职业卫生和安全的工业卫生师或其他职业卫生安全相关专业人员组成,目标是对已发表的、经过同行评议的科学文献进行述评后,通过一定的程序,制定和发布阈限值(threshold limit values, TLVs)和生物接触指数(biological exposure indices, BEIs),用于工业卫生师对工作场所中各种化学和物理因素的安全接触水平的决策。目前 ACGIH 所制定的阈限值已成为国际上众多国家和组织制定职业接触限值的重要依据。

ACGIH 噪声 TLVs 指几乎所有劳动者反复接触不引起听力或正常语言理解力有害效应的声压级和接触持续时间。在 1979 年前,医学界已经定义听力损伤是指在 500 Hz、1 000 Hz 和 2 000 Hz 的平均听阈大于 25 dB(ANSI S3.621996)。已制定的这些限值是为了预防高频的听力损失,如 3 000 Hz 和 4 000 Hz。这些限值作为指南用于控制噪声接触,但由于个体易感性的差异,而不应视为安全和危险水平的精确界限。应该认识到使用噪声 TLVs 并不能保护所有劳动者免受噪声接触的不良效应。TLVs 应保护半数人群(median of the population)在职业接触噪声 40 年后,在 0.5 kHz、1 kHz、2 kHz 和 3 kHz 所引起的噪声性听力损失的平均值不超过 2 dB。当劳动者噪声接触等于或大于 TLVs 时,需要制订包括听力测试等所有要素的听力保护计划。

(1) 连续或间断噪声 TLVs。声压级应通过声级计或剂量计测定,最低应符合美国国家标准研究所(ANSI) S1.421983, S2A 型声级计规范的或个体噪声剂量计 ANSI S1.2521991 规范的要求。测量仪器应调整到 A 计权模式的"慢"挡位。持续接触时间不能超过表 4-7 所列。这些值适用于每个工作日总接触时间,而不考虑是一次的连续接触还是多次短时间接触。当日噪声接触包括 2 个或 2 个以上不同水平的噪声接触时段时，应考虑其联合的而不是各自的效应。如果下述每个分量之和 $\frac{C_1}{T_1} + \frac{C_2}{T_2} + \cdots + \frac{C_n}{T_n}$ 超过 1，应考虑总的接触水平超过 TLVs。C_1 表示在特定的噪声水平下实际接触总时间，T_1 表示在该噪声水平下容许接触的总时间。所有接触噪声水平≥80 dB（A）的工作应该使用上述公式计算。若使用声级计，上述公式适用于 3 s 以上的稳态噪声。对不符合上述条件的噪声，应使用剂量计或积分声级计。当调整到 3 dB 交换率和 8 h 85 dB（A）基准水平的剂量计满程时，表示噪声水平超过 TLVs。当平均声级超过表 4-7 所列数值时，积分声级计显示噪声水平超过 TLVs。

表 4-7 噪声[A]TLVs 表

每日持续接触时间	声级/[dB（A）][B]	每日持续接触时间	声级/[dB（A）][B]
24 h	80	0.94[C] min	112
16 h	82	28.12 s	115
8 h	85	14.06 s	118
4 h	88	7.03 s[C]	121
2 h	91	3.52 s[C]	124
1 h	94	1.76 s[C]	127
30 min	97	0.88 s[C]	130
15 min	100	0.44 s[C]	133
7.50[C] min	103	0.22 s[C]	136
3.75[C] min	106	0.11 s[C]	139
1.88[C] min	109		

注：A 连续的、间断的或冲击噪声的接触都不能超过 C 计权 140 dB 的峰值水平。

B 用声级计测量声级的分贝数，符合美国国家标准研究所 S1.4（1983）[3] S2A 型声级计规范的最低要求，而且要调整到 A 计权模式的"慢"挡位。

C 指受噪声源的限制，不是通过管理措施控制。当噪声水平大于 120 dB（A）时，也建议使用噪声剂量计或积分声级计。

（2）脉冲或冲击噪声 TLVs。用符合 ANSI S1.4、S1.25 或 IEC 804 标准的仪器，可自动测量脉冲或冲击式噪声。这种声级计的唯一要求是测量范围在 80～140 dB（C）之间且脉冲范围必须至少为 63 dB。如无耳部防护，不容许接触超过 C 计权峰值 140 dB 的噪声。如果没有测量 C 计权峰值的仪器，可使用低于 140 dB 的未计权峰值的测量，以表明 C 计权峰值低于 140 dB。

（3）使用噪声 TLVs 的注意事项：

1）对于 C 计权峰值超过 140 dB 的脉冲噪声，应佩戴听力保护器。MIL-STD-1474C 为如何佩戴单一护耳器（耳塞或耳罩）或双重护耳器（耳塞和耳罩均用）提供指南。

2）接触某些化学物质亦会导致听力损失。在可能接触噪声及一氧化碳、铅、锰、苯乙烯、甲苯或二甲苯的环境中，建议定期进行听力检查并仔细评估。正在研究耳毒性的其他物质包括砷、二硫化碳、汞和三氯乙烯。

3）有证据表明妊娠 5 个月以上的女工，其腹部接触超过 C 计权 8 h *TWA* 为 115 dB（C）或峰值为 155 dB（C）的噪声，可能引起胎儿听力损失。

4）如果 7 d 期间分量之和小于等于 5，且没有一天的分量大于 3，那么任何一天的分量之和可以大于 1。

5）表 4-8 是基于包括有离开工作场所进行休息和睡眠时间的日接触制定的。离开工作场所的时间可使劳动者任何小的听力改变得以恢复。当劳动者局限在一个或几个同时作为工作和休息及睡眠的场所中 24 h 以上时，那么供休息和睡眠的场所的本底噪声水平应≤70 dB（A）。

表 4-8 噪声的容许标准

中心频率/Hz	与接触时间相对应的容许倍频水平/dB					
	480 min	240 min	120 min	60 min	40 min	30 min
250	98	102	108	117	120	120
500	92	95	99	105	112	117
1 000	86	88	91	95	99	103
2 000	83	84	85	88	90	92
3 000	82	83	84	86	88	90
4 000	82	83	85	87	89	91
8 000	87	89	92	97	101	105

2. 日本噪声推荐性容许标准

本文阐述的噪声、脉冲或冲击性噪声容许标准是由日本职业卫生协会（Japanese Society of Occupational Health，JSOH）从听力保护角度推荐的连续或间歇性噪声的接触限值。

（1）噪声的容许标准。从保护听力的立场对经常性接触的噪声容许标准作如下规定。

1）容许标准。以图 4-3 或表 4-9 所列出的值作为容许标准。连续或间歇性噪声接触水平等于或低于该水平，预期绝大多数劳动者每日接触时间不超过 8 h、连续接触超过 10 年，其噪声性永久性阈移（noise-induced permanent threshold shift，NIPTS）在频率<1 kHz 时低于 10 dB，频率<2 kHz 时低于 15 dB，频率>3 kHz 时低于 20 dB。

2）适用的噪声。适用于宽、窄频噪声（带宽为 1/3 倍频程以下的噪声）。但本标准暂时也适用于纯音（可视为窄频噪声）。脉冲或冲击性噪声除外。

3）应用方法。当 1 个工作日连续接触噪声时，可使用表 4-9 或图 4-3 中与各接触时间相对应的值。当 1 个工作日间断地接触噪声时，应减去休息时间，再将各个噪声接触时间之和作为等效接触时间，使用图4-3或表4-9中的数值。休息时间是指接触噪声水平<80 dB(A) 的时间。

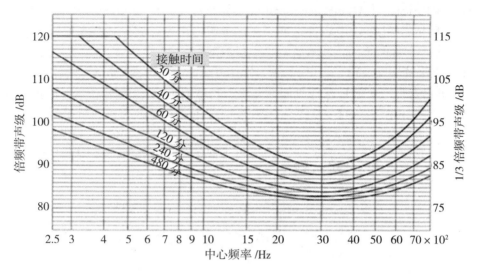

图4-3 噪声容许标准

表4-9 以A声级表示的容许标准

日接触时间/h-min	噪声容许水平/dB(A)	日接触时间/h-min	噪声容许水平/dB(A)
24-00	80	2-00	91
20-09	81	1-35	92
16-00	82	1-15	93
12-41	83	1-00	94
10-04	84	0-47	95
8-00	85	0-37	96
6-20	86	0-30	97
5-02	87	0-23	98
4-00	88	0-18	99
3-10	89	0-15	100
2-30	90		

在使用倍频滤波器进行噪声分析时，使用图4-3左侧纵轴或表4-9的值；使用具有1/3倍频或更窄带宽的滤波器进行分析时，使用图4-3右侧纵轴或从表4-9的值减去5。

4) 以噪声水平表示的容许标准（A计权声压级水平）。本容许标准以噪声频率分析为原则，在使用声级计A计权测定值时，容许标准见表4-9。

但是，1个工作日接触时间超过8 h时的噪声容许水平，由于倒班制等，不得不将1日的接触时间作为基准值。

5）测定方法。计权噪声水平测定参照日本工业卫生标准（Japan Industrial Standard，JIS）《A 计权声压水平的测定方法及描述》，JISZ 8731—1983（Methods of Measurement and Description of A-weighted Sound Pressure Level，JISZ 8731—1983）。

（2）脉冲或冲击性噪声容许标准。从保护听力出发，对作业场所脉冲或冲击性噪声（impulsive or impact noise）容许标准规定如下。

1）容许标准。见图 4-4，当 1 个工作日内脉冲或冲击性噪声总接触次数在 100 次以下时，其容许标准为：与脉冲或冲击性噪声持续时间（参照测定方法）相对应的峰声压级水平。

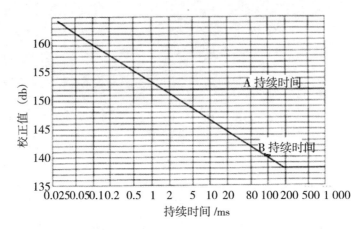

图 4-4　冲击性噪声的容许标准

见图 4-5，当 1 个工作日脉冲或冲击性噪声总接触次数超过 100 次时，容许标准为：不同脉冲或冲击性噪声接触次数的校正值与用同样方法由图 4-4 求得的峰声压级水平之和。

可以预期在等于或低于这些标准时，大多数劳动者连续 10 年以上接触脉冲或冲击性噪声，其噪声性永久性阈移在频率 <1 kHz 时低于 10 dB，频率在 2 kHz 时低于 15 dB，频率 >3 kHz 时低于 20 dB。

2）适用的噪声。本容许标准只适用于脉冲或冲击性噪声。对于混合接触脉冲和冲击性噪声以及连续和间断噪声，应同时满足本容许标准和噪声的容许标准。

3）测定方法。脉冲或冲击性噪声测定使用示波器（oscilloscope），见图 4-6（a）、(b)，根据其波形大致可分为两种。在图 4-6（a）的场合，持续时间取 T_0 到 T_D 的时间，称为 A 持续时间（A duration）。在图 4-6（b）的场合，在无反射噪声时取 T_0 到 T_D' 的时间，在有反射噪声时，取 T_0 到 T_D 的时间和 T_0' 到 T_D'' 的时间之和作为 B 持续时间，称为 B 持续时间。在（b）的场合，由显示声压变化的波形曲线与显示低峰声压 20 dB 声压线的交点确定 T_D' 或 T_D''。声反射在 2 个以上时也按同样方法处理。

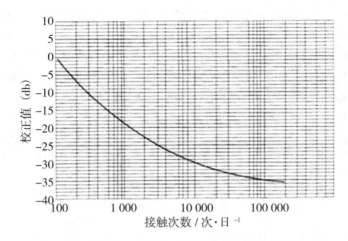

图4-5 对工作日脉冲或冲击性噪声接触次数的校正值

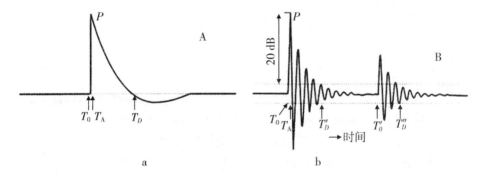

图4-6 脉冲或冲击性噪声的判定

(3) 以噪声水平表示的脉冲或冲击性噪声限值（A计权声压级水平）。

1）容许标准。1个工作日脉冲或冲击性噪声总接触次数＜100次时，噪声水平（A计权声压级水平）的容许标准是120 dB。1个工作日脉冲或冲击性噪声总接触次数＞100次时，应在测得的容许标准基础上再加上与图4-5相对应的校正正值。

2）适用的噪声。本容许标准只适用于图4-6列出的B型脉冲或冲击性噪声。

3）测定方法。最大值应使用具有A计权快速动态采样特性的普通声级计（JIS C1502）或精密声级计（JIS C1505）测定。

3. 其他国家和组织

（1）国际标准化组织。国际标准化组织（International Organization for Standardization, ISO）1990年发布的标准"ISO 1999: 1990 Acoustics-Determination of occupational noise exposure and estimation of noise-induced hearing impairment"对工作场所噪声的评价进行了规定，其判定方法与我国类似，需首先确定作业岗位或工人日噪声接触水平（daily personal noise exposure levels，$L_{EP,d}$），如该岗位作业工人每日接触两个及两个以上不同声水平噪声，每日声接触水平$L_{EP,d}$计算公式如下：

$$L_{\text{EPA}} = 10\log_{10}\left[\frac{1}{T_0}\sum_{i=1}^{n}(T_i 10^{0.1(L_{\text{Aeq},T})i})\right] \quad \text{式（4-8）}$$

式中：n——工作日不同声水平数；

T_i——每个声水平 i 接触时间；

$(L_{\text{Aeq},T})_i$—— i 时段的等效连续 A 声级；

$\sum_{i=1}^{n}$——等于 T_e，作业者工作日持续时间。

然后根据情况将日噪声接触水平规格为 8 h 日噪声接触水平 $L_{\text{EP,8h}}$［按式（4-9）］或每周个人声接触水平 $L_{\text{EP,w}}$［按式（4-10）］，由下公式确定：

$$L_{\text{EP,8h}} = L_{\text{Aeq},T_e} + 10\log_{10}\left(\frac{T_e}{T_0}\right) \quad \text{式（4-9）}$$

式中：T_e——作业者工作日的作业时间，s；

T_0——28 800 s（8 h）；

$$L_{\text{EP,N}} = 10\log_{10}\left[\frac{1}{5}\sum_{i=1}^{n}10^{0.1(L_{\text{EP,d}})i}\right] \quad \text{式（4-10）}$$

式中：n——每周工作天数；

$(L_{\text{EP,d}})_i$——等于工作日 i 的 $L_{\text{EP,d}}$。

（2）美国劳工部职业安全与健康管理局。美国劳工部职业安全与健康管理局（OSHA）在"1910 Occupational Safety and Health Standards"中"1910.95 Occupational Noise Exposure"规定了工作场所噪声的容许噪声接触水平，见表4-10。与前述几个标准不同的是 OSHA 的交换率是 5 dB（A），接触时间减半，接触限值增加 5 dB（A）。

表4-10 噪声容许接触水平

每天接触时间/h	8	6	4	3	2	1.5	1	0.5	≤0.25
声压级/[dB（A），"慢"挡]	90	92	95	97	100	102	105	110	115

注：当日噪声接触包括 2 个或 2 个以上不同水平的噪声接触时段时，应考虑其联合的而不是各自的效应。如果下述每个分量之和 $\frac{C_1}{T_1}+\frac{C_2}{T_2}+\cdots+\frac{C_n}{T_n}$ 超过 1，应考虑总的接触水平超过限值。C_1 表示在特定的噪声水平下实际接触总时间，T_1 表示在该噪声水平下容许接触的总时间。接触脉冲噪声峰值声压水平不应该超过 140 dB。

（三）工作场所环境噪声的评价

1. 噪声作业点的评价

工作场所噪声的评价是对噪声源、作业场所作业点及区域的噪声水平进行定性分析，目的是了解作业场所噪声危害分布情况，找出关键控制点，为工程控制、现场管理提供依据。工作场所噪声的评价是工作场所噪声危害防控不可或缺的一部分。通常对工作场所噪声点的评价比较灵活，需要根据噪声水平、人员接触该噪声源的概率、工厂对噪声控制要求等进行综合评价。

工作场所噪声理论上控制到越小越好，但考虑到经济技术可行性，现实中很多噪声源和作业点很难控制到限值水平以下,因此,往往建议工厂、企业能将现场的噪声控制到 90 dB(A) 以内,即使这样,很多高噪声工厂,如发电厂、石化厂、机械加工工厂等经济技术水平还是无法达到。但多数学者认可任何作业点的噪声强度都不应该超过 115 dB(A) [也有学者提出 140 dB(C)],因为按照噪声接触水平增加 3 dB(A) 接触时间减半的法则,接触 115 dB(A) 噪声不足半分钟(28.12 s)其 8 h 等效声级能达到 85 dB(A),超过限值水平。

工作场所噪声的评价应该将每个区域的噪声按其水平划分等级,见表 4-11。等级越高风险也就越高,在制作工作场所噪声分布图时,可用不同颜色标识出噪声区域的危害等级,见图 4-7,从而按照不同等级以及人员接触该噪声源的概率、经济技术水平等采取相应的管理措施、控制措施(详见第六章第四节)。

表 4-11 工作场所噪声危害分级

危害等级	0	0⁺	I	II	III	IV
危害类别	安全作业	可能危害	轻度危害	中度危害	重度危害	极重危害
噪声水平/dB(A)	<80	80～	85～	90～	95～	100～

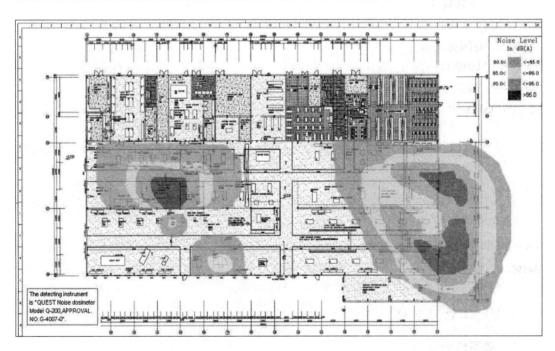

图 4-7 某企业厂区噪声分布图

2. 非噪声作业地点设计要求

对于生产性噪声传播至非噪声作业地点的噪声声级,我国职业卫生标准 GBZ 1—2010 规定其不得超过表 4-12 的规定。接触这类噪声的限值并不是考虑噪声对听力的影响,而是考虑到办公室需要安静的要求。

表 4-12　非噪声工作地点噪声声级设计要求

地 点 名 称	噪声声级/dB(A)	工效限值/dB(A)
噪声车间观察（值班）室	≤75	≤55
非噪声车间办公室、会议室	≤60	
主控室、精密加工室	≤70	

第四节　常用噪声检测仪器

一、声级计

声级计是按照一定的频率计权和时间计权测量声压级的仪器，它是声学测量中最基本最常用的仪器，适用于机器噪声、环境噪声、工作场所噪声和建筑声学等各种声学测量。声级计的性能应符合 GB/T 3785.1—2010《电声学　声级计　第 1 部分：规范》（国际标准 IEC 61672-1：2002）和 JJG 188—2002 声级计检定规程的要求。

（一）声级计的分类

按功能来分：分为测量指数时间计权声级的常规声级计，测量时间平均声级的积分平均声级计，测量声暴露的积分声级计（以前称为噪声暴露计）。另外，有的具有噪声统计分析功能的称为噪声统计分析仪，具有频谱分析功能的称为频谱分析仪。目前新设计的声级计往往会同时拥有多种功能，称为多功能声级计。

按精度来分：根据国家标准 GB/T 3785.1—2010，声级计分为 1 级和 2 级两种。在参考条件下，1 级声级计的准确度为 ±0.7 dB，2 级声级计的准确度为 ±1 dB（不考虑测量不确定度）。

按采用技术来分：分为采用模拟技术的模拟声级计和采用数字技术的数字声级计，数字声级计不是通常的数字显示声级计，它的计权、检波和滤波都是通过采样和数学运算来实现的，一般情况下都具有实时频谱分析功能。

按通道数来分：分为单通道声级计和多通道声级计，多通道声级计不仅能进行声级测量和分析，还可以进行相关分析、声功率测量、声强测量等。

（二）声级计构造及工作原理。

声级计的工作原理方框图见图 4-8。

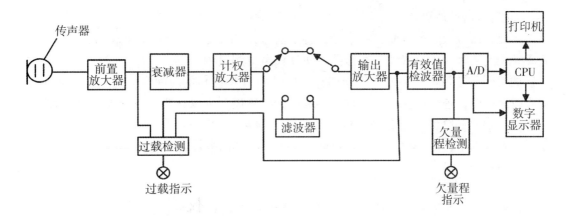

图 4-8 声级计工作原理方框

1. 传声器

用来把声信号转换成电信号的换能器。在声级计中一般均用测试电容传声器,它具有灵敏度高、性能稳定、动态范围宽、频响平直、体积小等特点。电容传声器由相互紧靠着的后极板和绷紧的金属膜片所组成,后极板和膜片互相绝缘,构成以空气为介质的电容器的两个电极。两电极上加有电压(极化电压 200 V 或 28 V),电容器充电,并贮存电荷。当声波作用在膜片上时,膜片发生振动,使膜片与后极板之间距离变化,电容也变化,于是就产生一个与声波成比例的交变电压信号,送到后面的前置放大器。现在,预先驻有电荷的予极化测试电容传声器已得到广泛应用,它不需要另加极化电压,设备更加简单,而且防潮性能好。

2. 前置放大器

由于电容传声器电容量很小,内阻很高,而后级衰减器和放大器阻抗不可能很高,因此中间需要加前置放大器进行阻抗变换。前置放大器通常由场效应管接成源极跟随器,加上自举电路,使其输入电阻大于 1 000 MΩ,输入电容小于 3 pF,甚至 0.5 pF。输入电阻低影响低频响应,输入电容大则降低传声器灵敏度。

3. 衰减器

将大的信号衰减,以提高测量范围。

4. 计权放大器

将微弱信号放大,按要求进行频率计权(频率滤波)。按国家标准 GB/T 3785.1 规定,声级计中必须具有 A 频率计权;另外,也可有 C 频率计权、Z 频率计权及 F 频率响应特性。A 计权对低频信号有较大衰减,中频时略有升高,高频时有一定衰减;C 计权对低频和高频信号都有一定衰减,中频时比较平直;Z 计权即 Zero 计权,也即不计权;F 频率响应特性是在一定频率范围内保持平直的频率响应,在该频率范围以外信号被衰减。

5. 滤波器

声级计可插入滤波器,用于进行频谱分析。

6. 有效值检波器

将交流信号检波整流成直流信号，直流信号大小与交流信号的有效值成比例。检波器要有一定的时间计权特性，在指数时间计权声级测量中，"F"时间计权（"快"特性）的时间常数为0.125 s，"S"时间计权（"慢"特性）的时间常数为1 s。在时间平均声级测量中，进行线性时间平均。声级计标准还规定可以有测量峰值C声级的功能，它测量C声级的峰值，用它来评价脉冲噪声。通常的检波器都是模拟检波器，这种检波器动态范围小，温度稳定性差。目前已有公司在产品中普遍采用数字检波器，大大提高了动态范围和稳定性。

7. A/D 变换

将模拟信号变换成数字信号，以便进行数字指示或送 CPU 进行计算、处理。

8. 数字指示器

以数字形式直接指示被测声级的分贝数，读数更加直观。以前采用电表作为模拟指示器，现已不采用。数字显示器件通常为液晶显示（LCD）或发光数码管显示（LED），前者耗电省，后者亮度高。采用数字指示的声级计又称为数显声级计。

9. CPU

微处理器（单片机）对测量值进行计算、处理。

10. 过载检测

当输入信号太大时给出指示，以便及时调整量程，防止过载引起测量误差。

11. 欠量程检测

当输入信号太小时给出指示，以便及时调整量程，避免信噪比太小引起测量误差。

12. 电源

一般是 DC/DC，将供电电源（电池）进行电压变换及稳压后，供给各部分电路工作。

13. 打印机

打印测量结果，通常使用微型打印机。有的用计算机代替打印机进行数据分析和处理。

（三）积分平均声级计

积分平均声级计是一种直接显示某一测量时间内被测噪声的时间平均声级即等效连续声级（L_{eq}）的仪器，通常由声级计及内置的单片计算器组成。单片机是一种大规模集成电路，可以按照事先编制的程序对数据进行运算、处理，进一步在显示器上显示。

积分平均声级计通常具有自动量程衰减器，使量程的动态范围扩大到 80～100 dB，在测量过程中无须人工调节量程衰减器。积分平均声级计可以预置积分测量时间，例如为 10 s、1 min、5 min、10 min、1 h、4 h、8 h 等，当到达预置时间时，测量会自动中断。

积分平均声级计除显示 L_{eq} 外，还能显示声暴露级 L_{AE} 和测量经历时间，当然它还可显示瞬时声级。声暴露级 L_{AE} 是在 1 s 期间保持恒定的声级，它与某一期间内实际变化的噪声具有相同的能量。声暴露级用来评价单发噪声事件,例如飞机飞越、轿车和卡车开过时的噪声。知道了测量经历时间和此时间内的等效连续声级,就可以计算出声暴露级。

积分平均声级计不仅可以测量出噪声随时间的平均值,即等效连续声级,而且可以测出噪声在空间分布不均匀的平均值,只要在需要测量的空间移动积分平均声级计,就可测量出随地点变动的噪声的空间平均值。

积分平均声级计主要用于环境噪声测量和工厂噪声测量。积分平均声级计的性能应符合国际标准及声级计检定规程 JJG 188—2002 的要求。

（四）噪声暴露计及个人声暴露计

用于测量声暴露的声级计称为噪声暴露计,又称积分声级计。噪声暴露量 E 是噪声 A 计权声压值平方的时间积分,计入了声压及其持续时间二者的物理度量。大多数积分平均声级计都具有积分声级计的功能,也就是都能测量噪声暴露量。

已知等效连续声级及噪声暴露时间 T,可由式（4 - 11）计算声暴露量 E,单位为 $Pa^2 \cdot h$:

$$E = T \cdot P_0^2 \lg^{-1} \frac{L_{eq}}{10} \qquad 式（4 - 11）$$

作为个人使用的测量噪声暴露量的仪器叫个人声暴露计。个人声暴露计用于测量声暴露,即瞬时 A 频率计权声压平方的时间积分。为便于用常用量值表示的声暴露记录的国际比较,用二次方帕小时指示声暴露。其工作原理是以测量声暴露级为基础,这就是"等能量交换率",恒定声级的积分时间加倍（或减半）将使声暴露加倍（或减半）。同样,对恒定的积分时间,恒定输入声级增加（或减小）3 dB,声暴露将加倍（或减半）。个人声暴露计应符合 GB/T 15952—2010 电声学个人声暴露计规范的要求。

另一种测量并指示噪声剂量的仪器叫噪声剂量计,噪声剂量计通常设计成指示为法定限值百分比的噪声剂量。噪声剂量以规定的允许噪声暴露量作为 100 %。如规定每天工作 8 h,噪声标准为 85 dB (A),也就是噪声暴露量为 1 $Pa^2 \cdot h$,则以此为 100 %。对于其他噪声暴露量,可以计算相应的噪声剂量值。但是各国的噪声允许标准不同而且还会修改,例如美国、加拿大等国家暴露时间减半,允许噪声声级增加 5 dB (A),而我国及其他大多数国家仅允许暴露时间减半,增加 3 dB (A)。因此,不同国家、不同时期所指的噪声剂量不能互相比较。在现在的声暴露计中通常都具有既能测量声暴露,又能测量噪声剂量的功能。

个人声暴露计主要用在职业卫生技术服务机构或工厂企业对工作场所作业岗位作业工人的噪声累计接触量进行监测。主要应用是测量人头部附近的声暴露,例如按 GB/T 14366 等标准评估可能的听力损失。个人声暴露计的传声器可佩戴在肩上、衣领上,或其他靠近耳朵的部位。对于许多具体情形,譬如在工厂内,声入射角在工作日内会有很大的变化,佩戴于人体的仪器所指示的声暴露可能会与人员不在场时的测量值不同。当估算人体不在场时的声暴露，应考虑佩戴个人声暴露计的人体的影响。

归一化 8 h 平均声级是指在归一化时间间隔 T_n 为 8 h 时的 A 计权声压时间均方级（以分贝表示），它的声暴露等于发生在不一定为 8 h 的时间间隔内随时间变化的声的总声暴露。相对于基准声压 p_0 和 8 h 归一化时间间隔 T_n 的归一化 8 h 平均声级用符号 $L_{Aeq,8hn}$ 表示（与 GB/T 14366 所定义的"归一化至标称的 8 h 工作日的噪声暴露级 $L_{EX,8h}$"是相同的），并由式（4-12）给出：

$$L_{Aeq,8hn} = 10\lg[E/(P_0^2 T_n)] \qquad 式（4-12）$$

为计算方便，对于用二次方帕小时为单位的声暴露，用 20 μPa 的值代入 P_0，以 8 h 代入 T_n，可得到以分贝表示的归一化 8 h 平均声级式（4-12）的简化形式：

$$L_{Aeq,8hn} = 10\lg[(E \times 10^9)/3.2] \qquad 式（4-13）$$

当用等效连续 A 计权声压级 $L_{Aeq,T}$ 间接描述总的声暴露时，对长于或短于归一化时间间隔 8 h 的平均时间 T，归一化 8 h 平均声级可由下式确定：

$$L_{Aeq,8hn} = L_{Aeq,T} + 10\lg(T/T_n) \qquad 式（4-14）$$

（五）噪声统计分析仪

噪声统计分析仪是用来测量噪声级的统计分布的积分声级计，它同样能测量并用数字显示 A 声级、等效连续声级 L_{eq}，它还能测量并直接指示累计百分声级 L_N，以及用数字或百分数显示声级的统计分布和累计分布，通常它还能进行 24 h 监测。噪声统计分析仪由声级测量及计算处理两大部分构成，计算处理由单片机完成。随着科学技术的进步，尤其是大规模集成电路的发展，噪声统计分析仪的功能越来越强，使用也越来越方便，国产的噪声统计分析仪已完全能满足环境噪声自动监测的需要。

（六）滤波器和频谱分析仪

噪声是由许多频率成分组成的，为了了解这些频率成分，需要进行频谱分析，通常采用倍频程滤波器或 1/3 倍频程滤波器。这是两种恒百分比带宽的带通滤波器，倍频程滤波器的带宽是 100%，1/3 倍频程滤波器是 23%。为了统一起见，GB/T 3241—2010（等同 IEC 61260—1995）《倍频程和分数倍频程滤波器》标准规定了滤波器的中心频率、频带宽度和衰减特性等要求。该标准按特性要求不同将滤波器分为 0，1，2 三个级别。

滤波器可以做成单独仪器，再配合声级计或测量放大器等，用于进行带通滤波和频谱分析。也可以将声级计和滤波器装在一个机壳内组成频谱分析仪，既可以进行常规噪声测量、数据积分采集、24 h 噪声自动监测和机场噪声测量，又可以进行倍频程、1/3 倍频程谱分析和混响时间测量。

（七）实时分析和数字信号处理仪器

在信号频谱分析中，前面介绍的不连续挡级滤波器分析方法对稳态信号是完全适用的。但对于瞬态信号的分析，则比较难以进行测量和分析。如果用实时分析仪，则只要将信号直接输入分析仪，立刻就可以在荧光屏上显示出频谱变化，并可将分析得到的数据输出并记录下来。有些实时分析仪还能做相关函数、相干函数、传递函数等分析,其功能也就更多。实时分析仪现在普遍采用数字技术来进行实时分析。

数字频率分析仪是一种采用数字滤波、检波和平均技术代替模拟滤波器来进行频谱分析的分析仪。数字滤波器是一种数字运算规则,模拟信号通过采样及 A/D 转换成数字信号后,进入数字计算机进行运算,使输出信号变成经过滤波了的信号。也就是说,这种运算起了滤波器的作用。我们称这种起滤波器作用的数字处理机为数字滤波器。

(八) 多通道动态分析仪

多通道动态分析仪是一种基于笔记本计算机或微机进行数字信号处理的实时频谱分析仪。它通常有两个以上的通道,最多可达数百个通道。它的主机作为信号采集,计算机进行数字信号处理,既可以有噪声测量信道用来测量机器的噪声、环境噪声,也可以有振动测量信道用来测量机器振动、人体振动和环境振动;既可以进行快速傅里叶变换(fast fourier transform,FFT)分析,也可以进行倍频程或 1/3 倍频程谱分析。计算机显示器可同时显示噪声、振动通道的总声级和振动值,以及它们的频谱图或表,也可以显示声级或振动随时间或转速的变化,还可以根据用户的需要提供不同软件和功能,可以配置频谱分析软件包,用以进行 FFT 分析和倍频程或 1/3 倍频程谱分析;可以配置建筑声学测量软件包,用于隔声测量、厅堂混响时间测量和混响室法吸声系数测量;可以配置数据采集软件包,以及环境噪声测量软件包、振动测量软件包。典型产品 AWA6290 系列多通道动态分析仪是 2~20 个通道的实时频谱分析仪,主要用于噪声和振动的测量和分析。

二、工作场所噪声测量仪器介绍

工作场所噪声测量仪器需满足中华人民共和国国家职业卫生标准 GBZ/T 189.8—2007《工作场所物理因素测量第 8 部分:噪声》的相关规定,即要求声级计:2 级或以上,具有 A 计权、"S(慢)"挡;积分声级计或个人噪声剂量计:2 级或以上,具有 A 计权、"S(慢)"挡和"Peak(峰值)"挡。工作场所需测量的噪声主要包括六种:瞬时噪声、等效 A 声级、全天等效声级、噪声统计分析、噪声频谱和脉冲噪声。这六种噪声当中,稳态噪声时测量瞬时噪声,非稳态噪声时测量等效连续 A 声级 (L_{Aeq}),以及移动岗位测量个人噪声接触剂量,这些是工作场所噪声检测与评价最基本的测量。工作场所噪声源往往较多,环境往往复杂多变,稳态噪声和非稳态噪声常同时多处存在,满足对工作场所噪声检测评价需求,最起码也需要配备具有积分功能的声级计以及个体噪声剂量计。目前,国内外符合工作场所噪声测量的仪器很多,新设计的声级计往往会同时拥有多种功能,能满足职业卫生检测的多种需求。不同噪声测量仪器选用可参照表 4-13。

表4-13 不同噪声测量仪器选用表

需测噪声类别	测量内容	声级计级别要求	频率计权	时间常数	仪器功能要求	仪 器	举 例
稳态噪声	瞬时噪声	2级或以上	A	S	—	常规声级计及其他声级计	AWA5636-0、AWA5661型声级计； SVAN 971、SVAN977 及 SVAN997 型多功能声级计
非稳态噪声	等效连续A声级	2级或以上	A	S	积分功能	积分平均声级计，具有积分功能的多功能声级计	AWA5636-2、AWA5661-2型声级计； SVAN 971、SVAN977 及 SVAN997 型多功能声级计
个人噪声接触剂量	全天等效声级	2级或以上	A	S	长时间积分，方便佩戴	个人噪声剂量计	AWA 5910 型个人声暴露计及 SV104 型个人声暴露计
统计分析	噪声统计分析	2级或以上	A	S	长时间积分，具有统计分析功能	噪声统计分析仪，具有统计分析功能的多功能声级计	AWA5680 型多功能声级计； SVAN 971、SVAN977 及 SVAN997 型多功能声级计
频谱分析	噪声频谱	2级或以上	Z	S	频谱分析功能	噪声频谱分析仪，具有频谱分析功能的多功能声级计	AWA6291 型实时信号分析仪、AWA6228 型多功能声级计； SVAN 971、SVAN977 及 SVAN997 型多功能声级计
脉冲噪声	脉冲噪声	2级或以上	C	I/Peak	响应脉冲噪声	脉冲噪声测量仪，符合前述要求的多功能声级计	AWA5661-2 精密脉冲型声级计、AWA6291 型实时信号分析仪、AWA6228 型多功能声级计； SVAN 971、SVAN977 及 SVAN997 型多功能声级计

（一）工作场所常用噪声测量仪器介绍

1. 国产噪声测量仪介绍

国产常用声级计见图4-9。杭州爱华仪器有限公司是我国声学专业仪器最好的生产企业之一，其生产的噪声仪器品种繁多，功能齐全。杭州爱华的典型常规声级计产品有 AWA5636-0 型声级计，积分声级计有 AWA5636-2 型声级计（2级）及 AWA5661-2 型声级计（1级），它们除测量瞬时 A 计权声级外，还能测量等效声级 L_{Aeq}；AWA5661-2 型声级计还能测量峰值 C 声级 $L_{C,peak}$；而 AWA5680 型多功能声级计还具有噪声统计分析功能和 24 h 监测功能。主要性能指标见表4-14。

AWA5636-0　　　　AWA5636-2　　　　AW5661-2　　　　AWA5680

图4-9　国产常用声级计

表4-14　国产声级计的主要性能

配置号	AWA5636-0	AWA5636-2	AWA5680	AWA5661-2
特点	经济型	积分型	积分统计型	精密积分型
执行标准		GB/T 3785.1—2010　2级		GB/T 3785.1—2010　1级
传声器型号		AWA14421		AWA14425
频率计权	A	A、C、Z		A、C、Z
时间计权	F、S		F、S、I	F、S、I、Peak
频率范围		20 Hz～12.5 kHz		10 Hz～20 kHz
测量范围	35～130 dB	30～130 dB	30～130 dB	27～140 dB
显示器	3位半 LCD	128×64 LED 点阵	128×128 LCD 点阵	128×64 LED 点阵
主要测量指标	L_p、L_{max}	L_p、L_{max}、L_{min}、L_{eq}、SEL、E	L_p、L_{max}、L_{min}、L_{eq}、SEL、E、L_N、SD	L_p、L_{Cpeak}、L_{max}、L_{min}、L_{eq}、SEL、E
储存	—	—	2 048 组积分或 1 024 组统计	—
输出接口	AC、DC		AC、DC、RS232	AC、DC、RS232
质量		0.3 kg	0.37 kg	0.3 kg
工作温度	0～40 ℃	-10～50 ℃	-10～50 ℃	-15～50 ℃

　　杭州爱华仪器有限公司研制的 AWA6291 型实时信号分析仪和 AWA6228 型多功能声级计见图4-10，都是1级袖珍式实时信号分析仪器，采用数字信号处理技术，可对噪声信号进行快速测量与分析，可同时测量 A、C、Z 计权声压级和频带声压级，时间计权 F、S、I、Peak C 可并行工作。可测量噪声等效连续声级 L_{eq} 与统计声级 L_N（N 为任意数）。可以同时测量并图示倍频带或 1/3 倍频带声压级。显示器为点阵式 LCD，带

背景光。具有 USB 输出接口，测量结果可送打印机或计算机。AWA6291 型实时信号分析仪还可配置室内混响时间测量、自定义频率计权、自动开机关机，配上加速度计和机器振动测量软件包，可同时测量机器振动的加速度、速度、位移（振幅）和 FFT 分析。AWA6228 型多功能声级计还可选配大容量 SD 卡，内嵌 GPS 定位系统，测量噪声的同时，提供位置信息及测点运动速度；选配 GSM 无线数据传输模块，可通过 SMS（短信）将测量结果发到指定的手机或计算机上。具体参数详见表 4-15。

AWA6291　　AWA6228

图 4-10　实时信号分析仪

表 4-15　实时信号分析仪性能比较

名称性能＼型号	AWA6291 型实时信号分析仪	AWA6228 型多功能声级计
准确度	1 级	
频率范围	10 Hz～20 kHz	
频率计权	A、C、Z	A、C、Z
时间计权	F、S、I、Peak$^+$、Peak$^-$	F、S、I、Peak
滤波器中心频率	倍频程：16 Hz～16 kHz，11 组 1/3 倍频程：10 Hz～20 kHz，34 组	倍频程：16 Hz～16 kHz，11 组 1/3 倍频程：12.5 Hz～16 kHz，32 组
测量范围	25～140 dBA	27～120 dBA（或 140 dBA）
显示器	240×160 点阵式 LCD	128×128 点阵式 LCD
主要测量指标	L_p、L_{Cpeak+}、L_{Cpeak-}、L_{max}、L_{min}、L_{eq}、SEL、E、T_m	L_p、L_{Cpeak}、L_{max}、L_{min}、L_{eq}、SEL、E、T_m
软件包	积分和统计声级测量、倍频程分析、1/3 倍频程分析、混响时间测量、机场噪声测量 FFT 分析、机器振动测量、人体振动测量	积分和统计声级测量、倍频程分析、1/3 倍频程分析、机场噪声测量
储存	12 288 组数据	128 组数据，加 SD 卡扩大到 2 G
输出接口	RS232、USB 及 AC	AC、DC、RS-232C
电源	6×LR6	4×LR6
质量	0.5 kg	0.35 kg
工作温度范围	-10 ℃～+50 ℃	

2. 国外噪声测量仪介绍

波兰 Svantek 公司生产的噪声和振动测量仪在国外运用广泛，其经典声级计产品有 SVAN971、SVAN977 及 SVAN997 型多功能声级计，见图 4-11。波兰 Svantek 公司三种型号声级计均可以按要求配置噪声统计、频谱分析等功能。仪器采用全新用户操作接口，测量更加容易，所有新设计亦使 SVAN 系列声级计在工业卫生噪声测量、短期环境噪声测量、声学顾问、技术工程师分析噪声事件及一般声学噪声测量应用中成为一个比较理想的选择。SVAN 系列声级计模式下测量 SPL、Leq、SEL、Lden、Ltm3、Ltm5、LMax、LMin、LPeak，加上运行 Leq 长达 60 min，每通道同时测量 3 组参数，可设置独立的过滤器及探头常数。其统计分析功能 L_n 可从 $L_1 \sim L_{99}$，在 SLM 噪声计显示模式下以柱状图表达各个统计分析 L_n 数据。计权滤波器与 1/1 和 1/3 倍频程频谱分析均有扩展的频谱范围。仪器提供的时间历史记录容量非常大，能为扩展的频谱范围下测量的结果储存两段可调的记录间隔（长间隔及短间隔），也提供因触发而启动的声音记录功能。数据储存在一张微 SD 记忆卡内，易于通过 USB 或 RS232 接口从计算机下载数据（在 SvanPC++软件下）。可以使用声学校准器为仪器校准。仪器也具备内置自动运算公式功能，当装上声学校准器时会自动启动，并且记录校准历史。仪器拥有坚固的 IP65 防护等级及口袋式机身尺寸，对于工作场所噪声检测来说本系列仪器是一台优良的声学测量设备。SVAN 系列配置 SvanPC++软件，用于数据下载、可视化操作、基本前期设置及导出数据这些常用应用。此外，用户还可另选专业软件（SvanPC++_EM）用于环境噪声监测，该软件支持测量数据管理、高阶数据执行及分析、可视化操作及自动报告。见表 4-16。

SVAN 971　　　SVAN 977　　　SVAN 979

图 4-11　SVAN 常用声级计

表4-16 国外噪声实时信号分析仪不同配置时的主要性能

配置号	SVAN 971	SVAN 977	SVAN 997
执行标准	IEC 61672-1: 2002 1级		
传声器型号	ACO 7052E型, 38mV/Pa, 预极性1/2″电容传声器		GRAS 40AE, 灵敏度50 mV/Pa, 预极化1/2″电容传声器
仪表模式	SPL、Leq、SEL、Lden、Ltm3、Ltm5、Ln（L1-L99）、L_{max}、L_{min}、L_{peak}、柱状图		
分析仪	1/1倍频程分析, 中心频率由31.5 Hz至16 kHz（选项）, 1/3倍频程分析, 由25 Hz~20 kHz（选项）	1/1或1/3倍频程实时分析, FFT实时分析, RPM转速测量, 平行的振动测量（选件）	1/1或1/3倍频程实时分析, 1/6或1/12倍频实时分析（选项）, FFT实时分析, 基于ISO 532B标准和Zwicker模式的响度（选项）, 符合ISO 1996-2标准的纯音检测, 1/3倍频带宽下的混响时间分析, 用户可编程二级带通滤波器（选项）
频率计权	A、C及Z	A、B、C、Z	A、C、Z和B&G（选项）
时间计权	F、S、I		
频率范围	10 Hz~20 kHz	10 Hz~40 kHz	3.15 Hz~20 kHz
测量范围	15 dB (A) RMS~140 dB (A) 峰值		22 dBA RMS~140 dBA Peak
数据记录器	总结结果及频谱的时间历史, 记录间隔可低至1 s, 可选参数的时间历史, 最短记录间隔低至10 μs	可调双（长期和短期）记录步骤的时域信号录制和音频事件记录功能, micro SD卡或USB记忆盘时间历史记录	时间历史方式记录, 记录时间可低至1 ms, 时域信号记录存储和音频事件记录功能, 数据均可存储至微SD卡或者USB记忆棒
自生噪声	<15 dB (A)		<12 dB (A) RMS
显示器	96×96像素OLED	320×240像素OLED	OLED 2.4吋*彩色显示（320×240像素）
输出接口	AC, DC	USB 2.0, 蓝牙（可选）, RS-232、扩展I/O-AC输出或数字输入/输出	USB 1.1, USB 1.1, 蓝牙, RS 232（带SV 55选项）, IrDA（选项）
工作温度	-10℃~50℃		
尺寸	225×56×20（mm³）	305×79×39（mm³）	
质量	约225 g	约0.6 kg	

注: 1吋 = 2.54 cm。

（二）个人声暴露计

国内典型产品是 AWA5910 型个人声暴露计，它是一种采用数字信号处理技术的双通道声学测量仪器。两个通道可以同时测量指数平均声压级、等效声级、统计声级、声暴露级等多项指标，还可在测量的过程中同时记录声压级随时间的变化及录制声音文件。它的体积仅为一只烟盒大小，可挂在头盔或置于肩上进行测量，可以直接显示声暴露量以及瞬时声级、等效声级、暴露时间以及归一化 8 h 平均声级，测试结果储存在机内再送微机进行分析处理。该仪器还取得防爆和煤安认证。

国外典型产品是波兰 Svantek 公司的 SV104 型个体噪声剂量计，它是一部针对职业健康及安全的噪声监测仪，提供语音记录及音频事件记录功能。测量数据储存在特大容量的 8 GB 内存中，仪器具有 OLED 显示屏以满足文字及图表格式两者的显示，在全日光环境下拥有很好的可见度。该个体噪声剂量计配置 1/2″ MEMS 麦克风，能够使用一般常用的声学校准器进行校准。内置的 TEDS（Transducer Electronic Data Sheet，传感器电子数据表）信息仪器可实现自动校准功能。SV104 型是一部无线噪声剂量计，使用特制的夹子将剂量计固定于使用者的肩膀上。仪器能够兼容 Svantek 专家的健康及安全软件包"Supervisor"，也兼容全面分析软件包"SVAN PC ++"。SV104 型使用可充电电池或 USB 接口充电，使用 USB 电线能够容易地与计算机连接。（图 4 – 12、图 4 – 13、表 4 – 17）

图 4 – 12　AWA5910 型个人声暴露计及其佩戴

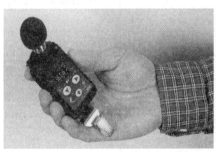 

图 4 – 13　SV104 型个人声暴露计及其佩戴

表4-17 个人声暴露计的主要性能

性能指标	AWA 5910 型	SV104 型
执行标准	GB/T 15952—2010，IEC 61252	IEC 61252，ANSI S1.25—1991
传声器	预极化1/4″自由场型测试电容传声器	1/2″2级传声器，具备自校准用的TEDS功能
测量范围	声压级测量范围：60～143 dB（A），峰值C声级测量范围：80～143 dB，声暴露测量范围：0.01 $Pa^2 \cdot h$ 到99.99 $Pa^2 \cdot h$，噪声剂量测量范围：0%～99.99%	60dB（A）RMS～140.1dB（A）峰值
频率范围	20 Hz～12.5 kHz	20 Hz～0 kHz
频率计权	每通道A、C、Z分别可选	A、C及Z
时间计权	每通道并行F、S、I、Peak	S、F、I
滤波器	1/1和1/3倍频程实时分析（选配）	1/1倍频程实时分析，9个滤波器中心频率从31.5 Hz到8 kHz范围（选配）
测量指标	L_p、$L_{eq,T}$、L_{max}、L_{min}、L_N、SEL、$L_{Ex,8h}$、L_{AVG}、TWA、DOSE、SD、L_{peak}	L_{eq}、SPL、Max、Min、SEL、SEL8、PSEL、LEPd、Dose（%）、TWA、E、Peak、Run Time、Upper Limit、Time（ULT）、L（C-A）、Projected Dose（D_8h）
显示器	128×64像素主动发光液晶显示	OLED 128×64像素
交换率	3、4、5、6可选	2、3、4、5、6
门限值	40～90 dB可选	
数据存储	2 GB Flash RAM，最多8 000组	8 GB
录音	最长录音时间：8 h，16 h，64 h	音频事件记录，触发及连续模式（选配）
输出接口	Mini USB接口	USB 2.0
外形尺寸和质量	65×55×18（mm^3），85 g	88×49.5×19.2（mm^3），100 g
电源	内置可充电锂电池，可连续使用12 h以上	Ni-MH可充电电池：工作时间>40 h
环境条件	温度：-10～50℃，湿度：90%RH	温度：-10～50℃，湿度：90%RH
安全认证	防爆和煤安认证	防爆认证

（三）声校准器

声级计等噪声测量仪器应每年送计量部门进行检定，以保证仪器的准确性。日常使用中，在测量开始前和测量结束后，都要使用声校准器对仪器进行声校准。声校准器是一种能在一个或几个频率点上产生一个或多个恒定声压的声源，用来校准测试传声器、声级计及其他声学测量仪器的绝对声压灵敏度。作为一种校准器，其准确度和稳定度都比一般仪器有更高的要求。为了能满足声学测量的校准要求，GB/T 15173—2010 和 IEC 60942—2003《声校准器》标准，对声校准器作了严格规定，将其准确度等级分为 LS 级、1 级、2 级，LS 级声校准器一般只在实验室中使用，而 1 级和 2 级声校准器为现场检测使用。

为了保证校准测量精度，按照声级计国家标准 GB/T 3785.1 规定，1 级声级计要用 1 级或 LS 级声校准器进行校准，2 级声级计要用 2 级及以上声校准器进行校准。

按照工作原理，声校准器主要有以下三种类型：

（1）活塞发声器。它是一种由电动机转动带动活塞在空腔内往复移动，从而改变空腔的压力，产生了声音。由于活塞的表面积、活塞行程和空腔容积（活塞在中间位置时）都保持不变，因此它产生的声压也非常稳定，通常能满足 1 级声校准器的要求，甚至可作为 LS 级声校准器。活塞发声器的缺点是随大气压的变化产生的声压级也会发生变化，这就需要对大气压的变化进行修正，才能达到规定等级要求。另外，它的工作频率不能做得很高，通常是 250 Hz，如果被校准仪器只有 A 频率计权，用它来校准就会有较大误差。

（2）带补偿的声级校准器。这种声校准器如 AWA6221B 型声级校准器（图 4 - 14），由电路产生频率为 1 000 Hz 的电信号，经放大后驱动一只小型扬声器（压电陶瓷型或动圈型）发声。考虑到扬声器声压会随温度而变化，因此加入温度补偿，使声压保持不变。这种声校准器一般只能达到 2 级声校准器的要求，而且它受大气压的影响与活塞发声器类似，也需要进行修正。国产 AWA6223F/S 型和波兰 Svantek 公司生产的 SV30A 和 SV31 型两个校准器同时具有静压力和温度补偿，保证了校准声级的稳定性，适用于 1/2″和 1/4″电容传声器校准。见图 4 - 15。

（3）带声负反馈的声级校准器。这种声校准器如 AWA6221A 型声级校准器，由电路产生频率为 1 000 Hz 的电信号，经可控增益放大器放大后驱动一只小型扬声器发声，该声压被参考传声器接收，并反馈到放大器，控制加到扬声器上的电压，使其产生的声压恒定。由于参考传声器具有较高的稳定性，因此这类声校准器具有较好的稳定性，可以达到 1 级声校准器的要求。同时由于参考传声器的灵敏度不随大气压变化而变化，因此该声校准器产生的声压级不需要对大气压的变化进行修正，这是它的最大优点。该类校准器除产生 94 dB 声压外，还可以产生 114 dB（或 104 dB）声压级，有的还可以做成多个频率（如 B/K 公司 4226 型多用途声校准器）。国产和进口声校准器主要技术参数见表 4 - 18。

图 4-14　国产声校准器　　　　图 4-15　波兰 Svantek 公司声校准器

表 4-18　国产和进口声校准器主要技术参数

型号	AWA6221A	AWA 6221B	AWA6223F	AWA6223S	SV30A
声压级（SPL）	114 dB 和 94 dB	94 dB	94 dB	174 dB、84 dB、94 dB、104 dB	114 dB 和 94 dB
频率	1 kHz	1 kHz	1 100、500、250、125（Hz）	1kHz	1kHz
精度	1 级	2 级	1 级		1 级
SPL 精度	± 0.3 dB	± 0.5 dB	± 0.3 dB		± 0.3 dB
频率精度	± 1 %	± 2 %	± 1 %		± 0.2 %
总谐波失真（THD）	≤ 1 %	≤ 1.5 %	≤ 1 %		94 dB ≤ 0.25% 114 dB ≤ 0.75%
补偿	内置传声器负反馈	内置温度补偿	内置温度和静压力补偿		内置温度和静压力补偿
校准传声器尺寸	1"、1/2" 和 1/4"	1" 和 1/2"	1"、1/2" 和 1/4"		1/2" 和 1/4"
质量	0.45 kg	0.3 kg	0.24 kg		0.31 kg
外形尺寸	Φ 52 × 116（mm²）	Φ 40 × 100（mm²）	155 × 50 × 40（mm³）		65 × 65 × 70（mm³）

第五章 工作场所噪声检测的质量控制

质量控制是指为达到质量要求所采取的作业技术和活动。这就是说，质量控制是通过监视质量形成过程，消除质量环节上所有阶段引起不合格或不满意效果的因素，以达到质量要求，获取相应效益而采用的各种质量作业技术和活动。ISO/IEC 17025《检测和校准实验室能力的通用要求》规定，实验室应有质量控制程序以监控检测和校准的有效性。工作场所噪声检测是职业卫生检测重要的一部分，应对其进行严格的质量控制以确保检测结果科学准确。工作场所噪声检测易受人员、仪器、环境等因素的影响，如检测人员专业技能不足、检测仪器不准确、检测方法不科学、环境风速大、湿度高以及受检者依从性差等，将导致噪声检测结果不准确，从而无法客观反映现场噪声暴露水平。因此，在噪声检测中贯穿质量控制是必须和重要的。工作场所噪声检测质量控制主要从实验室管理、人员、仪器、检测过程和环境条件等方面进行。

一、实验室管理

实验室应将噪声检测与评价纳入到该实验室的质量管理体系中，并保持其持续改进有效性，实现管理体系的文件化，以确保噪声检测结果达到质量要求。管理体系由四个层次的文件组成，即质量管理手册、程序文件、作业指导书、质量记录。质量管理手册是各实验室中心的纲领性文件，描述该中心的管理体系、组织机构，明确该中心的质量方针、目标、支持程序以及在管理体系中各职能部门、业务部门的责任和相互关系。程序文件是质量管理手册的支持性文件，是质量管理手册中相关要素的展开和明细表达，具有较强的操作性，同时，程序文件也是质量管理部门将质量管理手册的全部要素展开成具体的质量活动，由技术负责人分配落实到各职能部门的操作程序。作业指导书是管理体系文件的第三个层次文件，是程序文件的支持性文件和细化，是实验室人员从事具体工作的指导文件，如《工作场所噪声细则》、《噪声仪器操作规程》等。质量记录或技术记录统称记录，是质量体系文件的第四层文件，用于为可追溯性提供文件和提供验证、预防措施、纠正措施的证据。质量记录如质量体系质量活动记录、内部审核记录、人员培训教育记录等。技术记录如质量工作场所噪声检测原始记录表、仪器使用与维护记录、校准记录等。检测人员应严格遵守上述规定，对其工作质量负责。

二、人员要求

人员是保证检测结果准确的主要因素。工作场所噪声检测人员应具备相关专业知识,并通过相应的技术培训,能够熟练掌握本岗位技术,且满足职业卫生技术服务机构检测人员的任职条件,持证上岗。噪声检测人员还应如实填写检测原始记录和数据处理记录,确保检测数据的真实、可靠、可溯源。

三、仪器管理

(一) 噪声检测仪器的检定

噪声检测仪器应满足实验室检测需求,并经过计量部门检定,精度和量程在合适的范围内。根据《中华人民共和国强制检定的工作计量器具检定管理办法》和《中华人民共和国强制检定的工作计量器具目录》的规定,噪声检测仪器属于国家强制检定的仪器与设备,应依法送检,并在检定合格有效期内使用,否则不能使用。GBZ/T 189.8—2007《工作场所物理因素测量 第8部分:噪声》规定:声级计需2型或以上,具有A计权,"S(慢)"挡,积分声级计或个人噪声剂量计需2型或以上,因此声级计或噪声剂量计检定证书上结论为1级或2级合格方可使用,3级合格则不能使用于工作场所噪声检测。同时,每年应对仪器与设备检定及校准情况进行核查,未按规定检定的仪器与设备不得使用。

(二) 噪声检测仪器的期间核查和维护

为确保检测结果的准确性和有效性,保证噪声测量仪器及声校准器的正常运行使用,需制订噪声测量仪器及声校准器的期间核查计划,每年在2次检定期间按计划进行期间核查。期间核查(intermediate checks)是指为保持对设备校准状态的可信度,在两次检定之间进行的核查,包括设备的期间核查和参考声校准器的期间核查。这种核查应按规定的程序进行。通过期间核查可以了解仪器运行是否正常,从而保证检测结果的准确可靠。噪声测量仪器中声级计和个人声暴露计采用标准源核查的方式,声校准器采用仪器比对的方式。

进行期间核查时,首先用检定合格的声校准器对声级计和个人声暴露计进行校准。选择声校准器时,需考虑其与声级计和个人声暴露计传声器尺寸和校准值相匹配,如某声级计传声器尺寸为1/2英寸,校准值为94.0 dB,则需配备1/2英寸孔径,1 000 Hz、94.0 dB 纯音校准值的声校准器。校准后查看被核查仪器显示的读数是否为标准值;如是,则完成该仪器的期间核查;如不是,需再次进行校准,直到读数为标准值为止。如一直无法校准到标准值,需考虑是否为声校准器不稳定或被核查仪器有故障。

声校准器的期间核查采用仪器比对的方式,包括两种方法:传递比较法和比对法。传递比较法是指以1个一级合格的声校准器为基准,核查其他相同孔径、相同校准值的二级合格的声校准器是否正常。先用基准声校准器校准相应孔径和校准值的声级计,再用被核查的二级合格的声校准器套住该声级计,读取声级计显示的读数,重复3次,取平均值。以 $|y_{lab} - y_{ref}| \leq \sqrt{U_{lab}^2 + U_{ref}^2}$ 为满意,其中 y_{lab} 为被核查的声校准器的结果,y_{ref} 为基准声校准器的校准值,U_{lab} 和 U_{ref} 分别为被核查声校准器和基准声校准器计量检定

时的扩展不确定度。比对法是指以 2 个或 2 个以上相同级别、相同孔径、相同校准值的声校准器进行比对。用被核查的声校准器套住经校准的声级计，读取声级计显示的读数，重复 3 次，取平均值。以 $|y_i - \bar{y}| \leq \sqrt{\frac{n-1}{n}} U$ 为满意，其中 y_i 为被核查声校准器 i 的结果，$\bar{y}$ 为各声校准器结果的平均值，U 为该类声校准器计量检定时的扩展不确定度。

另外，应制定噪声检测仪器相应的管理程序和操作规程，进行定期维护保养，保证仪器处于完好状态，使用时做好记录，并由专人负责日常管理。

（三）质控检查

实验室应设置专职或兼职质量监督员，质量监督员应熟悉噪声检测方法、操作程序、目的和结果评价工作。质量监督员应负责噪声检测工作的质量监督，对检测过程的各个环节实施有效监督，填写监督记录并定时将其提交质量控制科，同时应监督检查检测人员是否正确使用、维护和保养在用的噪声检测仪器，如每季度抽查噪声检测仪器的使用记录，检查仪器运行状况是否正常，检查仪器使用是否规范；同时，每年检查仪器核查执行情况，确认仪器核查使用的标准声源有效。质量监督员还应监督检测人员在检测过程中是否使用正确的检测方法和正确填写原始记录，如定期抽查噪声检测原始记录、核查原始记录的计算和数据处理等。

实验室应设置专职或兼职的内审员，其应熟练掌握噪声检测有关专业知识及内部审核技能，并接受质量负责人的委派，实施管理体系的内部审核工作。其工作内容包括：①负责编制"内部审核检查表"；②负责寻找、发现不符合项及潜在不符合项，编制及提交不符合项或潜在不符合项报告单；③负责对纠正措施和预防措施进行审核，以及跟踪验证纠正措施、预防措施的落实情况。

四、检测过程中的质量控制

检测过程中的质量控制是一个很重要的部分。广义上是指整个检测流程的质量控制，包括工作场所噪声危害的职业卫生调查、检测方案的拟订、检测方案的审核和确认、合同书的签订、检测时间的确定、检测负责人的现场检测、检测原始数据和图标等原始资料的交接，以及报告的编制、审核和发放等，每一环节都必须得到有效的质量控制。狭义上是指现场检测过程的质量控制，包括职业卫生学调查和现场噪声检测，如现场检测要确定好检测负责人，厂方需安排相关人员全程陪同，检测人员应对现场作业情况（噪声设备、防护设施和个人防护情况）进行调查并详细记录，注意检测条件是否合适，以及检测完成后需让厂方陪同人员进行签字确认等。

五、检测条件

在工作场所噪声检测中,测量会受到环境条件(湿度、温度、风速、电磁场)、声级计以及受检者依从性(见本章节六)等检测条件因素的影响。因此,在噪声检测时,应充分考虑检测条件各因素的影响,进行良好的质量控制,才能较好地保证数据准确。

1. 湿度

长期暴露在高湿或非常干燥的环境中,噪声测量仪器的传声器会受到影响。如电容式传声器在高湿条件下可能会出现严重电漏,妨碍正常工作。罗谢尔盐制作的陶瓷式传声器长期地暴露在十分干燥的环境中,可能会发生干裂损坏。因此,我们使用仪器时,以注意仪器说明书标注的湿度使用规定,在要求范围内进行测量。在特殊测量环境中,应对传声器做特别处理,如绝缘等,保证仪器正常工作。

2. 温度

不同的传声器对温度都有相应的标准要求,陶瓷传声器的标准使用温度是 $-40 \sim 65\ ℃$,电容式传声器的操作温度是 $-30 \sim 65\ ℃$,驻极体电容式传声器的操作温度是 $-25 \sim 55\ ℃$。工作场所噪声测量一般在正常室温中进行,目前常用的噪声测量仪器基本能满足要求,但是在极端温度条件下,应注意该测量仪器的要求,同时传声器的灵敏度随温度而改变,应根据相关校正参数对结果进行修正。对于电容式传声器来说,其温度修正可以忽略。

3. 风速

当风吹到传声器上时,传声器膜片上压力会发生变化进而引起风噪声,当风速较大时会影响测量结果。风罩是一种用多孔泡沫塑料或尼龙细网做成的球,可用来降低风噪声的影响。将风罩套在电容式传声器头上可以大大衰减风噪声,对被测声无衰减,从而提高了在风环境下测量的准确性。工作场所风速超过 3 m/s 时传声器应戴风罩,但当风速大于 5 m/s 时一般不应进行测量。

4. 电磁场

测量大功率电力设备噪声时,强电磁场可能会在声级计中引起干扰,从而影响测量的准确性。此时可以调整声级计方向(不改变传声器位置),同时留意声级计读数是否有明显变化。当磁场干扰较大时,应选择抗电磁干扰的声级计,并调整声级计的方位或在离磁场更远处进行测量。

5. 声级计外形及测试者

对于便携式声级计,测量结果会受到声级计外形的影响。声级计的体积越大,影响越大;频率越高,影响也越大,一般在 500 Hz 频率以下,影响可以忽略。同时测量人与传声器太近时,测量结果也会发生偏差,如测量高于 100 Hz 的噪声源时造成 1 dB 或更大的误差。在现场进行噪声测量时,仪器应固定在三脚架上,置于测点;若现场不适于放置三脚架,可手持声级计,但应保持测试者与传声器的间距 >0.5 m。

六、受检者依从性对个体噪声暴露检测时的影响

在进行个人声暴露检测时,受检者依从性是一个非常重要的影响因素。如果受检者在检测过程中出现不按要求佩戴或违规操作仪器,都将导致检测结果不准确,从而影响噪声危害的识别和判定,最终可能会误导企业采取不恰当的防控措施,危害工人健康和企业利益。受检者的依从性差主要表现在:受检者在某段时间将仪器悬挂于某高强度噪声源旁、有意对着话筒喊叫、佩戴过程中随意取下人声暴露计、随意改变话筒位置、随意操作仪器、换人佩戴及其他非规范行为等。有学者在对受检者依从性对个人声暴露检测的影响研究中发现,一般的质量控制组,个人声暴露检测数据非规范行为的发生率为26.7%,11.7%的检测结果高于真实值7.6~12.6 dB,而系统控制组的非规范行为发生率为6.7%,远远低于一般的质量控制组。由此可见,在进行个人声暴露检测时,进行系统质量控制尤其重要。个体噪声检测的质量控制常用方法如下:

(1)填写个人声暴露现场调查原始记录表。工人填写个人声暴露现场调查原始记录表,详细记录工人的作业情况,以便数据的后期分析和处理。记录表内容包括个人声暴露检测说明、一般情况及作业现况写实三部分。个人声暴露检测说明包括检测目的、方法、无危害性说明、注意事项、不弄虚作假承诺以及检测人员的联系方式等内容。一般情况包括受检者单位、岗位、检测仪器、检测依据、环境条件、样品编号、检测日期等内容。作业现况写实包括作业方式、作业内容、主要噪声源及噪声暴露情况写实(以巡检工人为例,包括巡检的始末时间以及巡检内容)、监督检查中仪器佩戴情况及仪器运行状况、个人防护状况等内容。

(2)检测前培训。在佩戴个人声暴露计前,对受检工人进行简短培训,能增强工人对本次检测任务的认识,提高受检者的依从性。培训内容包括检测人员自我介绍,本次个人声暴露检测的目的、内容和方法,仪器简介、佩戴方法、佩戴注意事项及检测无危害性,配合的必要性和重要性,被检数据可再现,无效数据的后果,以及调查表的内容和填写方法等。待受检者确认明白相关内容后签名确认并向其发放个体噪声暴露现场调查原始记录表。培训、调查表发放时间用时5~10 min,在上班作业前10 min左右完成。

(3)正确佩戴个体噪声剂量仪及检测过程中的监督。首先,个体噪声仪佩戴的方法非常重要,假如方法不对则可能影响结果,如探头未置于耳部听力带,将无法反映工人的真实水平;探头向下,未能指向噪声源;探头佩戴的位置不佳,容易与衣服发生摩擦,致使结果增大;等等。其次,在个体噪声暴露检测过程中,检测人员应对作业工人的作业现场进行噪声检测,如巡检工人巡检点的噪声、非巡检工人的不同作业状态的噪声,以及非正常状态下的噪声等,以方便对个体噪声数据的处理和分析,确保数据的准确。最后,为防止作业工人的不规范佩戴行为的发生,如将仪器悬挂于某高强度噪声源旁、有意对着话筒喊叫、佩戴过程中随意取下个体噪声剂量仪等,检测人员应进行两次以上的抽查活动,以及时发现问题和纠正错误。回收个体噪声剂量仪时确定仪器运行良好,记录表填写完整,并通过访谈的方式补充需调查内容。

(4)检测结果比对分析。个体噪声检测结束后,应用相应软件对检测结果进行分

析,并与调查表现场写实部分进行对比,确保每分钟噪声值及其曲线变化规律与作业现况写实中的不同噪声接触时间及工作地点的噪声值相符(图5-1)。如出现不相符曲线或异常值(图5-2、图5-3),应与受检人员及相关专业人员共同讨论分析,明确其原因,然后进行相应的数据处理或重新测量。

图5-1是某检测行为规范的巡检作业工人个体噪声时变图,测量数据是可信的。图5-2中有一时间段的L_{Aeq}高达110 dB(A),应结合该工人的个人写实表和现场噪声强度等资料进行分析,假如确认是异常点,应将该点数据删除后再计算测量结果(计算方法可参考第四章相关内容)。从图5-3可以看出噪声时变图有一时间段是完全平行的,表明该工人在工作过程中将佩戴的个体噪声仪放置于高噪声设备旁,对此应对工人重新测量。

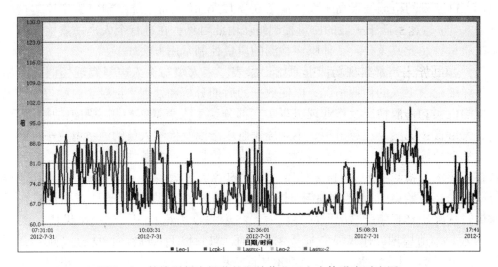

图5-1 某检测行为规范的巡检作业工人个体噪声时变图

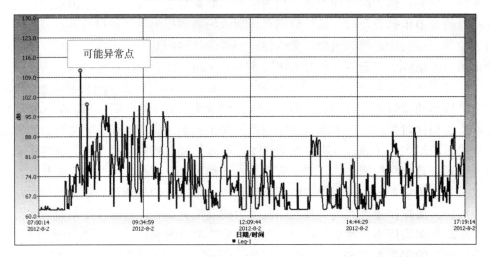

图5-2 某检测行为规范的巡检作业工人个体噪声时变图(有个异常点)

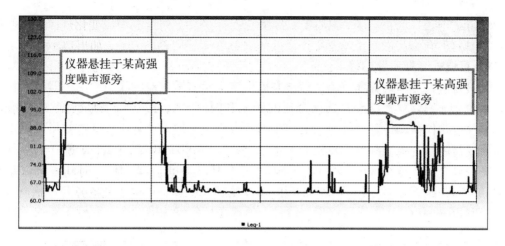

图 5-3 某巡检作业工人外置仪器于高噪声设备个体噪声时变图

七、原始记录和检测报告审核

原始记录和检测报告应执行三级审核制度。第一级：项目负责人对现场出具的原始资料进行审核；第二级：质量负责人对检测过程的整个质量进行审核；第三级：技术负责人对整个检测报告进行技术审核。具体来说，原始记录和检测报告应符合质量管理手册规定的要求。检测报告中评价采用依据要合理，对测量结果评价要准确，建议的措施要得当。如：原始记录应记录企业的基本情况、现场的作业情况（生产负荷程度、工人工作时间和个体防护情况）、检测仪器设备型号和校准情况、测量结果值（测量时间，均值；$L_{EX,8h/LEX}$ 等）；记录应规范，厂方需签字确认等。检测报告最好能包括检测背景、检测目的、检测依据、现场调查、检测条件/职业卫生防护情况、检测结果和评价、建议等部分；详细分析噪音源及其特征、职业防护设施和工人的防护情况；根据检测结果对职业卫生管理提出要求，对超标点提出整改建议等。

八、实验室间比对

噪声检测的质量控制可采取室间比对或仪器比对等方式实施，每年应至少进行一次。实验室间比对是按照预先规定的条件，由两个或多个实验室对相同或类似的测试样品进行检测的组织、实施和评价，从而确定实验室能力、识别实验室存在的问题与实验室间的差异，是判断和检验实验室能力的有效手段之一。进行实验室比对能发现各实验室能力和实验室水平差异，即为实验室设备差异和实验室人员技术差异，从而及时采取纠正措施，保障检测数据的真实性。目前，实验室间比对常在化学性职业病危害因素检测中进行，多采用盲样考核，但在噪声等物理性职业病危害因素检测中进行则较少，那么噪声检测的实验室间比对该如何进行呢？编者认为可以从仪器比对、测量方法比对和报告评比三个方面进行。

(一) 仪器比对

1. 可调式基准声源测量

组织方提供可调式基准声源，参比方提供该实验室需比对的噪声检测仪器及其相应参数、检定证书，对其校准和选择合适的频率和时间计权方式后，测量可调式基准声源，每台检测仪器测量3个数值，记录在测量表格中，同时计算平均值。如用可调式的音频信号发声器，发射两种信号模式：①发声器在 94 dB，10 个不同的频率（倍频程中心频率：31.5 Hz、63 Hz、125 Hz、250 Hz、500 Hz、1 kHz、2 kHz、4 kHz、6.3 kHz、8 kHz）下发射信号；②发声器在 1 kHz，5 种强度（82.0 dB、88.0 dB、94.0 dB、100.0 dB、106.0 dB）下发射信号。信号1模式考核仪器的准确性，信号2模式考核仪器的级线性。

2. 现场测量

组织方提供模拟的工作场所并绘制平面图（图5-4），房间中央放置扩音器作为噪声源，在各参比实验室测量期间不断播放稳态的音频，模拟的工作场所背景噪声控制在 60 dB(A) 以下。组织方在扩音器正前方 1 m 处和 3 m 处设置噪声测量点 A、B，高度约为 1.5 m。各参比单位将其待比对的噪声测量仪校准和选择合适的采样速率和时间计权方式后依次进入模拟工作场所，将其待比对的噪声测量仪放置于脚架上，探头指向扩音器，测量噪声，读取3个数值，计算平均值，记录在测量表格中。

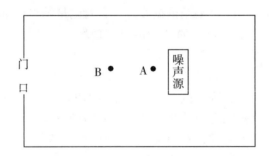

图 5-4　现场测量模拟工作场所

3. 对测量结果的统计和评价

（1）对可调式基准声源测量结果的统计分析。需计算测量值（X）、中位数（M）、标准四分位间距（IQR）、稳健的变异系数（CV）、最小值、最大值和极差7个综合的统计量，然后根据统计量计算 Z 比分数。

计算说明：标准化 IQR 是一个结果变异性的量度，标准化 $IQR = IQR \times 0.7413$，稳健 $CV = \dfrac{IQR}{M} \times 100\%$，$Z = \dfrac{X - M}{标准化 IQR}$。

如：某参比方检测的噪声值为 90.0 dB，实验室间比对的噪声中位数为 88.8 dB，标准 IQR 为 0.523，则 $Z = (90.0 - 88.8)/0.523 = 0.38$。

（2）对现场测量结果的统计分析。根据现场测量结果，依据式（5-1）、式（5-2）计算标准化和（S）、标准化差（D），再依据式（5-3）、式（5-4）计算实验室间

Z 比分数（ZB）和实验室内 Z 比分数（ZW）。ZB 和 ZW 分别是评估现场测量时仪器的准确度和精确度的参数，准确度衡量仪器间测量数据的差异，精确度衡量仪器内测量数据的差异。

$$S = \frac{(A+B)}{\sqrt{2}} \qquad 式（5-1）$$

$$D = \frac{(A-B)}{\sqrt{2}} \qquad 式（5-2）$$

式中：A——定点 A 处（1 m）的噪声值；
B——定点 B 处（3 m）的噪声值。

$$ZB = \frac{S - 中位数（S）}{标准化\ IQR（S）} \qquad 式（5-3）$$

$$ZW = \frac{D - 中位数（D）}{标准化\ IQR（D）} \qquad 式（5-4）$$

（3）对测量结果的评价。仪器准确度评定参考 CNAS-GL02《能力验证结果的统计处理和能力评价指南》，采取 Z 比分评价方法，将 Z 比分数划分为"满意结果"、"有问题"和"不满意或离群的结果"三个等级。$|Z|<2$ 为满意结果；$2<|Z|<3$ 为有问题结果；$|Z|\geq 3$ 为不满意或离群的结果。

仪器级线性评价采取允差进行评价，当差值不在 ±1.4 dB 的允差范围内，为不合格结果。如差值在 ±1.4 dB 的允差范围内，认为结果满意。

（二）测量方法比对

组织方提供模拟的工作场所并绘制平面图，例如，模拟工作场所设一个控制室和 3 个工作区域（图 5-5），并在地面上贴上标示（如设备和生产线），模拟工作场所中央放置扩音器作为噪声源，在各参比实验室测量期间不断播放声音，房间背景噪声控制在 60 dB(A) 以下。组织方提供模拟工作场所设备布局和劳动定员情况给参比单位。各参比单位将其待比对的噪声测量仪校准和选择合适的采样速率和时间计权方式后依次进入模拟工作场所，自行选点测量噪声，将测量结果记录在测量表格中，同时将其测量点绘制在平面图上。

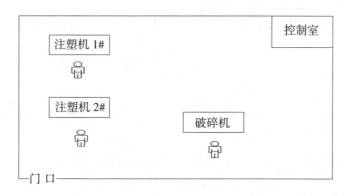

图 5-5 测量方法比对模拟工作场所

比对可以考虑采用专家打分的方式进行，具体可以从仪器使用（仪器选择得当且计权方式正确、采样速率选择准确、测量前进行校准）、检测技能（布点合理，测量高度、距离、声级计握持或放置方式合理）、原始记录填写（记录规范、完整）、测量结果准确度（参考 Z 比分数比较）四个方面进行考量，具体可参考表 5–1。

图 5–5 说明：该模拟工作场所如图所示，分为控制室和生产区域，生产区域中有 2 台注塑机和 1 台破碎机共 3 台生产设备，每台设备分别由一个工人操作，均为固定岗位，工作时间为 8 h/d × 5 d/w。

表 5–1 检测方法比对评分细则

要求		评分要点
仪器使用		计权方式选择是否正确
		采样速率选择是否准确
		测量前是否进行校准
检测方法		测量高度是否正确
		测量距离是否正确
		声级计握持及指对方向是否正确
		布点是否合理
原始记录	完整性	整体格式（生效日期、表格号）
		受检单位名称
		检测依据
		检测仪器（资产编号 + 仪器型号）
		校准相关
		联系方式
		样品编号
		气象条件
		检测日期
		测点序号/样号
		具体测点
		是否区分瞬时/等效及相关内容
		$L_{Aeq,T}$
		接触时间
		$L_{EX,8h}/L_{EX,w}$
		生产情况、劳动强度、防护情况等
		计算公式
		检测人
		受检实验室陪同人
	规范性	记录规范（信息填写是否完整，无空白；检测人员和陪同人员等有无签名；修改处是否不超过 3 处且有签名）

续表 5-1

要　　　求	评 分 要 点
检 测 结 果	全部检测点的 $|Z|$ 是否 ≤2
结 果 评 价	优秀、良好、合格、不合格

（三）方案和报告评比

参比方根据上述测量方法比对模拟工作场所的一般情况、工艺流程图、噪声工作场所布局图和劳动定员表等资料，编制检测方案，并在附图中标识检测点，方案中应简要说明各监测点设置的依据、理由或作用等。检测结束后，编写检测评价报告。方案和报告的评比可以采用专家打分的方式进行，主要的考量内容可以参考噪声检测与评价的相关标准和规范。

九、测量误差及其分类

一般说来，任何测量都会有误差，即使使用最精密的仪器测量，其结果也不一定就是真值，而只能是近似值。在同一条件下，使用相同的仪表进行多次重复测量，其结果也不完全一样。因此，实际测量值是一些随机量，它与真值之间存在误差。但是，我们可以在噪声测量中做好质量控制，尽可能降低误差，使测量结果更接近于真值。

工作场所噪声检测测量的误差取决于测量方法以及所用的测量仪器、测量时的环境、从事测量的人以及所应用的计算公式的准确程度。根据产生误差的来源，可以将测量误差分为仪器误差、人员误差和外界误差。根据误差产生规律的特点，可以把测量误差分为系统误差、随机误差和差错。在分析测量误差时，系统误差和随机误差使用完全不同的方法来处理，系统误差是可以识别并加以校准的。单个随机误差则辨认不出来，但可以通过多次重复测量使随机误差的大小降低，当然不能完全消除。

1. **系统误差**

系统误差是测量过程中未发觉或未确认的因素所引起的误差。噪声测量时的系统误差有：仪器指示不够准确，测量方法有错误，计算公式有误和外部干扰等。归纳起来即仪器误差、人员误差和外界误差。对此，可以通过对进行仪器检定、做好期间核查和日常维护等方式等提高仪器的准确度，降低仪器误差。通过技术人员的培训和监督，提高技术人员的专业水平，避免测量方法不正确、不良行为的发生，降低人员误差。通过避免在外界环境强干扰的条件下（温度、湿度、气压、外界电磁场干扰等）进行测量，以降低外界误差。此外，测量环境中其他因素也会引起系统误差，如传声器振动灵敏度、风噪声、电缆噪声等。消除这种偏差的最好方法是了解测量环境中传声器的性能。

2. **随机误差**

由于大量随机因素干扰而产生的误差称为随机误差。估计随机误差有两种方法，一种是利用数据来源，由每一步骤的误差累积成总的误差；另一种是用测量数据本身分布特性，在假定随机误差满足正态分布的条件下，根据多次等精度测量数值求出平均值和

标准误差来表示真值和数据分散的程度，估计平均值与真值的差别。降低噪声测量时的随机误差，可以通过上述两种估计方法对结果进行分析和处理。

3. **差错**

差错是一种与事实不符合的误差。它主要是由于测量人员操作不规范、粗心大意等引起的，如记错数据、读错数值、计算错误等。这类误差没有规律性，可通过细心操作来避免。

第六章 噪声危害的防控措施

第一节 噪声控制工作程序

在实际工程中,噪声控制工作贯串于设计、安装和设备运行后。

(一)设备安装前噪声危害的前期预防

在设计阶段,设备购入和安装前,要求制造商提供设备的噪声测试结果,优先考虑低噪声的同类型设备。对于某些噪声强度较大的设备,应要求厂家提供配套的降噪设备,如消声器、隔声罩。

(二)设备安装时的降噪措施

设备安装时应考虑相应的减振措施,并尽量将噪声源设备集中布置,减少噪声危害影响范围。

(三)设备安装后的降噪措施

设备安装运行后,发现原有降噪设施仍不能满足降噪要求时,可根据现场噪声情况制订噪声控制方案,方案通常要求符合科学性、控制技术的先进性和经济性原则。此阶段的噪声控制工作流程见图6-1。

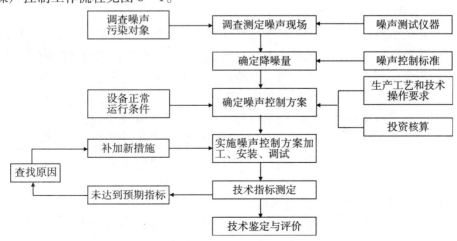

图6-1 工作场所噪声控制工作流程

1. 调查噪声现场

噪声现场调查的重点是了解现场的主要噪声源及其产生的原因，同时弄清噪声传播的途径，以供在研究确定噪声控制措施时，结合现场具体情况进行考虑，或者加以利用。噪声源按发声机理分为机械性噪声、空气动力性噪声和电磁性噪声。不同发声机理噪声的降噪方法也不同，见表6-1。往往需要对设备运行产生的噪声进行频谱分析。根据需要结合噪声预测软件绘制出噪声分布图。

表6-1 不同发声机理噪声源的特性和治理方法

噪声分类	发声机理	特 性	治理方法
机械性噪声	机械设备运转时，不同部件间摩擦力、撞击力或非平衡力，使部件和壳体产生振动而辐射噪声	与激发力特性、物体表面振动速度、边界条件、固有振动模式有关	①提高制造精度；②改善机器传动系统，减少部件间的撞击、摩擦；③校准偏心度、调好平衡；④提高机壳阻尼
空气动力性噪声	气体流动过程中的相互作用或气流和固体介质之间的相互作用	与气流压力、流速有关	①降低流速；②适当增加导流片，减少气流出口处的速度梯度；③调解风扇叶片的角度、形状；④改进管道连接处的密封性
电磁性噪声	电磁场交替变化而引起的机械部件或空间容积振动而产生	与交变电磁场特性、被迫振动部件、空间的大小、容积有关	①改进电机结构设计；②可选用隔声罩

2. 确定降噪量

把调查噪声现场的资料数据与各种噪声标准进行比较，确定所需降低噪声的数值。

3. 确定并实施噪声控制方案

噪声控制的措施包括：卫生工程措施、管理控制措施、个体防护。卫生工程措施是控制噪声危害的首选措施，从长远来考虑，也是减少噪声危害的最有效措施。

对于噪声强度超过85 dB(A)的工作地点，优先考虑采取卫生工程措施，主要是对噪声源和传播途径来采取措施，包括隔声、消声、吸声、隔振等措施。

如果卫生工程措施在经济技术上不可行，可考虑采取管理措施，如设置警示标识、限制进入、定期进行职业健康检查、定期进行噪声监测、进行职业卫生培训等。

卫生工程措施无法将噪声强度降低到85 dB(A)以下时，应让工人做好听力防护，佩戴耳塞、耳罩等护耳器。

4. 评估噪声控制效果

综合考虑降噪效果、投资以及可持续性，评估各种降噪措施的成本—效益。

第二节 卫生工程措施

一、总体设计中的噪声控制

（一）厂址选择

产生高噪声的工业企业，应在集中工业区选择厂址，不得在噪声敏感区域（如居民区、医疗区、文教区等）选择厂址。

对外部噪声敏感的工业企业，应根据其正常生产运行的要求，避免在高噪声环境中选择厂址，并应远离铁路、公路干线、飞机场及主要航线。

产生高噪声的工业企业的厂址，应位于城镇居民集中区的当地常年夏季最小风频的上风侧；对噪声敏感的工业企业的厂址，应位于周围主要噪声的当地常年夏季最小风频的下风侧。

工业企业的厂址选择，应充分利用天然缓冲地域。

（二）总平面设计

结合功能分区与工艺分区，应将生活区、行政办公区与生产区分开布置，高噪声厂房（如高炉、空压机站、锻压车间、发动机试验台站等）与低噪声厂房分开布置。

工业企业的主要噪声源应相对集中，并应远离厂内外要求安静的区域。

主要噪声源设备及厂房周围，宜布置对噪声较不敏感的、较为高大的、朝向有利于隔声的建筑物、构筑物。

在高噪声区与低噪声区之间，宜布置辅助车间、仓库、料场、堆场等。

对于室内要求安静的建筑物，其朝向布置与高度应有利于隔声。

工业企业的竖向布置，应充分利用地形、地物隔挡噪声；主要噪声源宜低位布置，噪声敏感区宜布置在自然屏障的声影区中。

当工业企业总平面设计中采用以上各条措施后，仍不能达到噪声设计标准时，宜设置隔声用的屏障或在各厂房、建筑物之间保持必要的防护间距。

（三）厂房建筑设计

工业企业的管线设计，应正确选择输送介质在管道内的流速；管道截面不宜突变；管道连接宜采用顺流走向；阀门宜选用低噪声产品。

管道与强烈振动的设备连接，应采用柔性连接；有强烈振动的管道与建筑物、构筑物或支架的连接，不应采用刚性连接。

辐射强噪声的管道，宜布置在地下或采取隔声、消声处理措施。

产生噪声的车间，应在控制噪声发生源的基础上，对厂房的建筑设计采取减轻噪声影响的措施，注意增加隔声、吸声措施。

为减少噪声的传播，宜设置隔声室。隔声室的天棚、墙体、门窗均应符合隔声、吸声的要求。

（四）设备选择和布局

工业企业设计中的设备选择，宜选用噪声较低、振动较小的设备。主要噪声源设备的选择，应收集和比较同类型设备的噪声指标。设备选择，应包括噪声控制专用设备的选择。

在满足工艺流程要求的前提下，高噪声设备宜相对集中，并应尽量布置在厂房的一隅。如对车间环境仍有明显影响时，则应采取隔声等控制措施。

噪声与振动较大的生产设备宜安装在单层厂房内。当设计需要将这些生产设备安置在多层厂房内时，宜将其安装在底层，并采取有效的隔声和减振措施。

设备布置，应考虑与其配用的噪声控制专用设备的安装和维修所需的空间。

二、常用噪声设备

在工厂、企业的工作环境中，常见一些机电设备产生强烈的噪声，如风机、空压机、电动机、排气设备、机床、粉碎机械设备等。

风机噪声的大小与风机的结构、型号、风量和风压等因素有关。风机噪声分为特低频、低频、中频、高频、宽频五种。风机的进、排气口的空气动力性噪声最强，与叶片的数量、尺寸、形状及转速有关。噪声值可达 100 dB(A) 以上。噪声控制措施消声器、装隔声罩、吸声、隔声、减振及隔振等。

空压机运转噪声一般在 90～110 dB(A)，呈低频特性。空压机的噪声主要是进、排气空气动力性噪声，最强，其次为机械性噪声和电磁噪声。噪声控制措施有安装消声器、装隔声罩、吸声、隔声、建隔声间。

电动机的噪声以空气动力性噪声最强，其次为机械性噪声，再次为电磁噪声。电动机的频谱一般为宽频段的，噪声峰值可接近 110 dB(A)。噪声控制措施有合理设计电机结构、安装消声器、装隔声罩、消声坑。

机床传动件很多，噪声最大的有齿轮、轴承、变速箱体、皮带和皮带轮、凸轮等元件。有空运转噪声和切削时噪声，空运转噪声可达 85 dB(A)，低频段；切削噪声与空运转噪声接近，在 3 kHz 以上频段，切削噪声比空运转噪声高 10～20 dB(A)。

喷注噪声是宽频带噪声。噪声控制措施有安装消声器。

粉碎机械设备噪声高达 90～120 dB(A)，以球磨机和破碎机噪声最大。球磨机主要为筒体噪声，筒体大小、钢球种类、粉碎物料、进料量都会影响噪声强度。球磨机噪声控制措施有安装隔声罩、隔声、减振。破碎机的噪声属于撞击性机械噪声，其噪声强度主要取决于所破碎物料的物理性质，工作时可比空转高 20 dB(A)。破碎机噪声控制措施有安装消声器。

三、噪声控制措施

（一）吸声

吸声降噪是对室内顶棚、墙面等部位进行吸声处理，增加室内的吸声量，以降低室内噪声级的方法。在封闭房间内有一噪声源时，在室内任意点处除听到来自声源的直达声外，还有来自各个边界面多次反射形成的混响声，直达声与混响声的叠加，使室内的噪声级比同一声源在露天场所的噪声级要高，混响声强弱与室内的吸收能力有关。在室内的边界面上设置吸声材料或吸声结构、悬挂空间吸声体等，增加室内吸声量措施，以减弱混响声，从而降低室内噪声级，是噪声控制技术的一个重要内容。

吸声设计适用于原有吸声较少、混响声较强的各类车间厂房的降噪处理。降低以直达声为主的噪声，不宜采用吸声处理为主要手段。采取吸声措施降噪效果可达 4～10 dB(A)。

1. 吸声设计程序

（1）确定待处理房间需满足的噪声级和噪声频谱。可根据有关标准确定，也可由任务委托者提出。

（2）确定待处理房间的噪声级和频谱。对现有车间，可进行实测取得。对设计中的车间，可由设备声功率谱及房间壁面情况进行推算。

（3）计算各频带噪声所需的降噪量。

（4）测量或估算待处理房间内的平均吸声系数，求出吸声处理需增加的吸声量或平均吸声系数。

（5）选定吸声材料（或吸声结构）的种类、厚度、容重等，求出吸声材料的吸声系数，确定吸声材料的面积和吸声方式等。

（6）设计安装位置时，吸声材料应布置在最容易接触声波和反射次数最多的表面上，如顶棚、顶棚与墙的交接处和墙与墙的交接处 1/4 波长以内的空间等处；两相对墙面的吸声量要尽量接近。

2. 吸声构件的选择与设计

吸声构件的设计与选择应符合因地制宜、就地取材的原则，并应遵守下列规定：

（1）中高频噪声的吸声降噪设计，一般可采用 20～50 mm 厚的常规成型吸声板；当吸声要求较高时，可采用 50～80 mm 厚的超细玻璃棉等多孔吸声材料，并加适当的护面层。

（2）宽频带噪声的吸声降噪设计，可在多孔材料后留 50～100 mm 的空气层，或采用 80～150 mm 厚度吸声层。

（3）低频噪声的吸声降噪设计，可采用穿孔板共振吸声结构，其板厚通常可取为 2～5 mm，孔径可取为 3～6 mm，穿孔率宜小于 5%。

（4）室内湿度较高，或有清洁要求的吸声降噪设计，可采用复合面薄膜的多孔材料或单、双层微穿孔板吸声结构，微穿孔板的板厚及孔径均应不大于 1 mm，穿孔率可取 0.5%～3.0%，总腔深可取 50～200 mm。

3. 吸声处理方式的选择

（1）所需吸声降噪量较高、房间面积较小的吸声设计，宜对天花板、墙面同时作吸声处理（如单独的风机房、隔声控制室等）。

（2）所需吸声降噪量较高，车间面积较大，尤其是扁平状大面积车间的吸声设计，一般可只作平顶吸声处理。

（3）声源集中在车间局部区域而噪声影响整个车间时的吸声设计，应在声源所在区域的天花板及墙面作局部吸声处理，且宜同时设置隔声屏障。

（4）吸声降噪设计通常应采用空间吸声体的方式。吸声体面积宜取房间平顶面积的40%左右，或室内总表面积的15%左右。空间吸声体的悬挂高度宜低些，离声源宜近些。

（二）隔声

经空气传播的声音，在穿过门、窗、砖墙、隔声罩、隔声屏等固体物时，一部分声能被反射，另一部分声能透射到固体物的另一侧空间的过程称为隔声。

隔声设计适用于可将噪声控制在局部空间范围内的场合。对声源进行的隔声设计，可采用隔声罩的结构形式；对接收者进行的隔声设计，可采用隔声间（室）的结构形式；对噪声传播途径进行的隔声设计，可采用隔声墙与隔声屏障（或利用路堑、土堤、房屋建筑等）的结构形式。必要时也可同时采用上述几种结构形式。采取隔声措施降噪效果可达 10～40 dB(A)。

1. 隔声结构的设计

隔声结构的设计应首先收集隔声构件固有隔声量的实测数据。

单层均质构件（墙与楼板）的固有隔声量，可按质量定律的经验公式进行估算。

选用单层隔声构件，应防止吻合效应的影响。需要以较轻重量获得较高隔声量（如超过 30 dB）时，隔声结构可选用复合结构。

2. 双层结构的设计

双层结构的设计应符合下列要求：

（1）隔声结构的共振频率，宜设计在 50 Hz 以下；空气层的厚度，不宜小于 50mm。

（2）吻合频率不宜出现在中频段。双层结构各层的厚度不宜相同，或采用不同刚度，或加阻尼。

（3）双层间的连接，应避免出现声桥。双层结构的层与层之间、双层结构与基础之间，宜彼此完全脱开。

（4）双层结构间宜填充多孔吸声材料。此时的平均隔声量可按增加 5 dB 进行估算。

3. 隔声门窗的设计与选用

设计与选用隔声门窗，必须防止缝隙漏声，并应满足下列要求：

（1）门扇和窗扇的隔声性能应与缝隙处理的严密性相适应。

（2）门扇构造宜选用填充多孔材料（如矿棉、玻璃棉等）的夹层结构。多层复合结构的分层不宜过多。门扇不宜过重,而密度宜控制在 60 kg/m² 以内。

(3) 门缝宜采用斜企口密封;使用压紧密封条时,密封条必须柔软而富于弹性。企口道数不应超过两道,并应有压紧装置。

(4) 隔声窗的层数,可根据需要的隔声量确定。通常可选用单层或双层。需要隔声量超过 25 dB 而又没有开启要求时,可采用双层固定密封窗,并在两层间的边框上敷设吸声材料。特殊情况下(如需要隔声量超过 40 dB)时,可采用三层。

(5) 需要较高隔声性能的隔声门设计,可采用设置有两道门的声闸。声闸的内壁面应具有较高的吸声性能。两道门宜错开布置。

4. 隔声室的设计

隔声室的设计应符合下列规定:

(1) 有大量自动化与各种测量仪表的中心控制室或高噪声设备试车车间的试验控制室,宜采用以砖、混凝土等建筑材料为主的高性能隔声室。必要时,墙体与屋盖可采用双层结构,门窗等隔声构件宜采用带双道隔声门的门斗与多层隔声窗。围护结构的内表面应有良好的吸声设计。

(2) 为高噪声车间工人设置临时休息用的活动隔声间,体积不宜超过 14 m³,以便必要时移动。其围护结构宜采用金属或非金属薄板的双层轻结构。通风设备可采用带简易消声器的排风扇。

5. 隔声罩的设计

隔声罩的设计应遵守下列规定:

(1) 隔声罩宜采用带有阻尼的、厚度为 0.5～2.0 mm 的钢板或铝板制作;阻尼层厚度不得小于金属板厚的 1～3 倍。

(2) 隔声罩内壁面与机械设备间应留有较大的空间,通常应留设备所占空间的 1/3 以上。各内壁面与设备的空间距离,不得小于 100 mm。

(3) 罩的内侧面,必须敷设吸声层,吸声材料应有较好的护面层。

(4) 罩内所有焊接缝与拼缝,应避免漏声;罩与地面的接触部分,应注意密封和固体声的隔离。

(5) 设备的控制与计量开关,宜引到罩外进行操作,并设监视设备运行的观察窗。所有的通风、排烟以及生产工艺开口,均应设有消声器,其消声量应与隔声罩的隔声量相当。

6. 隔声屏障的设置

隔声屏障的设置应靠近声源或接收者。室内设置隔声屏时,应在接收者附近做有效的吸声处理。

(三) 消声

消声设计适用于降低空气动力机械(通风机、鼓风机、压缩机、燃气轮机、内燃机以及各类排气放空装置等)辐射的空气动力性噪声。空气动力机械的噪声控制设计,除采用消声器降低空气动力性噪声外,尚应根据设计要求,配合相应的隔声、隔振、阻尼等综合措施来降低机械机体辐射的噪声。采取消声措施降噪效果可达 15～40 dB(A)。

(1) 消声设计应按下列步骤进行：
1) 确定空气动力机械（或系统）的噪声级和各倍频带声压级；
2) 选定消声器的装设位置；
3) 确定允许噪声级和各倍频带的允许声压级，计算所需消声量；
4) 确定消声器的类型；
5) 选用或设计适用的消声器。

(2) 需要消声的空气动力机械（或系统）的噪声级，以及 63～8 000 Hz 8 个倍频带的声压级，可由测量、估算或查找资料的方法确定。

(3) 消声器的装设位置，应根据辐射噪声的部位和传播噪声的途径，按（2）的规定选定。

(4) 允许噪声级和各倍频带的允许声压级，应根据工业企业厂区内各类地点噪声标准规定的噪声限制值，由倍频带允许声压级查算表确定。所需消声量，应按（2）规定求出的噪声级与频带声压级，减去允许的噪声级与频带声压级计算得出。

(5) 消声器的类型，应根据所需消声量空气动力性能要求以及空气动力设备管道中的防潮、耐高温等特殊使用要求确定。

(6) 消声器的型号选择，应根据现有定型系列化消声器的性能参数确定。有条件时，也可自行设计符合要求的消声器。

(7) 工业企业中有通风空调消声设计，除考虑声源噪声以及消声器和各部件的消声量外，还应计算管道系统各部件产生的气流再生噪声。当气流再生噪声对环境的影响超过噪声限制值时，应降低气流速度或简化消声器结构。

(四) 隔振、减振

隔振降噪设计适用于产生较强振动或冲击，从而引起固体声传播及振动辐射噪声的机器设备的噪声控制。当振动对操作者、机器设备运行或周围环境产生影响与干扰时，也应进行隔振设计。采取隔振措施降噪效果可达 5～25 dB(A)。

(1) 隔振降噪设计应按下列步骤进行：
1) 确定所需的振动传递比（或隔振效率）；
2) 确定隔振元件的荷载、型号、大小和数量；
3) 确定隔振系统的静态压缩量、频率比以及固有频率；
4) 验算隔振参量，估计隔振设计的降噪效果。

(2) 隔振元件（包括隔振垫层和隔振器）的选择，应遵守下列规定：
1) 固有频率为 1～8 Hz 的振动隔绝，可选用金属弹簧隔振器、空气弹簧隔振器；
2) 固有频率为 5～12 Hz 的振动隔绝，可选用剪切型橡胶隔振器、橡胶隔振垫（2～5 层）或玻璃纤维板（50～150 mm 厚）；
3) 固有频率为 10～20 Hz 的振动隔绝，可选用橡胶隔振垫（1 层）、金属橡胶隔振器或金属丝棉隔振器；
4) 固有频率大于 15 Hz 的振动隔绝，可选用软木，或压缩型橡胶隔振器；
5) 隔振元件的品种规格，可根据有关产品的技术性能参数选择确定。

(3) 隔振系统的布置，应符合下列要求：

1）隔振系统的布置，宜采用对称方式，各支点承受的荷载应相等；

2）对于机组（如风机、泵、柴油发电机等）不组成整体的情况，隔振元件对机组的支承必须通过公共机座实现，机组的公共机座应具有足够的刚度；

3）对于需要降低固有频率，提高隔振效率的情况，隔振元件可串联使用；

4）小型（或轻型）机器设备的隔离元件，可直接设置在地坪或楼板上，通常不必另做设备基础和地脚螺栓；

5）重心高的机器，或承受偶然碰撞的机器，可采用横向稳定装置，但不得造成振动短路。

第三节　个体防护措施

一、常用个体防护用品

听力防护用品是指防止过量的声能侵入外耳道，使人耳避免噪声的过度刺激，减少听力损伤，预防噪声对人体引起不良影响的防护用品，亦称为护听器，过去也常称为护耳器。应用最广泛的护听器是被动式护听器，这类防护用品通过一定的造型，使之能封闭外耳道，达到衰减声波强度与能量的目的，同时，又要具有适于佩戴的结构，形成一种以防噪声为目的的防护用具。

市面上最常见的被动式护听器有耳塞和耳罩两大类。耳塞可插入外耳道内或插在外耳道的入口。慢回弹耳塞是应用最广泛的护听器（图 6-2 和图 6-3）。这类耳塞是由泡棉材料制成，佩戴前需要先将耳塞揉搓成细长的圆柱形，待耳塞在耳道内膨胀成型后堵住耳道，起到隔声的效果。慢回弹耳塞有多种不同材质，特性也各有差异，例见图 6-2 中的耳塞是聚酯材质，这类产品一般不能水洗，表面脏污后需要废弃；而图 6-3 中的产品是 PVC 材质，这种材质的慢回弹耳塞对温度和湿度不敏感，在湿热环境中长时间使用较为舒适。慢回弹耳塞一般价格比较低，正确佩戴的情况下，声衰减能力很强，舒适性佳，适合长时间佩戴。应用时需要注意，慢回弹耳塞佩戴的方法较为复杂，使用者需要经过适当的培训及练习。

不带线　　　　　　　带线

图 6-2　慢回弹耳塞（聚酯材质）

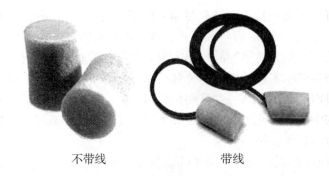

| 不带线 | 带线 |

图6-3　慢回弹耳塞（PVC材质）

预成型耳塞的应用也非常普遍（图6-4和图6-5）。这类耳塞通常使用橡胶、硅胶或者泡棉等柔性材料，预先模压成各种的形状，佩戴前不需要揉搓耳塞，使用方便。橡胶或者硅胶等材质的预成型耳塞可以清洗重复使用。如果保养得当，使用成本较低。

图6-4　橡胶材质的预成型耳塞　　　图6-5　泡棉材质的预成型耳塞

还有一类耳塞，叫定制型耳塞，是用佩戴者耳甲腔和外耳道印模制成的耳塞。这类产品需要由非常有经验的医师或技术人员在现场对每位佩戴者，根据不同的降噪需求进行定制，成本很高，市面上比较少见。

耳罩形状如耳机，是装在环箍或者支撑臂的罩杯上将整个外耳廓罩住使噪声衰减的装置。为了满足不同的应用需要，耳罩有多种佩戴方式设计，包括头顶式、颈后式、挂安全帽式、下颏式和多向头箍方式，见表6-2。耳罩耐用性好，有些耳罩提供可更换配件，保养适当的情况下可以较长时间使用。除此以外，耳罩还有容易摘除和佩戴，方便安全管理人员监察佩戴情况等优点。

表6-2　不同佩戴方式的耳罩示例

佩戴方式	头顶式	颈后式	挂安全帽式	下颏式	多向环箍式
示例图片					

耳塞和耳罩可单独使用，也可结合使用，即双重防护，在高噪声环境中可采用双重防护。

随着技术的发展，为满足不同的应用需求，护听器的种类越来越多。从降噪的原理上分类，除了前面提及的传统的被动式降噪产品，还有主动降噪的耳罩或者耳塞。主动降噪护听器是通过电子电路主动发生反相信号抵消噪声，主要优势体现在低频噪声的防护，对中高频段的噪声降噪能力与其他产品无明显差别，很少在工业上应用，多用于航空领域，例如飞行员的听力保护。

还有一些护听器附带了电子电路，在降噪的同时，提供附加功能，这包括声级关联型产品、带电子音频输入的产品等。

声级关联型护听器是通过麦克风收集环境声音，通过声级关联电路的作用，将环境声音进行还原或放大，限制声压在 82 dB(A)，然后通过内置扬声器在护听器内将声音传送给佩戴者。这类产品特别适用于需要对偶发性噪声进行防护，并需要聆听环境声音的场合。例如，飞机组装时打铆钉的作业，作业人员需要通话确认操作的一致性，同时需要防护打铆钉产生的噪声。

带电子音频输入的产品可以与对讲机或其他通信设备，例如移动电话等连接，直接在护听器内监听对讲机的声音；还有些通讯耳罩内置了对讲机功能，将降噪耳罩和对讲机合二为一，整个工作班中使用者无需摘下护听器就能进行沟通，保证良好的防护和沟通效果。这类产品适用于在噪声环境中需要频繁使用通信设备的人员。

二、护听器的选择和防护效果的评价

对听力防护用品的评价主要是从声衰减量、舒适感、便利性和实用性等方面来衡量。

（一）声衰减量

声衰减量以佩戴护听器和裸耳时听阈的差值表示。差值越大，护听器的性能越好。测量护听器声衰减量的方法有主观方法，在自由声场中测量戴护听器和不戴护听器时听阈的差值，另一种方法是客观方法，用仪器代替人的主观反应，直接测量声压级数据来评价护听器的衰减量。我国目前接受使用国际标准 ISO 4869 系列标准定义的标称值，包括 SNR、HML 和倍频带标称值，对护听器在实际现场的防护值进行预估。这些数据是基于主观方法在实验室测得的声衰减值。表 6-3 是一个头顶式佩戴耳罩的标称数据。

表 6-3 护听器标称数据示例

频率/Hz	125	250	500	1 000	2 000	4 000	8 000	H	M	L	SNR
平均降噪值/dB	17.7	27.1	33.8	38.1	36.2	33.6	37.1	33 dB	32 dB	24 dB	33 dB
标准偏差/dB	2.9	2.1	2.4	2.6	2.3	2.5	2.2				
APV/dB	14.8	25.0	31.4	35.5	33.9	31.1	34.9				

应用护听器的标称值进行扣减,对防护的充分性进行评价,都要求首先对工作场所的噪声进行测量。不同的方法对现场噪声测量的要求不同。目前关于应用护听器标称值的参考方法有两种:一种是根据卫生部 1999 年颁布的《工业企业职工听力保护规范》中的指导,另一种是根据 GB/T 23466—2009《护听器的选择》标准的建议。

1. SNR 法

应用护听器标称的单值评定量 SNR 的数据进行扣减,验算防护的充分性。表 6-4 中列出了这两种方法使用的参数和计算方法。要注意的是,如果应用 GB/T 23466—2009 的方法,需要与现场噪声 C 计权声压级的数据一起使用。《工业企业职工听力保护规范》中没有明确现场噪声的计权,一般习惯上使用 A 计权。

表 6-4 应用标称 SNR 值预估护听器的现场实际防护值

参考方法	工业企业职工听力保护规范	GB/T 23466—2009
现场噪声值	习惯上使用 A 计权声压级 L_A	明确使用 C 计权声压级 L_C
计算公式	$L_A - 0.6 \times SNR \leq 85$ dB(A)	70 dB(A) $\leq$ (L_C - SNR) $\leq$ 80 dB(A)

计算举例:在某车间同时检测 8 h 等效连续 A 声级和 C 声级的噪声水平,A 计权声压级为 100 dB,C 计权声压级为 103 dB。某护听器标称 SNR 值为 33 dB。使用《工业企业职工听力保护规范》的方法,正确使用护听器后,员工实际接触的噪声水平(A 声级)是:100 - 0.6 × 33 = 80.2 dB(A),判断为适用。使用 GB/T 23466—2009 方法筛选护听器时的计算方法是:103 - 33 = 70 dB(A),落在 70~80 dB(A) 的范围内,判断为合适。

SNR 法比较简单,对现场噪声测量的要求较低,因此应用最广泛。这种方法的缺点是,没有考虑护听器对不同频率的声音的衰减能力。一般而言,护听器对高频噪声的衰减能力比较好,低频噪声穿透力强,护听器的衰减能力比对高频噪声的低。如果现场主导的是低频噪声,应用 SNR 法可能会高估了护听器的防护能力,无法对低频噪声的防护提供合适的预估。

根据 GB/T 23466—2009 的建议,当作业场所噪声大于或等于 110 dB(A),使用单一护听器进行防护,这时需要应用 HML 法或者倍频带法进行计算,筛选具有足够防护能力的护听器。

2. NNR 法

在美国,护听器的声衰减性能需要依据美国环境保护署(EPA)对应的联邦法规 40CFR211 的规定按照 ANSI S3.19—1974 标准进行测试并标记,产品包装上应标记 NRR(噪声降低率)和倍频带声衰减值数据。OSHA(职业安全卫生管理局)制定的噪声标准中要求为噪声作业的工人配备护听器,并且明确指出,基于 OSHA 的经验和科学研究结果,按照 ANSI S3.19—1974 方法在实验室评价得出的声衰减值数据在实际现场难以达到,要求对 NRR 进行扣减后预估实际现场防护值。OSHA 建议的扣减方法如下:

使用单一护听器时(不管是耳塞还是耳罩),依据护听器的 NRR 按下列公式计算:

预估防护后接触值(dBA)= 现场噪声 TWA(dBC)- NRR

如果没有现场噪声 C 计权声压级的接触数据，仅有 A 计权数据时，按下列公式计算：

$$预估防护后接触值(dBA) = 现场噪声\ TWA(dBA) - (NRR - 7)$$

使用双重防护（耳塞上加戴耳罩），从组合佩戴的护听器中选择 NRR 较高者（NRRh）的数据依据下面公式计算：

$$预估防护后接触值(dBA) = TWA(dBC) - (NRRh + 5)，或$$
$$预估防护后接触值(dBA) = TWA(dBA) - [(NRRh - 7) + 5]$$

基于 OSHA 的经验，以及众多科学研究的结果也表明在实验室评价得出的声衰减值数据在实际现场难以达到，OSHA 强烈建议在预估防护后接触值时对 NRR 应用 50% 的修正因子（扣减 50%）。依据此建议，计算公式为：

单一护听器：

$$预估防护后接触值(dBA) = TWA(dBC) - [NRR \times 50\%]，或$$
$$预估防护后接触值(dBA) = TWA(dBA) - [(NRR - 7) \times 50\%]$$

双重防护：

$$预估防护后接触值(dBA) = TWA(dBC) - [(NRRh \times 50\%) + 5]，或$$
$$预估防护后接触值(dBA) = TWA(dBA) - \{[(NRRh - 7) \times 50\%] + 5\}$$

3. HML 法

HML 法是应用护听器标称的高、中、低频声衰减值，与现场噪声的 A 计权（L_A）及 C 计权声压级（L_C）一起使用，按规定的公式进行验算。

首先计算降低量预估值 PNR_x，当 $L_C - L_A \leq 2$ dB 时，按式（6-1）计算：

$$PNR_x = M_x - \frac{H_x - M_x}{4}(L_C - L_A - 2) \qquad 式（6-1）$$

当 $L_C - L_A \geq 2$ dB 时，按式（6-2）计算：

$$PNR_x = M_x - \frac{M_x - L_x}{8}(L_C - L_A - 2) \qquad 式（6-2）$$

得出 PNR_x 后，应用现场噪声 A 计权声压级的数据按式（6-3）计算预估防护后的有效计权声压级 L'_{Ax}，结果取整：

$$L'_{Ax} = L_A - PNR_x \qquad 式（6-3）$$

计算举例：某护听器标称值为 $H = 33$ dB，$M = 32$ dB，$L = 24$ dB。现场噪声数据 $L_C = 100$ dB，$L_A = 96$ dB。$L_C - L_A = 4$ dB，应使用公式 6-2：

$$PNR_x = 32 - (32 - 24)/8 \times (100 - 96 - 2) = 30\ dB$$

则 $L'_{Ax} = 96 - 30 = 66$ dB(A)。即预估使用该护听器后，佩戴者实际接触的噪声为 66 dB(A)。

HML 方法一定程度上考虑了噪声的频谱特性，对使用者而言比较复杂。有些关于护听器现场防护效果的研究指出，针对研究对象的情况，按 HML 方法计算的保护值的误差并不比使用单值方法小。

4. 倍频带法

倍频法是应用护听器标称的倍频带声衰减值。它涉及使用了听力防护用品的工作场所噪声的频谱分析。该方法需要使用环境中检测到的 125～8 000 Hz 频率范围的倍频结果,然后根据式(6-4)计算耳中噪声的 A 计权声级。由于需要检测非计权(即线性)的声压级,应用倍频带方法需要精密设计的频谱分析仪。

$$L'_{Ax} = 10\lg \sum_{k=1}^{8} 10^{0.1(L_{f(k)} + A_{f(k)} - APV_{fx})} \quad \text{式}(6-4)$$

例如,应用表 6-3 中护听器的倍频带标称数据,以及现场用频谱分析仪测得的噪声频谱数据,可以对防护的充分性进行验证。表 6-5 是一个计算示例。

表 6-5　用倍频带法验证佩戴护听器后暴露的有效声压级的示例

条　目	倍频带中心频率 f/Hz						
	125	250	500	1 000	2 000	4 000	8 000
测量得到的噪声倍频带声压极,$L_{f(k)}$	80	82	90	100	105	90	90
A 计权特性,$A_{f(k)}$	-16.1	-8.6	-3.2	0	1.2	1.0	-1.1
噪声的 A 计权倍频带声压极,$L_{f(k)} + A_{f(k)}$	63.9	73.4	86.8	100.0	106.2	91.0	88.9
$APV_{f(k)}$	14.8	25.0	31.4	35.5	33.9	31.1	34.9
$L_{f(k)} + A_{f(k)} - APV_{f(k)}$	49.1	48.4	55.4	64.5	72.3	59.9	54.0

计算得出佩戴护听器后的接触的声压级为 73.33 dB(A)。

倍频带法是最精细的方法,考虑给定护听器对不同频率的噪声的衰减能力。但是运算复杂,并且对现场噪声检测要求很高,因此应用很少。

耳塞和耳罩组合使用,声衰减量会比使用单个护听器高。图 6-6 是耳塞、耳罩单独使用以及两者组合使用时的声衰减值。从图中可以看到两者的组合降噪值并不是直接相加。GB/T 23466—2009 中建议在两者中选较高的 SNR 值按上述参考方法扣减后,再减 5 dB。

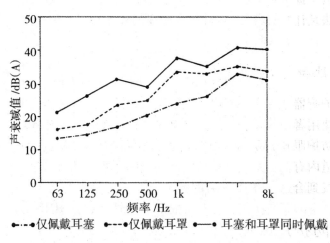

图 6-6　耳塞、耳罩单独使用以及两者组合使用时的声衰减值

需要注意的是，护听器声衰减值的选择并非越高越好，根据 GB/T 23466—2009 的建议，最佳的降噪效果，是在佩戴护听器后实际接触噪声为 75～80 dB(A) 之间。这样既可以保护听力，又可以保留必要的沟通。如果降噪后实际接触的噪声低于 70 dB(A)，就属于过度降噪。过度降噪的潜在风险是屏蔽掉过多有用的声音，例如消防铃的警报声等，使用者会产生孤立感，降低佩戴护听器的意愿，最终影响实际防护效果。

护听器的声衰减能力与护听器的设计（形状、材料等）、护听器的佩戴效果等因素有关。在实际现场中，护听器的适合性、舒适性和佩戴便利性等主观因素是影响实际防护值的最重要的因素。还需要注意的一点是，每个人的耳道的尺寸和形状都是独特的，这些个体差异会影响护听器的实际防护性能。根据现有的现场研究数据，还没有一种简单易行的扣减方法，通过使用护听器的标称值，能够对市场上所有产品和使用者的实际情况进行有效、可靠的预估。因此，除了按照法规、标准的建议对护听器的防护值进行验算外，还需要关注实际使用的情况，了解并控制影响护听器实际性能的因素，才能使防护措施行之有效。

作为广大劳动者听力健康的最后一道防线，了解护听器实际防护值是听力保护计划中非常重要的一环。越来越多的听力保护专家开始发展、论证和推动护听器个人防护验证技术，成为听力个人防护技术研究的一个趋势和新方向。一些护听器制造商已经研制出在经过简单培训后，企业的职业健康管理人员可以在工业现场实地使用的个人声衰减值验证工具。企业的职业健康管理人员和职业卫生评价专业人士可以多关注这些新技术的发展，并将其应用于日常工作中。

（二）舒适感

舒适感是人们佩戴护听器后的主观反应，是相对的。佩戴防护用品总是会带来一些不适感，从护听器的实际使用情况来看，护听器能否得到广泛应用，能否发挥应有的防护作用，舒适性的影响非常大。《工业企业职工听力保护规范》及 GB/T 23466—2009 中均建议企业向员工提供多种护听器供员工选择或轮替使用，最大限度地保证相对的舒适性。常见的做法是让员工参与到防护用品的选型、试用过程，选择员工愿意接受的护听器。

（三）便利性和实用性

便利性是指护听器是否结构简单和容易佩戴，适应性是否强。实用性是指护听器对具体使用环境、使用者是否适合。这些都是选择护听器时需要考虑的因素。例如佩戴耳罩需要同时佩戴防护眼镜会降低耳罩的防护性能；在热的环境中使用耳塞比耳罩更舒适；某些员工耳道内有炎症，或者员工始终无法掌握佩戴耳塞的方法，或者某些人耳道形状特殊，无法找到合适的耳塞，等等。

三、个体防护用品使用注意事项

佩戴时间决定实际防护水平，随着佩戴时间的减少，有效防护效果急剧下降，只有全程佩戴才能达到护听器实际防护效果。见图 6-7。

同样的佩戴方式，还可能因为耳道个体差异而导致防护效果差异性较大。

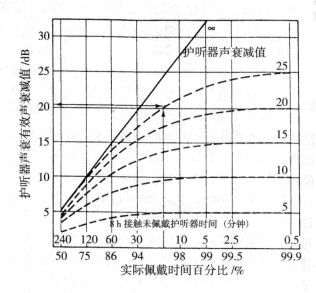

图 6-7　护听器的防护值与佩戴时间的关系

1. 正确佩戴护听器

不同类型的护听器佩戴方法不一样。一般而言，耳塞的佩戴方法比耳罩略微复杂些。

佩戴耳塞需要掌握一些小技巧。佩戴耳塞前，要先洗干净双手，并使用干净的耳塞。佩戴右侧耳塞时用右手持耳塞，如果使用泡棉耳塞，则按图 6-8 的方法，用右手将耳塞揉搓成无折缝、非常细长的圆柱体，越细越好。开始揉搓时稍稍用力压耳塞，越往后越用力压，这样耳塞就可以越搓越细。注意要将耳塞搓成细圆柱体，而不是圆锥体或者球状。当泡棉耳塞搓细后，需要尽快塞入耳道。按图 6-9 的方法，左手绕过脑后，用力把右侧耳廓向上向后拉，把耳道拉直，这样可以容易地将耳塞插入到正确的位置。用同样的方法佩戴左耳耳塞。使用预成型耳塞可以免去揉搓耳塞的步骤，直接按照图 6-9 的方法，拉开耳道，然后插入耳塞。

两边耳塞佩戴好后，可以进行一个简单的检查判断耳塞是否正确佩戴。进入一个有稳态噪声的场所，按图 6-10 的方法，用双手紧紧地捂住双耳，然后放开，注意听到的噪声的大小。如果耳塞佩戴良好，用手捂住和没有捂住双耳的情况下，听到的声音大小应该差不多。如果感觉到捂住双耳时听到的声音明显比没有捂住的时候小很多，说明耳塞还没有佩戴好，这时需要离开噪声环境，按照前面介绍的方法重新佩戴耳塞并检查佩戴位置。

图 6-8 揉搓泡棉耳塞　　图 6-9 将耳塞塞入耳道　　图 6-10 检查耳塞佩戴是否正确

耳罩的佩戴方法相对比较简单。要注意的是耳罩有多种佩戴方式，调整的方法也略有不同，应仔细阅读产品说明书，注意佩戴耳罩前应拨开耳部周围的毛发，调节耳罩杯在头箍、颈箍上的位置，使两耳位于罩杯中心，并完全覆盖耳廓，尽量保证耳罩杯垫与头部之间的密封。

2. 护听器的维护保养

（1）随弃式的慢回弹式耳塞不宜清洗。当耳塞表面脏污后应整体废弃。

（2）橡胶耳塞建议每日清洗，用温水清洗，勿使用加羊毛脂或油（护肤作用）的洗手液清洗。当发现有破损、变形、老化等现象时废弃。

（3）耳罩密封衬垫部分可使用软布沾皂液清理，再用湿布擦拭干净。按照说明书的建议定期，或当密封衬垫出现破损、老化导致不能密封时更换配件。当头带已经不能维持原有的夹紧力时，应当更换相应配件或使用新耳罩。

第四节　噪声的职业卫生管理控制措施

卫生工程措施无法将噪声强度降低到 85 dB(A) 以下时，企业可采取一系列噪声危害的职业卫生管理控制措施，从而减少工人接触噪声时间，早期发现听力损失。噪声危害管理的核心在于用人单位听力保护计划的制订和实施。目前，国内大多数用人单位未建立有效、合理的听力保护计划，原因是多方面的，最主要原因是用人单位缺乏专业的指导，不知道如何建立适合本公司的听力保护计划。部分用人单位虽然建立了听力保护计划，但执行不到位，没有对噪声危害发挥防护作用。本文下面就介绍如何建立和实施听力保护计划。

一、听力保护计划的建立

凡有职工 $L_{EX,8h}$ 或 $L_{EX,w} \geq 80$ dB(A) 的企业，都应当执行国家关于工业企业职工听力保护相关的规定。用人单位应根据规定要求，结合自身实际情况制订本单位职工听力保护计划，并指定接受过专门培训的人员负责组织和实施。听力保护计划包括噪声监测、听力测试与评定、工程控制措施、护耳器的要求及使用、职工培训以及记录保存等

方面内容。用人单位应当根据噪声监测，确定本单位暴露于 $L_{EX,8h}$ 或 $L_{EX,w} \geq 80$ dB(A) 的职工人群，该人群必须参与听力保护计划。

下面的听力保护计划范文，仅供需要建立听力保护计划的用人单位参考，各用人单位可根据自身的实际情况适当调整。

听力保护计划（范文）

一、一般规定

第一条 为保护在强噪声环境中作业职工的听力，降低职业性噪声聋发病率，根据《劳动法》及职业病防治的有关规定，公司制订本计划。

第二条 本听力保护计划的最高负责人是公司的法人代表，由公司职业卫生管理机构（如人力资源部等）制定、更新和组织实施。

第三条 根据噪声监测结果，凡有职工的规格化 8 h 等效或 40 h 等效声级噪声强度（即 $L_{EX,8h}$ 或 $L_{EX,w}$）≥80 dB(A)，该岗位属于噪声作业岗位，公司应当执行本计划。

二、基本内容和要求

第四条 本听力保护计划包括噪声监测、听力测试与评定、工程控制措施、护耳器的要求及使用、职工培训以及记录保存等方面内容。

第五条 企业应当根据噪声监测，确定本企业的噪声作业岗位监测结果，应以书面形式通知有关职工。

第六条 对于噪声作业岗位，应当进行基础听力测定和定期跟踪听力测定，评定职工是否发生高频标准听阈偏移（HSTS）。当跟踪听力测定相对于基础听力测定，在任一耳的 3 000 Hz、4 000 Hz 和 6 000 Hz 频率上的平均听阈改变等于或大于 10 dB 时，确定为发生高频标准听阈偏移。对于发生高频标准听阈偏移的职工，企业必须采取听力保护措施，防止听力进一步下降。

第七条 作业场所噪声强度≥90 dB(A) 的，应当优先考虑采用工程措施，降低作业场所噪声。噪声控制设备必须经常维修保养，确保噪声控制效果。

第八条 职工暴露于噪声强度≥80 dB(A) 的，应当配备具有足够声衰减值，佩戴舒适的护耳器，并定期进行听力保护培训、检查护耳器使用和维护情况，确保听力保护效果。

第九条 企业应当建立听力保护档案，按规定记录、分析和保存噪声暴露监测数据和听力测试资料。

三、噪声监测

第十条 企业应当每年对作业场所噪声及职工噪声暴露情况至少进行一次监测。在作业场所噪声水平可能发生改变时，应当及时监测变化情况。

第十一条 测量稳态噪声，可使用声级计 A 网络"慢"挡时间特性，并取 5 s 内的平均读数为等效连续声级。声级计应当符合国家标准《声级计的电、声性能和测量方法》（GB 3785）中规定的第 2 型以上的声级计。

第十二条 测量非稳态噪声，应当使用 2 型以上的积分声级计或个人噪声暴露计（剂量计）。测量仪器应符合国家标准《积分平均声级计》（GB/T 17191）或者国家标准《个人声暴露计技术要求》（GB/T 15952）的规定。

第十三条　测量点应当选在职工作业点的人头位置，职工无需在场。如职工需在场或在周围走动，测量点高度应参照人耳高度，距外耳道水平距离约 0.1 m。

第十四条　测量技术细节及记录报告的填写可参照国际标准《声学——在作业环境中测量与评价噪声暴露指南》（ISO 9612）及有关国家标准。

第十五条　噪声测量仪器应当按规定定期接受法定部门检定，噪声监测人员应当受过有关专业培训。

四、听力测试

第十六条　首次在噪声作业岗位从事工作的职工，应当在 3 个月内接受听力测试，得出的听力图称为基础听力图。

第十七条　凡是岗位噪声强度 $L_{EX,8h}$ 或 $L_{EX,w}$≥80 dB，但 <100 dB 的职工，应当每两年进行一次跟踪听力测定；岗位噪声强度 $L_{EX,8h}$ 或 $L_{EX,w}$≥100 dB 的，应当每年进行一次跟踪听力测定。跟踪听力图与基础听力图进行对比，排除其他影响因素，并按《声学——耳科正常人的气导阈与年龄和性别的关系》（GB 7582）的规定进行修正以后，作为评定职工是否发生因职业性噪声危害引起高频标准听阈偏移的依据。

第十八条　对于已发生高频标准听阈偏移的职工，应当在 14 d 内以书面形式将测试结果通知本人，并采取相应听力保护措施。

第十九条　听力测试所使用的听力计应当符合国家标准《听力计第一部分：纯音听力计》（GB/T 7341.1）的要求；听力计的校准和测听室环境噪声应当符合国家标准《声学——耳科正常人的气异听阈测定—听力保护》（GB 7583）的规定。听力测试人员应当受过有关专业培训。

第二十条　进行听力测试之前 14 h 内，被测职工不得暴露于噪声作业场所和其他非职业噪声环境。

第二十一条　听力测试应当采用纯音气导法。测试频率至少应当包括 500 Hz、1 000 Hz、2 000 Hz、3 000 Hz、4 000 Hz 和 6 000 Hz。

五、工程控制

第二十二条　工程措施包括设置隔声监控室、对强噪声机组安装隔声罩、作业场所的吸声处理以及在声源或声通路上装配消声器和对设备的隔振处理等。在管理上应当特别注意选用低噪声设备、零部件和新工艺流程，替代旧的强噪声设备、零部件和生产工艺。

第二十三条　在采取工程控制措施之前，应当首先识别主要噪声及其特性，以便提高控制效率，降低工程费用。

第二十四条　对于存在强噪声设备而职工无需长时间在该设备旁工作的场所，应当设置隔声监控室；职工需长时间在强噪声设备旁工作且混响声较强的作业场所，应当尽可能采取吸声降噪措施，使该场所的平均吸声系数高于 0.3；对于噪声源数量少且比较集中，易于处理的场所，应当优先考虑采取声源隔离措施降低噪声。企业进行噪声控制设计，应当符合国家标准《工业企业噪声控制设计规范》（GBJ 87）和国际标准《声学——低噪声工作场所设计推荐实践》（ISO 11690）的规定。

六、护耳器

第二十五条 企业应当提供三种以上护耳器（包括不同类型不同型号的耳塞或耳罩），供暴露于噪声强度≥80 dB 作业场所的职工的选用。

第二十六条 职工佩戴护耳器后，其实际接受的等效声级应当保持在 80 dB 以下。

第二十七条 护耳器现场使用实际声衰减值，按以下方法计算：将护耳器声衰减量的试验室测试值或者厂家标称值，换算为国际标准《佩戴护耳器时有效 A 计权声级的评价》（ISO 4869-2）所定义的护耳器单值噪声降低数（SNR），再乘以 0.6。护耳器单值噪声降低数可按该 ISO 标准或者有关国家标准进行计算。

七、听力保护培训

第二十八条 企业应当每年对暴露于 $L_{Aeq,8h} \geq 85$ dB 的作业场所的职工进行听力保护培训。

第二十九条 听力保护培训应当包括以下内容：

（一）噪声对健康的危害；

（二）听力测试的目的和程序；

（三）本企业噪声实际情况及噪声危害控制的一般方法；

（四）使用护耳器的目的，各类型护耳器的优缺点、声衰减值和如何选用、佩戴、保管和更换等。

第三十条 作业场所、生产设备或者防护设备改变时，培训内容应当相应更新。

八、记录保存

第三十一条 企业应当妥善保存作业场所噪声测定、职工噪声暴露测量、职工听力测试和护耳器使用及管理记录。

第三十二条 职工听力测试记录应包括下列主要项目：

（一）职工姓名和工种；

（二）测听日期和地点，测听前脱离噪声环境的时间；

（三）测试者姓名；

（四）最近一次听力计声学校准数据及检定日期；

（五）测听室环境噪声级数据；

（六）测试结果。

第三十三条 作业场所噪声测定、职工噪声暴露测量等情况应当定期向职工公布；应职工要求，个人听力保护记录应当随时供本人查阅。

第三十四条 职工调至另一个企业如果继续从事暴露于噪声的作业，原企业应将所有有关记录转移到新单位。

二、听力保护计划的实施

（一）噪声监测

噪声监测包括场所监测和个体监测。首先要做的是噪声的场所监测，监测点通常包括：①员工日常工作地点的听力带；②噪声源附近；③工作场所入口；④工人有可能停留的场所。首次监测后噪声强度低于 80 dB(A) 的场所，可不纳入日常监测计划中。场所监测每三年至少进行 1 次。设备及其布局、操作状态改变时，应重新进行噪声监测。噪声强度超过 85 dB(A) 的场所应至少每两年进行 1 次噪声监测。

工人在超过 85 dB(A) 的场所工作时，应进行岗位时间加权噪声的评估，这种岗位时间加权噪声的评估可通过流动岗位的个体噪声监测和固定岗位的噪声计算来实现。如果固定岗位接触的噪声无明显规律，宜佩戴个体噪声剂量计来监测其时间加权噪声值。个体噪声监测至少每两年进行 1 次。个体噪声监测通常要求工人在上班开始时佩戴个体噪声剂量计，在下班时取下，所测的数据代表一个工作班的岗位噪声数据，再根据工作时间换算为规格化的时间加权噪声强度。评估岗位噪声有利于：①确定该岗位是否属于噪声作业岗位；②确定该岗位是否纳入听力保护计划；③确定该岗位是否按照噪声作业进行职业健康检查；④确定该岗位的噪声是否超标，如果超标应采取什么措施；⑤确定该岗位应配备哪种护耳器等。

（二）职业健康检查

对于岗位噪声强度 $L_{EX,8h}$ 或 $L_{EX,w} \geq 80$ dB(A) 的职工应按照噪声作业岗位来进行上岗前、在岗期间、离岗时的职业健康体检。上岗前体检应在从事该噪声作业岗位 3 个月内完成，在岗期间体检每年 1 次。

按照《职业健康体检技术规范》（GBZ/T 188—2007）的要求，噪声作业人员的上岗前体检项目包括：①症状询问；②体格检查，含内科常规检查、耳科检查；③实验室和其他检查，含必检项目为纯音听阈测试、心电图、血常规、尿常规、血清 ALT，选检项目为声导抗、耳声反射。噪声作业岗位人员的在岗期间和离岗时的体检项目相同，包括：①症状询问；②体格检查，含内科常规检查、耳科检查；③实验室和其他检查，含必检项目为纯音听阈测试、心电图，选检项目为血常规、尿常规、声导抗、耳声反射。反映噪声危害程度的最重要体检项目是纯音听阈测试，进行听力测试之前 14 h 内，被测职工不得暴露于噪声作业场所和其他非职业噪声环境。听力复查应在脱离噪声环境至少 1 w 后进行。

新员工上岗前发现噪声作业的职业禁忌证，应禁止其从事噪声作业。噪声作业岗位的上岗前职业禁忌证包括：①各种病因引起的永久性感音神经性听力损失（500 Hz、1 000 Hz、2 000 Hz 中的任一频率的纯音气导听阈大于 25 dBHL），②中度以上传导性耳聋，③双耳高频（3 000 Hz、4 000 Hz、6 000 Hz）平均听阈≥40 dBHL，④Ⅱ期和Ⅲ期高血压，⑤器质性心脏病。若工人在上岗前电测听测试正常，在噪声环境下工作一年，在岗期间检查发现双耳 3 000 Hz、4 000 Hz、6 000 Hz 中任意频率听力损失≥65 dBHL，则该工人属于噪声易感者。在岗期间体检发现噪声易感者应及时将易感者调离噪声作业岗位。

若在职业健康检查中发现疑似噪声聋，应建议工人提请职业病诊断。

用人单位应为噪声作业员工建立相关的职业健康监护档案，包括噪声的场所监测和个体监测结果、职业史、职业健康检查结果、职业病的诊疗措施等。

（三）分级管理

（1）作业环境噪声分级管理策略见表6-6。

表6-6 作业环境噪声分级管理策略

噪声值	危害分级	管理策略				
		监测	工程控制	个人防护	警示标识	其他
<80 dB(A)	—					
80 dB(A)~	0	1次/2~3年	—	耳塞/耳罩	警示牌	
85 dB(A)~	1	1次/年	考虑采用	耳塞/耳罩	警示牌、警示线	
90 dB(A)~	2	1~2次/年	设备控制，考虑区域控制	耳塞/耳罩，车间配置	警示牌、警示线、授权进入	
100 dB(A)~115 dB(A)	3	1次/季度	设备控制及区域控制	耳塞加耳罩，现场必须配置	警示牌、警示线、限制进入	

（2）作业岗位噪声分级管理策略见表6-7。

表6-7 作业岗位噪声分级管理策略

噪声值	结果判定	危害分级	管理策略				
			监测	工程控制	个人防护	健康监护	培训
<80 dB(A)	非噪声作业	—					岗前
80 dB(A)~	噪声作业	0	1次/2~3年	—	耳塞/耳罩	岗前和离岗时	岗前
85 dB(A)~	超标接触	1	1次/年	适当减少接触时间和接触机会	耳塞/耳罩	岗前、岗中和离岗时	岗前、岗中（1次/年）
90 dB(A)~	超标接触	2	1~2次/年	尽量减少接触时间和接触机会	耳塞/耳罩	岗前、岗中（1~2次/年）和离岗时	岗前、岗中（1~2次/年）
100~115 dB(A)	超标接触	3	1次/季度	最大程度减少接触时间和接触机会	耳塞加耳罩	岗前、岗中（1次/季度）和离岗时	岗前、岗中（1次/季度）

（四）工程控制

工作场所的噪声检测结果较高，对作业人员接触的噪声强度影响较大时，在经济技术条件可行情况下，优先考虑采用卫生工程控制措施。通常卫生工程控制措施包括隔声、消声、吸声、隔振减振等，不同措施的应用范围和可能达到的预期降噪效果也不同，见表6-8。

表6-8　不同降噪设施的应用范围

措施种类	降噪原理	应用范围	降噪效果
吸声	利用吸声材料或结构，降低厂房、室内反射声，如悬挂吸声体等	车间内噪声设备多且分散	4~10 dB
隔声	利用隔声结构，将噪声源和接受点隔开，常用的有隔声罩、隔声间和隔声屏	车间工人多，噪声设备少，用隔声罩；反之，用隔声间；二者都不行，用隔声屏	10~40 dB
消声器	利用阻性、抗性、小孔喷注和多孔扩散等原理，削减气流噪声	气动设备的空气动力性噪声，各类放空排气	15~40 dB
隔振减振	将具有振动的设备，原与地板刚性接触改为弹性接触，隔绝固体声传播；利用内摩擦、耗能大的材料，减少振动	设备振动厉害，固体声传播远，机械设备外壳、管道振动噪声严重	5~25 dB

（五）职业卫生培训

经验证明，成功实施听力保护计划的关键之一是培训。没有培训，职工就无法深入了解噪声的危害，无法自觉使用护耳器。培训必须定期进行，反复进行，帮助职工逐步加深认识。培训应面对面进行，让每个有关的职工都参与，用不同的培训素材从各个角度讲解。培训教材应定期更新。除了对工人进行培训外，对组织实施听力保护计划的管理人员也要定期培训。用人单位对外邀请专业机构的专家进行听力保护方面的培训，对工人的说服力更强。

听力保护培训应当包括以下内容：①噪声对健康的危害；②听力测试的目的和程序；③本企业噪声实际情况及噪声危害控制的一般方法；④使用护耳器的目的，各类型护耳器的优缺点、声衰减值和如何选用、佩戴、维护和更换护耳器等。

（六）认识标识噪声危害

对于噪声强度超过80 dB(A)的工作地点应设置"噪声有害，戴护耳器"的警示标识，提示工人进入该区域应佩戴合适的护耳器。

如果能将噪声的危害及防护信息做成危害告知牌，对工人将更有警示意义。

此外，对于某些噪声强度特别高的场所［如超过100 dB(A)］入口可限制工人进入，只有经管理人员同意，做好防护后才允许进入。

噪声危害的警示标识、指令标识、危害告知卡分别见图6-12、图6-13、图6-14。

图 6-12 噪声危害的警示标识

图 6-13 噪声危害的指令标识

图 6-14 噪声危害告知卡

(七) 护耳器防护

根据全面的工作场所噪声检测结果,用人单位应对工人的护耳器配备及防护效果进行评价。用人单位应当提供三种以上护耳器(包括不同类型不同型号的耳塞或耳罩),供暴露于噪声强度≥80 dB 作业场所的职工选用。我们简单介绍判断护耳器防护效果的方法,详细内容见本章第三节"个体防护"的内容。依据不同型号护耳器的单值噪声降低值 SNR,用 SNR 乘以 0.6 之后为实际正确佩戴后的降噪值。根据图 6-15 的原则判断降噪效果属于哪一级别。例如,某工作地点的噪声强度为 93 dB(A),工人所配备耳塞的 SNR 是 25 dB(A),那么工人正确有效佩戴该耳塞后耳内接触噪声为 93 - 25 × 0.6 = 78 dB(A),该耳塞能达到最佳防护效果。

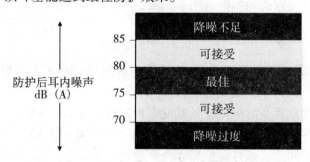
图 6-15 护耳器佩戴后的降噪效果判断

如果工人选择耳塞加耳罩组合，则组合的噪声降低值＝在组合中有较高防护效果的护耳器种类降噪效果 +5 dB(A)。例如，某工作地点的噪声强度为 101 dB(A)，工人配备使用的是耳塞加耳罩组合，耳塞的 SNR 是 25 dB(A)，耳罩的 SNR 是 30 dB(A)，耳塞的实际噪声降低值 = 25 × 0.6 = 15 dB(A)，耳罩的实际噪声降低值 = 30 × 0.6 = 18 dB(A)，耳罩的防护效果较高，因此该耳塞加耳罩组合的实际噪声降低值 = 耳罩的实际噪声降低值 18 + 5 = 23 dB(A)，工人正确有效佩戴该防护组合后耳内接触噪声为 101 ～ 23 = 78 dB(A)，该耳塞加耳罩组合能达到最佳防护效果。

通常建议用人单位为工人配备的护耳器能达到最佳防护效果。如果所配备护耳器降噪不足，用人单位应考虑选用更高降噪系数的护耳器或耳塞加耳罩组合。如果所配备护耳器降噪过度，建议用人单位选用较低降噪系数的护耳器。有时会出现这种情况，用人单位根据噪声检测结果，为工人选用了合适的护耳器，但工人在电测听检查时仍检出高频甚至语频听阈提高，出现这种情况的主要原因是工人佩戴护耳器方法错误，或者工人大多数时间没有实际佩戴护耳器。所以，在护耳器配备后，对员工进行使用方法的培训和监督是非常重要的。

（八）其他防护措施

对于噪声强度超过 85 dB(A) 的岗位也可以通过调整机器运行时间，或通过缩短工人工作时间、调整工人工作内容来降低噪声接触强度。

第七章 实例分析

本章主要介绍两个实例，对噪声检测评价的要点进行说明。

实 例 一

一、检测背景

某塑料制品厂位于广州市××区，主要生产花洒产品。该公司现有厂房包括注塑车间、电镀车间、组装车间、货物摆放区和卸货车间等。根据《中华人民共和国职业病防治法》和相关职业卫生法律法规的要求，该塑料制品厂于2012年11月委托广东省职业卫生检测中心进行工作场所噪声的检测和评价。

二、检测目的

（1）贯彻落实国家有关职业卫生的法律、法规、规章和标准，控制或消除职业病危害，防治职业病，保护劳动者健康。

（2）检测该企业工作场所噪声水平，分析评价其危害程度，为用人单位噪声危害的防控提供依据。

（3）为相关行政部门进行日常监督提供管理依据。

三、检测评价依据

(1)《中华人民共和国职业病防治法》（主席令第52号）。
(2)《工作场所职业卫生监督管理规定》（安监总局令第47号）。
(3)《职业病危害项目申报办法》（安监总局令第48号）。
(4)《用人单位职业健康监护监督管理办法》（安监总局令第49号）。
(5)《工业企业职工听力保护规范》（卫生部，卫法监发〔1999〕620号）。
(6)《工作场所有害因素职业接触限值　第2部分：物理因素》（GBZ 2.2—2007）。
(7)《工作场所物理因素测量　第8部分：噪声》（GBZ/T 189.8—2007）。

(8)《职业卫生名词术语》(GBZ/T 224—2010)。

四、噪声危害的分布调查

1. 基本情况

该公司本次委托检测的范围包括以下工程内容:生产区(注塑车间、电镀车间、组装车间和卸货车间)、辅助生产区(物料房、货物摆放区)和厂前区(行政楼),车间分布及功能见表7-1。工艺流程见图7-1。

表7-1 车间分布及功能

序号	车间	数量	功能
1	注塑车间注塑区域	1	生产花洒主体
2	注塑车间物料房	2	堆放物料
3	注塑车间钻孔机房	1	模具钻孔
4	电镀车间	1	金属制品处理
5	组装车间	1	组装成品
6	货物摆放区	2	摆放货物
7	卸货车间	1	成品出货

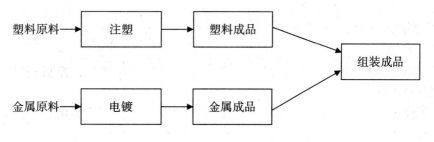

图7-1 工艺流程

2. 主要噪声源分布及其性质(表7-2)

表7-2 主要噪声源分布及其性质

序号	噪声源	数量	所在车间	噪声性质
1	注塑机	42台	注塑车间	非稳态噪声
2	钻孔机	1台	注塑车间	非稳态噪声
3	电镀电动泵	6台	电镀车间	稳态噪声
4	上样取件、码件及挂件时碰撞产生	3条线	电镀车间	非稳态噪声
5	叉车	2台	卸货车间	非稳态噪声

3. 接触噪声岗位调查与识别

据调查,本项目生产工人共有 7 个岗位,63 人。其中有 6 个岗位 53 人接触噪声,具体岗位工作情况及接触噪声情况见表 7-3。

表 7-3 岗位工作情况及接触噪声情况

工作岗位	人数	工作方式	劳动制度	工作内容和工作地点	是否接触噪声	每天接触噪声时间	个体防护用品名称	检测方法
注塑工	42	固定岗位	8 h/d×5 d/w	注塑,注塑车间	是	6 h	耳塞	定点检测
物料工	2	流动作业	8 h/d×5 d/w	物料房取料,送料到注塑车间	是	8 h	耳塞	个体噪声检测
钻孔工	1	固定岗位	8 h/d×5 d/w	模具钻孔,钻孔机房	是	6 h	耳塞	噪声无规律,个体噪声检测
电镀操作工	3	流动作业	8 h/d×5 d/w	电镀前、后处理(1人操作2台机),电镀区域	是	8 h	耳塞	个体噪声检测
上样操作工	3	流动作业	8 h/d×5 d/w	上样零件检查,上样拉(3条)	是	8 h	耳塞	个体噪声检测
叉车工	2	流动作业	8 h/d×5 d/w	运货,卸货区域	是	8 h	耳塞	个体噪声检测
组装工	10	固定岗位	8 h/d×5 d/w	组装,组装区域	否	—	—	—

五、检测方案

1. 工作场所噪声的检测方案

依据噪声危害分布的调查,按照各噪声源在各车间的分布情况,拟定工作场所噪声检测点共 15 个,具体布点情况见表 7-4、表 7-5,具体检测点位置见图 7-2。

表 7-4 各车间噪声测点分布情况

检测项目	各车间检测点数			合计
	注塑车间	电镀车间	卸货车间	
噪声	5	8	2	15

表7-5 工作场所噪声检测方案

序 号	车 间	检 测 地 点
1	注塑车间	G1机操作位
2		G17机操作位
3		G33机操作位
4		G38机操作位
5		钻孔操作位
6	电镀车间	电镀机B走廊前
7		电镀机B走廊中
8		电镀机B走廊后
9		电镀机C走廊前
10		电镀机C走廊中
11		电镀机C走廊后
12		上样B拉
13		上样C拉
14	卸货车间	叉车1（个体噪声）
15		叉车2（个体噪声）

2. 岗位噪声的检测方案

依据GBZ/T 189.8，结合企业工作场所噪声分布实际以及作业工人噪声接触情况确定岗位噪声的评估方式，注塑岗位为固定作业岗位，可依据该场所的噪声水平进行评估；物料、电镀、上样作业岗位及叉车司机为流动作业，钻孔工接触噪声无规律，需进行个体噪声检测，个体噪声检测方案见表7-6。

表7-6 个体噪声检测方案

序 号	岗 位	检测人数
1	物料工	2
2	电镀操作工（B、C线各1人）	2
3	上样操作工（B、C线各1人）	2
4	叉车工	2
5	钻孔工	1

注：根据GBZ/T 189.8附录A每种工作岗位劳动者数不足3名时，全部选为抽样对象，劳动者数为3～5名，采样对象数为2。

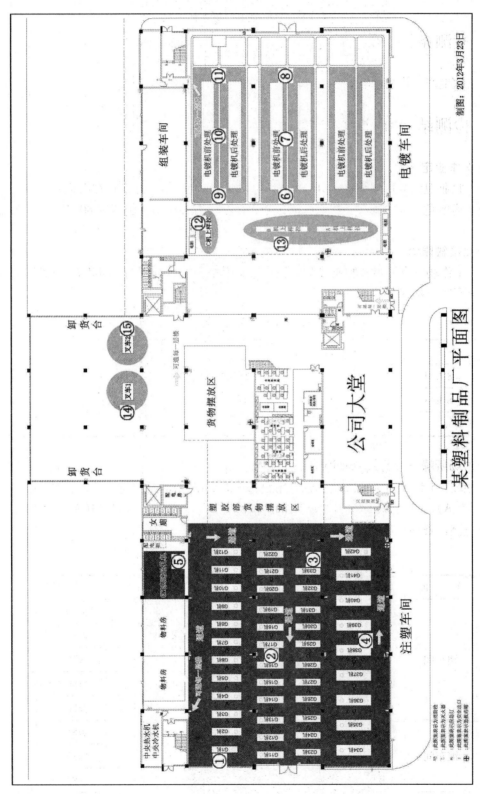

图 7-2 实例一作业环境噪声测点和噪声强度分布

备注:"○"表示噪声测点; ■ 为 80~85 dB (A) 工作场所, ■ 为≥85 dB (A) 工作场所。

六、检测条件

企业正常生产,设备正常运行。

七、检测结果和评价

1. 噪声作业定义

根据《职业卫生名词术语》(GBZ/T 224—2010),噪声作业是指存在有损听力、有害健康或有其他危害的声音,且 8 h/d 或 40 h/w 噪声暴露等效声级≥80 dB(A) 的作业。

2. 职业接触限值

根据《工作场所有害因素职业接触限值 第2部分:物理因素》(GBZ 2.2—2007),工作场所噪声职业接触限值见表 7-7。

表 7-7 工作场所噪声职业接触限值

接触时间	接触限值/dB(A)	备 注
5 d/w, =8 h/d	85	非稳态噪声计算 8 h 等效声级($L_{EX,8h}$)
5 d/w, ≠8 h/d	85	计算 8 h 等效声级($L_{EX,8h}$)
≠5 d/w	85	计算 40 h 等效声级($L_{EX,w}$)

3. 工作场所噪声检测结果和评价

本次共测了工作场所 15 个点,所有测点噪声强度均≥80 dB(A),有 6 个测点噪声强度≥85 dB(A)。电镀车间电镀机 B 走廊前的噪声强度最高,为 89.2 dB(A)。检测结果详见表 7-8,各测点的噪声强度分布见图 7-2。

表 7-8 工作场所噪声检测结果

序 号	车 间	检测地点	噪声强度/dB(A)	备 注
1	塑车间	G1 机操作位	80.1	≥80 dB(A)
2		G17 机操作位	83.2	≥80 dB(A)
3		G33 机操作位	81.9	≥80 dB(A)
4		G38 机操作位	82.5	≥80 dB(A)
5		钻孔操作位	82.6	≥80 dB(A)
6	镀车间	电镀机 B 走廊前	89.2	≥85 dB(A)
7		电镀机 B 走廊中	88.3	≥85 dB(A)
8		电镀机 B 走廊后	86.2	≥85 dB(A)

续表7-8

序 号	车 间	检 测 地 点	噪声强度/dB(A)	备 注
9	电镀车间	电镀机C走廊前	87.3	≥85dB(A)
10		电镀机C走廊中	86.5	≥85 dB(A)
11		电镀机C走廊后	85.4	≥85 dB(A)
12		上样C线	86.9	≥85 dB(A)
13		上样B线	87.5	≥85 dB(A)
14	货车间	叉车1	85.6	≥85 dB(A)
15		叉车2	86.3	≥85 dB(A)

注：以上测点的噪声均为等效连续A声级（L_{Aeq}）。

4. 工作岗位噪声结果和评价

本次测量的6个接触噪声岗位均属于噪声作业岗位，其中3个岗位（电镀操作工、上样操作工、叉车工）的规格化等效声级噪声强度超过职业接触限值。详见表7-9。

表7-9 工作岗位的规格化等效声级噪声结果

序号	工作岗位	样品数	检测方式	噪声强度 检测结果 /dB（A）	$L_{EX,8h}$ /dB（A）	接触时间	结果判定
1	注塑工	4	L_{Aeq}	80.1～83.2	78.9～82.0	6 h/d×5 d/w	噪声作业
2	物料工	2	个体	工人A：83.5	82.9～83.5	8 h/d×5 d/w	噪声作业
			个体	工人B：82.9		8 h/d×5 d/w	
3	钻孔工	1	个体	工人C：83.5	82.3	6 h/d×5 d/w	噪声作业
4	电镀操作工	2	个体	C线工人D：86.7	86.7～87.5	8 h/d×5 d/w	噪声作业，且超标
			个体	B线工人E：87.5		8 h/d×5 d/w	
5	上样操作工	2	个体	C线工人F：86.9	86.9～87.5	8 h/d×5 d/w	噪声作业，且超标
			个体	B线工人G：87.5		8 h/d×5 d/w	
6	叉车工	2	个体	工人H：85.6	85.6～86.3	8 h/d×5 d/w	噪声作业，且超标
			个体	工人I：86.3		8 h/d×5 d/w	

八、检测评价结论

本次共测了工作场所15个点，所有测点噪声强度均≥80 dB(A)，有6个测点噪声强度≥85 dB(A)。该公司注塑工等6个接触噪声岗位均属于噪声作业岗位，其中3个岗位（电镀操作工、上样操作工、叉车工）接触的噪声强度超过职业接触限值。

九、建议

1. **监测评价**

根据工作场所的噪声检测结果,实施作业环境噪声分级管理策略(可参考表 7 – 10、图 7 – 2)。定期委托有职业病危害因素检测评价资质的机构进行职业病危害因素监测评价。

表 7 – 10　作业环境噪声分级管理策略

工作场所噪声值	图示颜色	危害分级	管理策略			
			监测	工程控制	个人防护	警示标识
80 dB(A)~	蓝色区域	0	1 次/2 年	—	耳塞/耳罩	警示牌
85 dB(A)~	黄色区域	1	1 次/年	考虑采用	耳塞/耳罩	警示牌、警示线

2. **完善职业卫生管理**

(1) 加强职工听力保护管理。公司应根据《工业企业职工听力保护规范》(卫法监发〔1999〕620 号)的要求制订并实施听力保护计划,内容应包括工作场所噪声监测、听力测试与评定、工程控制措施、护耳器的要求及使用、职工培训以及记录保存等方面内容。

(2) 加强职业健康监护管理:

1) 根据《职业健康监护技术规范》(GBZ 188—2014)的要求,从事噪声作业的工人(注塑工、物料工、钻孔工、电镀操作工、上样操作工、叉车司机)应在上岗前、在岗期间、离岗时进行相应的职业健康体检。

2) 发现职业禁忌证及时调离噪声作业岗位。

(3) 检测结果采用公告栏、告示牌、内部网站等不同形式对工人进行告知。

(4) 劳动组织合理化,减少工人在高噪声作业环境的停留时间。

(5) 加强噪声的健康危害及防护措施的职业卫生知识培训。

3. **加强个体防护**

(1) 该公司噪声作业岗位噪声接触水平均在 90 dB(A)以下,佩戴普通的护耳器即可[建议 SNR 值 18 ~ 33 dB(A)为宜]。

(2) 定期发放、及时更换护耳器,通过培训、监督等方式,确保工人正确有效佩戴。

4. **向当地相关行政部门申报职业病危害因素监测结果**

实例 二

一、检测背景

某公司位于广州市××区,是一家专业的铅酸蓄电池生产企业。该公司建立于 2002 年 4 月,2003 年 5 月投入生产,主要产品是 UPS 电源蓄电池,厂房的每年设计生产能力 72.7 万 KVAH。该公司厂区设有原料组车间、涂板合膏组车间、铸造组车间、化成组车间、切板组车间、组立课车间、复检课车间等主要生产车间。

根据《中华人民共和国职业病防治法》、《工作场所职业卫生监督管理规定》等规定,某公司于 2013 年××月委托广东省职业卫生检测中心进行噪声检测评价。

二、检测评价目的

同实例一。

三、检测评价依据

同实例一。

四、委托项目基本情况

1. 检测评价范围

该公司本次委托检测评价的范围包括:原料组车间、涂板合膏组车间、铸造组车间、化成组车间、切板组车间、组立课车间、复检课车间。各车间平面布置见图 7-3 和图 7-4。

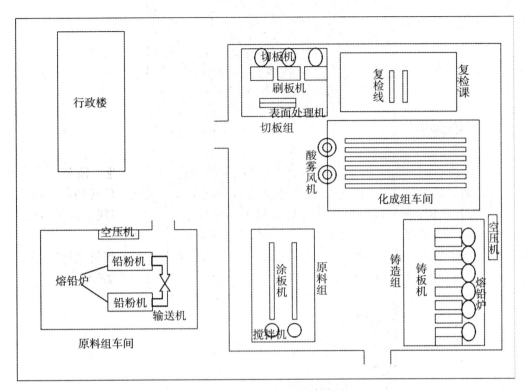

图 7-3 各车间一楼平面布置

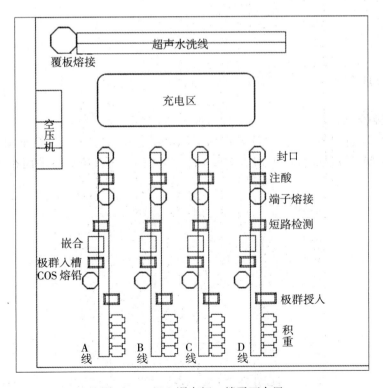

图 7-4 组立课车间二楼平面布置

2. 劳动定员情况

该公司的主要生产岗位定员情况见表7-11。

表7-11 主要生产岗位定员一览表

序 号	工种或岗位	定 员	劳动制度	工作时间	工作方式
1	设备课	7	三班制	8 h/d×6 d/w	流动
2	仓储课	5	白班制	8 h/d×5 d/w	流动
3	维护课	10	白班制	8 h/d×5 d/w	流动
4	品管课	15	白班制	8 h/d×5 d/w	流动
5	极板课课长	1	白班制	8 h/d×5 d/w	流动
6	原料组	3	三班制	8 h/d×6 d/w	流动
7	铸造组	25	三班制	8 h/d×6 d/w	固定
8	涂板组叉车	3	三班制	8 h/d×6 d/w	流动
9	涂板组组长	1	三班制	8 h/d×6 d/w	流动
10	涂板组机头	9	三班制	8 h/d×6 d/w	固定
11	涂板组机尾	9	三班制	8 h/d×6 d/w	固定
12	涂板组搅拌	2	三班制	8 h/d×6 d/w	固定
13	化成组	27	三班制	8 h/d×6 d/w	流动
14	切板组	36	三班制	8 h/d×6 d/w	固定
15	组立课积重	45	三班制	8 h/d×6 d/w	固定
16	组立课极群授入	15	三班制	8 h/d×6 d/w	固定
17	组立课COS熔铅	21	三班制	8 h/d×6 d/w	固定
18	组立课极群入槽	15	三班制	8 h/d×6 d/w	固定
19	组立课短路检测	15	三班制	8 h/d×6 d/w	固定
20	组立课嵌合	7	三班制	8 h/d×6 d/w	固定
21	组立课端熔	8	三班制	8 h/d×6 d/w	固定
22	组立课封口	5	三班制	8 h/d×6 d/w	固定
23	组立课注酸	15	三班制	8 h/d×6 d/w	流动
24	组立课上线	10	三班制	8 h/d×6 d/w	流动
25	组立课充电	10	三班制	8 h/d×6 d/w	流动
26	组立课水洗	9	三班制	8 h/d×6 d/w	固定
27	组立课覆板熔接	9	三班制	8 h/d×6 d/w	固定
28	组立课管理	6	三班制	8 h/d×6 d/w	流动
29	复检课	56	三班制	8 h/d×6 d/w	固定

3. 生产工艺

该公司使用的原料是铅锭，中间生成极板，再组装成蓄电池成品，整个生产工艺流程见图7-5。

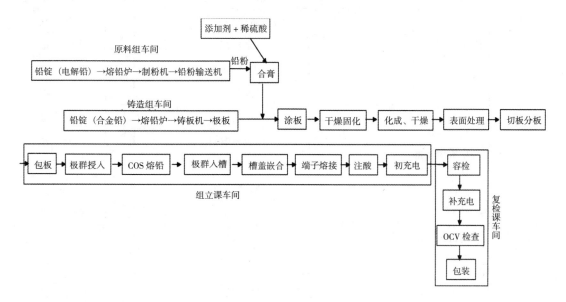

图7-5 生产工艺流程

4. 主要生产设备（表7-12）

表7-12 主要生产设备

序 号	车 间	工 序	设备名称	数 量	设备布置情况
1	原料组车间	制粉	铅粉机	2	车间一楼
2			铅粉储存槽	2	车间一楼
3			铅粉输送设备	1	车间一楼
4			熔铅炉	1	车间一楼
5			螺旋空压机	1	车间一楼
6	铸造组车间	铸板	熔铅炉	6	车间一楼
7			铸造机	12	车间一楼
8			硬化炉	12	车间一楼
9			螺旋空压机	1	车间一楼
10			叉车	1	车间一楼

续表 7-12

序 号	车 间	工 序	设 备 名 称	数 量	设备布置情况
11	涂板合膏组车间	合膏	铅膏搅拌机	2	车间二楼
13			铅粉储存筛选设备	1	车间二楼
14		涂板	涂板机	2	车间一楼
15			FD 干燥机	2	车间一楼
16			极板收集机	2	车间一楼
17	化成组车间	化成	化成槽	14	车间一楼
18			化成充电机	16	车间一楼
19			水洗槽	3	车间一楼
20			天然气干燥机	4	车间一楼
21	切板组车间	切板	切板机	3	车间一楼
22			刷板机	3	车间一楼
23		表面	表面处理机	2	车间一楼
24	组立课车间	积重	折曲机	20	车间二楼
25		授入	授入机	4	车间二楼
26		COS	熔铅炉	5	车间二楼
27			铸型冷却回收输送带	4	车间二楼
28		入槽	入槽机	7	车间二楼
29		极性短路检测	极性短路检测机	4	车间二楼
30		槽盖嵌合	恒温箱	4	车间二楼
31			混胶机	5	车间二楼
32			嵌合机	4	车间二楼
33			嵌合干燥炉	5	车间二楼
34		端熔	翻转机	5	车间二楼
35		封口	混胶机	2	车间二楼
36			干燥炉	5	车间二楼
37		注液	注酸机	6	车间二楼
38		上线	升降机台	5	车间二楼
39		充电	充电机	791	车间二楼
40		水洗	水洗机	3	车间二楼
41		覆板熔接	超音波机	3	车间二楼
42		公用设备	螺杆空压机	3	车间一楼

续表 7-12

序 号	车 间	工 序	设 备 名 称	数 量	设备布置情况
43	复检课车间	容检	容量检测机	6	车间一楼
44			充电机	374	车间一楼
45		复检	OCV 检测机	3	车间一楼

五、噪声的分布调查

1. 工作场所中噪声的分布调查（表 7-13）

表 7-13 噪声的分布调查

序 号	车 间	噪声的产生途径
1	原料组车间	熔铅炉、切粒机、提升机、铅粉机、铅粉输送机、空压机等设备运行产生机械性噪声
2	涂板合膏组车间	熔铅炉、铸板机、废板栅回收皮带机运行产生噪声，收板栅和废板栅回落到熔铅炉过程也可产生噪声
3	铸造组车间	搅拌罐、涂板机、干燥窑等设备运行产生噪声，铅膏下料、收运板栅过程也可产生噪声
4	化成组车间	车间通风机、酸雾回收风机等设备运行产生噪声
5	切板组车间	表面处理机、切板机、刷板机等设备运行产生噪声
6	组立课车间	极群授入机、COS 熔铅炉、极群入槽机、注酸机、输送带、超声机等设备运行可产生噪声
7	复检课车间	复检课车间叉车运行、气枪吹扫电池表面可产生噪声

2. 各工种/岗位的噪声接触情况（表 7-14）

表 7-14 噪声的岗位分布

序 号	工种或岗位	是否接触噪声	接触噪声人数	每班实际接触噪声时间	接触噪声方式
1	设备课	是	7	5 h/d	流动
2	仓储课	是	5	1 h/d	流动
3	维护课	是	10	6 h/d	流动
4	品管课	是	15	6 h/d	流动
5	极板课课长	是	1	2 h/d	流动
6	原料组	是	3	3 h/d	流动

续表 7-14

序 号	工种或岗位	是否接触噪声	接触噪声人数	每班实际接触噪声时间	接触噪声方式
7	铸造组	是	25	8 h/d	固定
8	涂板组叉车	是	3	8 h/d	流动
9	涂板组组长	是	1	8 h/d	流动
10	涂板组机头	是	9	8 h/d	固定
11	涂板组机尾	是	9	8 h/d	固定
13	涂板组搅拌	是	2	8 h/d	固定
14	化成组	是	27	8 h/d	流动
15	切板组	是	36	8 h/d	固定
16	组立课积重	是	45	8 h/d	固定
17	组立课极群授入	是	15	8 h/d	固定
18	组立课 COS 熔铅	是	21	8 h/d	固定
19	组立课极群入槽	是	15	8 h/d	固定
20	组立课短路检测	是	15	8 h/d	固定
21	组立课嵌合	是	7	8 h/d	固定
22	组立课端熔	是	8	8 h/d	固定
23	组立课封口	是	5	8 h/d	固定
24	组立课注酸	是	15	8 h/d	流动
25	组立课上线	是	10	8 h/d	流动
26	组立课充电	是	10	8 h/d	流动
27	组立课水洗	是	9	8 h/d	固定
28	组立课覆板熔接	是	9	8 h/d	固定
29	组立课管理	是	6	2 h/d	流动
30	复检课	是	56	8 h/d	固定

六、检测方案和检测条件

1. 工作场所噪声检测方案

检测方案制定原则参照《工作场所空气中有害物质监测的采样规范》（GBZ 159—2004）中规定：一个有代表性的工作场所内有多台同类生产设备时，1~3 台设置 1 个采样点；4~10 台设置 2 个采样点；10 台以上，至少设置 3 个采样点。各车间的噪声测点分布情况见表 7-15。

表 7-15 工作场所噪声检测方案

序号	车间	工序	检测地点	测点数	备注
1	原料组车间	制粉	铅粉球磨机	1	
2			铅粉输送设备	1	
3			熔铅炉	1	
4			螺旋空压机	1	
5	铸造组车间	铸板	熔铅炉	2	
6			铸造机	3	
7			螺旋空压机	1	
8	涂板合膏组车间	合膏	铅膏搅拌机	1	
9		涂板	涂板机头部	1	
10			涂板机尾部	1	
11			膏料落料口	1	
13	化成组车间	化成	车间中央	1	噪声源主要来自车间的酸雾风机
14			酸雾风机	1	
15	切板组车间	切板	切板机	1	
16			刷板机	1	
17		表面	表面处理机（上板、下板）	2	
18	组立课车间	积重	折曲机	6	
19		授入	授入机	2	
20		COS	熔铅炉	2	
21		入槽	入槽机	2	
22		极性短路检测	极性短路检测机	2	主要受周边噪声环境影响
23		槽盖嵌合	作业位	2	主要受周边噪声环境影响
24		端熔	作业位	2	主要受周边噪声环境影响
25		封口	作业位	2	主要受周边噪声环境影响
26		注液	注酸机	2	
27		充电	充电区	1	
28		水洗	水洗机	1	
29		覆板熔接	超音波机	1	
30		公用设备	螺杆空压机	1	

续表 7-15

序 号	车 间	工 序	检测地点	测点数	备 注
31	复检课车间	出货包装	出货包装位	1	
32		电池擦拭	电池擦拭作业位	1	
33		测试电压	测试电压位	1	
34		容量检查	容量检查位	1	
35		二次充电	二次充电区	1	
合 计				51	

2. 接触噪声岗位噪声危害评估方案

对于流动岗位，通过佩戴个体噪声剂量计取得其岗位实际接触的噪声强度（个体噪声检测方案见表 7-16），再计算工人的 40 h 等效声级；对于固定作业岗位，通过工作地点噪声强度结合工人实际接触噪声时间计算工人的 40 h 等效声级，与职业接触限值比较，从而判断岗位接触的噪声是否超标。

表 7-16 接触噪声岗位的噪声检测评估方案

序 号	工种或岗位	劳动定员	工作方式	岗位噪声评估方法	个体噪声检测样品数
1	设备课	7	流动	个体噪声	3
2	仓储课	5	流动	个体噪声	2
3	维护课	10	流动	个体噪声	4
4	品管课	15	流动	个体噪声	4
5	极板课课长	1	流动	个体噪声	1
6	原料组	3	流动	个体噪声	2
7	铸造组	25	固定	结合定点噪声计算	—
8	涂板组叉车	3	流动	个体噪声	2
9	涂板组组长	1	流动	个体噪声	1
10	涂板组机头	9	固定	结合定点噪声计算	—
11	涂板组机尾	9	固定	结合定点噪声计算	—
13	涂板组搅拌	2	固定	结合定点噪声计算	—
14	化成组	27	流动	个体噪声	4
15	切板组	36	固定	结合定点噪声计算	—
16	组立课积重	45	固定	结合定点噪声计算	—
17	组立课极群授入	15	固定	结合定点噪声计算	—
18	组立课 COS 熔铅	21	固定	结合定点噪声计算	—

续表 7-16

序 号	工种或岗位	劳动定员	工作方式	岗位噪声评估方法	个体噪声检测样品数
19	组立课极群入槽	15	固定	结合定点噪声计算	—
20	组立课短路检测	15	固定	结合定点噪声计算	—
21	组立课嵌合	7	固定	结合定点噪声计算	—
22	组立课端熔	8	固定	结合定点噪声计算	—
23	组立课封口	5	固定	结合定点噪声计算	—
24	组立课注酸	15	流动	个体噪声	4
25	组立课上线	10	流动	个体噪声	4
26	组立课充电	10	流动	个体噪声	4
27	组立课水洗	9	固定	结合定点噪声计算	—
28	组立课覆板熔接	9	固定	结合定点噪声计算	—
29	组立课管理	6	流动	个体噪声	3
30	复检课	56	固定	结合定点噪声计算	—

备注：根据 GBZ/T 189.8 附录 A 每种工作岗位劳动者数不足 3 名时，全部选为抽样对象，劳动者数为 3～5 名，采样对象数为 2。

3. 检测条件

该公司正常生产，主要设备正常运行。

七、噪声检测结果和评价

1. 噪声作业定义

根据《职业卫生名词术语》（GBZ/T 224—2010），噪声作业是指存在有损听力、有害健康或有其它危害的声音，且 8 h/d 或 40 h/w 噪声暴露等效声级≥80 dB(A) 的作业。

2. 职业接触限值

根据《工作场所有害因素职业接触限值 第 2 部分：物理因素》（GBZ 2.2—2007），工作场所噪声职业接触限值见表 7-17。

表 7-17 工作场所噪声职业接触限值

接触时间	接触限值/dB(A)	备 注
5 d/w，=8 h/d	85	非稳态噪声计算 8 h 等效声级（$L_{EX,8h}$）
5 d/w，≠8 h/d	85	计算 8 h 等效声级（$L_{EX,8h}$）
≠5 d/w	85	计算 40 h 等效声级（$L_{EX,w}$）

3. 工作地点噪声检测结果

工作场所共测 51 个点，具体检测结果见表 7-18。

表 7-18 工作场所噪声强度检测结果

序号	车间	检测地点	噪声强度/dB(A)	备注
1	原料组车间	熔铅炉	84.5	≥80 dB(A)
2		铅粉制造机	85.6	≥85 dB(A)
3		空压机	83.4	≥80 dB(A)
4		铅粉输送机	87.4	≥85 dB(A)
5	铸造组车间	3 号熔铅炉	79.1	—
6		5 号熔铅炉	79.9	—
7		4 号铸板机	80.0	≥80 dB(A)
8		7 号铸板机	82.5	≥80 dB(A)
9		10 号铸板机	75.1	—
10		空压机	84.5	≥80 dB(A)
11	涂板组车间	二楼合膏搅拌机	71.3	—
12		极板机合膏落料口	77.2	—
13		涂板机头部	75.6	—
14		涂板机尾部	79.4	—
15	化成组车间	化成室中央	75.3	—
16		化成酸雾机	81.3	≥80 dB(A)
17	切板组车间	表面处理机上板岗位	81.4	≥80 dB(A)
18		表面处理机收板岗位	82.5	≥80 dB(A)
19		切板机操作位	82.7	≥80 dB(A)
20		刷板机操作位	83.9	≥80 dB(A)
21	组立课车间	D 线积重岗位 6#位	71.3	—
22		D 线积重岗位 2#位	71.0	—
23		D 线积重岗位 5#位	73.4	—
24		D 线极群授入岗位	79.0	—
25		D 线 COS 熔铅岗位	82.3	≥80 dB(A)
26		D 线极群入槽岗位	80.3	≥80 dB(A)
27		D 线极群短路检测	75.7	—
28		D 线槽盖嵌合	76.7	—

续表 7-18

序号	车间	检测地点	噪声强度/dB(A)	备注
29	组立课车间	D 线端子熔接岗位	79.3	—
30		D 线注酸机位	73.8	—
31		D 线封口作业位	78.8	—
32		D 线一次充电区域	71.5	—
33		B 线积重岗位 1#位	74.9	—
34		B 线积重岗位 3#位	73.6	—
35		B 线积重岗位 5#位	76.2	—
36		B 线 COS 熔铅岗位	83.3	≥80 dB(A)
37		B 线极群授入岗位	77.9	—
38		B 线极群入槽岗位	80.5	≥80 dB(A)
39		B 线极群短路检测	78.5	—
40		B 线槽盖嵌合	78.5	—
41		B 线端子熔接岗位	83.7	≥80 dB(A)
42		B 线注酸机	77.1	—
43		B 线封口作业位	77.3	—
44		1 号水洗线水洗	86.0	≥85 dB(A)
45		1 号水洗线超音波覆板熔接	86.2	≥85 dB(A)
46		组立空压机	80.9	≥80 dB(A)
47	复检课车间	B 线出货包装位	77.0	—
48		B 线电池擦拭作业位	75.3	—
49		B 线测试电压位	74.4	—
50		B 线容量检查位	72.1	—
51		B 线二次充电区	75.8	—

对表 7-18 中 51 个测点的噪声强度进行分级汇总，结果见表 7-19。从表可以看出，51 个测点中，其中 20 个测点（占 39.2%）的噪声强度大于 80 dB(A)，有 4 个测点（占 7.8%）的噪声强度大于 85 dB(A)。

表 7-19 工作场所噪声强度分级汇总

车间	<80 dB(A)	80 dB(A)~	85 dB(A)~	90 dB(A)~	95 dB(A)~	小计
原料组车间	0	2	2	0	0	4
铸造组车间	3	3	0	0	0	6

续表 7-19

车　　间	<80 dB(A)	80 dB(A)~	85 dB(A)~	90 dB(A)~	95 dB(A)~	小　　计
涂板组车间	4	0	0	0	0	4
化成组车间	1	1	0	0	0	2
切板组车间	0	4	0	0	0	4
组立课车间	18	6	2	0	0	26
复检课车间	5	0	0	0	0	5
合　　计	31	16	4	0	0	51

4. 个体噪声检测结果

流动岗位佩戴个体噪声剂量计测得实际接触的等效声级噪声强度（$L_{Aeq,Te}$），结果见表 7-20。

表 7-20　个体噪声原始检测结果

序　号	工种/岗位	姓　名	实测噪声强度/$L_{Aeq,Te}$, dB(A)
1	设备课	略	77.6
2	设备课	略	76.8
3	设备课	略	81.6
4	仓储课	略	78.1
5	仓储课	略	79.4
6	维护课	略	80.2
7	维护课	略	84.6
8	维护课	略	85.2
9	维护课	略	83.7
10	品管课	略	74.4
11	品管课	略	78.4
12	品管课	略	72.9
13	品管课	略	77.5
14	极板课课长	略	74.7
15	原料组	略	78.4
16	原料组	略	76.9
17	涂板组叉车	略	81.2
18	涂板组叉车	略	78.5
19	涂板组组长	略	72.3

续表 7-20

序　号	工种/岗位	姓　名	实测噪声强度/$L_{Aeq,Te}$，dB(A)
20	化成组	略	67.5
21	化成组	略	66.7
22	化成组	略	70.1
23	化成组	略	72.1
24	组立课注酸	略	73.4
25	组立课注酸	略	70.1
26	组立课注酸	略	69.1
27	组立课注酸	略	72.0
28	组立课上线	略	75.3
29	组立课上线	略	74.2
30	组立课上线	略	71.7
31	组立课上线	略	70.9
32	组立课充电	略	77.0
33	组立课充电	略	77.2
34	组立课充电	略	75.1
35	组立课充电	略	73.2
36	组立课管理	略	72.9
37	组立课管理	略	73.1
38	组立课管理	略	74.8

5. 接触噪声岗位的噪声危害评估结果

根据岗位噪声评估方案，作业岗位的噪声结果见表 7-21。从表 7-21 可以看出，共评估了 32 个岗位的噪声危害，其中 14 个岗位（占 43.75%）属于噪声作业岗位，3 个岗位的 40 h 等效声级（$L_{EX,w}$）超过职业接触限值。

表 7-21　作业岗位噪声强度评估结果

序　号	岗　位	$L_{Aeq,Te}$结果/dB(A)	接触时间	$L_{EX,w}$结果/dB(A)	结果判定
1	设备课	76.8～81.6	8 h/d×6 d/w	77.6～82.4	噪声作业
2	仓储课	78.1～79.4	8 h/d×5 d/w	78.1～79.4	合格
3	维护课	60.2～85.2	8 h/d×5 d/w	60.2～85.2	噪声作业，且超标
4	品管课	72.9～78.4	8 h/d×5 d/w	72.9～78.4	合格

续表 7-21

序 号	岗 位	$L_{Aeq,Te}$结果 /dB(A)	接触时间	$L_{EX,w}$结果 /dB(A)	结果判定
5	极板课课长	74.7	8 h/d×5 d/w	74.7	合格
6	原料组	76.9~78.4	8 h/d×6 d/w	77.7~79.2	合格
7	铸造组	75.1~82.5	8 h/d×6 d/w	75.9~83.3	噪声作业
8	涂板组叉车	78.5~81.2	8 h/d×6 d/w	79.3~82.0	噪声作业
9	涂板组组长	72.3	8 h/d×6 d/w	73.1	合格
10	涂板组机头	75.6	8 h/d×6 d/w	76.4	合格
11	涂板组机尾	79.4	8 h/d×6 d/w	80.2	噪声作业
12	涂板组搅拌	71.3	8 h/d×6 d/w	72.1	合格
13	化成组	66.7~72.1	8 h/d×6 d/w	67.5~72.9	合格
14	切板组表面处理机上板岗位	81.4	8 h/d×6 d/w	82.2	噪声作业
15	切板组表面处理机收板岗位	82.5	8 h/d×6 d/w	83.3	噪声作业
16	切板组切板机岗位	82.7	8 h/d×6 d/w	83.5	噪声作业
17	切板组刷板机岗位	83.9	8 h/d×6 d/w	84.7	噪声作业
18	组立课积重	71.0~76.2	8 h/d×6 d/w	71.8~77.0	合格
19	组立课极群授入	77.9~79.0	8 h/d×6 d/w	78.7~79.8	合格
20	组立课 COS 熔铅	82.3~83.3	8 h/d×6 d/w	83.1~84.1	噪声作业
21	组立课极群入槽	80.3~80.5	8 h/d×6 d/w	81.1~81.3	噪声作业
22	组立课短路检测	75.7~78.5	8 h/d×6 d/w	76.5~79.3	合格
23	组立课嵌合	76.7~78.5	8 h/d×6 d/w	77.5~79.3	合格
24	组立课端熔	79.3~83.7	8 h/d×6 d/w	80.1~84.5	噪声作业
25	组立课封口	77.3~78.8	8 h/d×6 d/w	78.1~79.6	合格
26	组立课注酸	69.1~73.4	8 h/d×6 d/w	69.9~74.2	合格
27	组立课上线	70.9~75.3	8 h/d×6 d/w	71.7~76.1	合格
28	组立课充电	73.2~77.2	8 h/d×6 d/w	74.0~78.0	合格
29	组立课水洗	86.0	8 h/d×6 d/w	86.8	噪声作业,且超标
30	组立课覆板熔接	86.2	8 h/d×6 d/w	87.0	噪声作业,且超标
31	组立课管理	72.9~74.8	8 h/d×6 d/w	73.7~75.6	合格
32	复检课	72.1~77.0	8 h/d×6 d/w	72.9~77.8	合格

注:按该岗位的噪声最大值进行结果判定。

八、噪声检测评价结论

本次共测了该公司工作场所 51 个测点,其中 20 个测点的噪声强度大于 80 dB(A),有 4 个测点的噪声强度大于 85 dB(A)。共评估了该公司 32 个接触噪声岗位的噪声危害,其中 14 个岗位(占 43.75%)属于噪声作业岗位;组立课水洗等 3 个岗位的 40 h 等效声级($L_{EX,w}$)超过职业接触限值。

九、建议

1. 分级管理

根据工作场所的噪声检测结果,实施作业环境噪声分级管理策略(可参考表 7-22、图 7-6 和图 7-7)。根据接触噪声岗位的噪声结果,对岗位实施分级管理策略,见表 7-23。

表 7-22 作业环境噪声分级管理策略

工作场所噪声值	图示颜色	危害分级	管理策略			
			监测	工程控制	个人防护	警示标识
80 dB(A)~	蓝色区域	0	1 次/2 年	—	耳塞/耳罩	警示牌
85~90 dB(A)	黄色区域	1	1 次/1 年	考虑采用	耳塞/耳罩	警示牌、警示线

表 7-23 作业岗位噪声分级管理策略

岗位噪声值	结果判定	危害分级	监测	工程控制	个人防护	健康监护	培训
<80 dB(A)	非噪声作业	—	—	—	—	—	岗前
80 dB(A)~	噪声作业	0	1 次/2~3 年	—	耳塞/耳罩	岗前和离岗时	岗前
85~90 dB(A)	超标接触	1	1 次/年	适当减少接触时间和接触机会	耳塞/耳罩	岗前、岗中和离岗时	岗前、岗中(1 次/年)

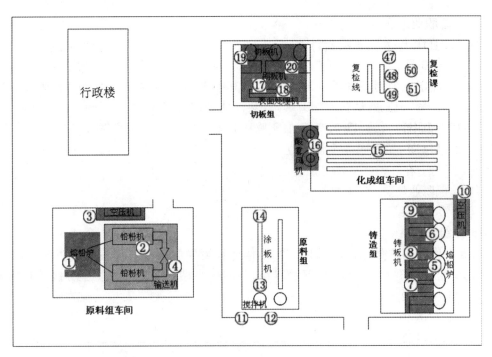

图 7-6 各车间一楼噪声测点和分级管理区域

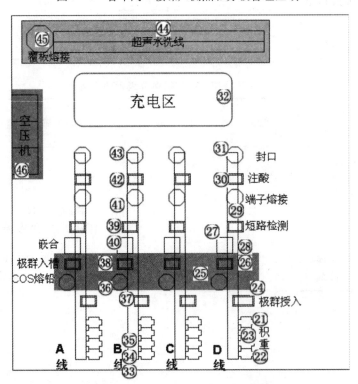

图 7-7 组立课车间二楼噪声测点和分级管理区域

备注:"○"表示噪声测点; ▓ 为 80~85 dB(A)工作场所, ░ 为≥85 dB(A)工作场所。

2. 完善职业卫生管理

（1）加强职工听力保护管理。公司应根据《工业企业职工听力保护规范》（卫法监发〔1999〕620号）的要求制订并实施听力保护计划，内容应包括工作场所噪声监测、听力测试与评定、工程控制措施、护耳器的要求及使用、职工培训以及记录保存等方面内容。

（2）加强职业健康监护管理：

1）根据《职业健康监护技术规范》（GBZ 188—2014）的要求，从事噪声作业的工人应在上岗前、在岗期间、离岗时进行相应的职业健康体检。

2）发现职业禁忌证及时调离噪声作业岗位。

（3）检测结果采用公告栏、告示牌、内部网站等不同形式对工人进行告知。

（4）劳动组织合理化，减少工人在高噪声作业环境的停留时间。

（5）加强噪声的健康危害及防护措施的职业卫生知识培训。

3. 加强个体防护

（1）该公司噪声作业岗位噪声接触水平均在 90 dB（A）以下，佩戴普通的护耳器即可［建议 SNR 值 18～33 dB（A）为宜］。

（2）定期发放、及时更换护耳器，通过培训、监督等方式，确保工人正确有效佩戴。

4. 向当地相关行政部门申报职业病危害因素监测结果

附　　录

附表1　委托单位职业卫生调查表

一、用人单位基本信息

1. 用人单位名称：_____
2. 通讯地址：_____　邮编：_____
3. 联系人姓名：_____　4. 邮箱：_____
4. 办公电话：_____　6. 手机：_____　7. 传真：_____
5. 行业：（在下列行业中打"√"）
   □煤炭　□石油　□电力　□核工业　□冶金　□有色金属　□机械　□电子
   □兵器　□船舶　□化工　□医药　□铁道　□交通　□建材　□建设　□地质矿产
   □水利　□农业　□森林工业　□轻工　□纺织　□航空航天　□商业　□邮电
   □石化工业　□回收加工业　□其他
6. 企业规模：_____（在下列规模中打"√"）
   □大　□中　□小　□不详
7. 检测类别

序号	检测类别	说　　明	本次属（√）	备注
1	日常监测	定期的全面日常监测，由承检方按国家相关标准和规范进行检测布点和危害因素识别	□	
2	指定委托检测	检测的采样点和检测的项目由委托方指定，承检方只对指定的采样点和检测项目负责	□	
3	其他监测	监督监测、事故监测或防护措施效果监测等	□	

11. 企业简介（厂址、建厂和投产时间、生产的产品和年（月）产量、生产车间设置、总投资额、每年盈利额等）

调查人：　　　用人单位陪同人：　　　调查时间：　　　审核人：

二、工艺流程

用流程图或文字表示，包括原料投入方式、生产工艺、加热温度和时间、生产方式和生产设备的完好程度等，按总工艺流程和不同车间的流程分别提供。

三、检测评价范围

明确哪些生产车间以及辅助配套工程需检测。

四、主要生产设备（参考下表格式填写）

车　　间	设备名称	数　　量	设备布置情况
如：空压机房	空压机	5台	车间一楼

调查人：　　　　用人单位陪同人：　　　　调查时间：　　　　审核人：

五、劳动定员及危害接触情况（参考下表格式填写）

车间	工种或岗位	总人数	劳动制度	工人工作时间（小时/天和天/周）	工作方式（固定岗位/流动作业）	工人具体工作内容和地点	每班接触危害因素的时间
如：打磨车间	打磨	24	四班二倒				

六、个体防护情况（参考下表格式填写）

车间	工种或岗位	是否配护听器	护听器型号	护听器更换周期	工人使用情况（全部佩戴/部分佩戴/未佩戴）

调查人：　　　　　用人单位陪同人：　　　　　调查时间：　　　　　审核人：

七、职业病危害警示标识设置情况（参考下表格式填写）

车　间	地　点	警示标识内容	数　量	备　注

八、职业病危害管理情况（参考下表格式填写）

调查条目	内　容	调查结果	备　注
职业卫生管理机构及人员	职业卫生管理部门		
	是否设兼职/专职职业卫生人员（人数）		
听力保护管理规定/计划	是否制订		
职业卫生培训（最近一年）	是否曾进行		
	培训对象		
	培训内容		
职业健康监护（最近一年）	归口管理部门		
	是否曾进行		
	职业健康体检机构		
	各工种/岗位的职业健康体检项目	参照下表提供	

调查人：　　　　用人单位陪同人：　　　　调查时间：　　　　审核人：

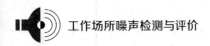

各工种/岗位的职业健康体检项目一览表

车　　间	工种或岗位	体　检　项　目

九、公司总平面布局图和车间布置图

调查人：　　　　用人单位陪同人：　　　　调查时间：　　　　审核人：

附表 2 噪声强度现场检测原始记录表

受检单位				检测依据		GBZ/T 189.8—2007 工作场所物理因素测量 第 8 部分：噪声	
检测仪器				标准声源		测量前校准	测量后校准 dB(A)
联系地址				气象条件	℃ %RH	测量日期	年 月 日

样号	测点	距离/m	样品编号	dB(A)1	dB(A)2	dB(A)3	类型 1.稳态； 2.非稳态	集中趋势	$L_{Aeq,Ti}$	测量时间	$L_{Aeq,T}$	接触时间	$L_{EX,8h}/L_{EX,w}$	备注

注：计算公式： 1. $L_{Aeq,T}=10\lg(\frac{1}{T}\sum_{i=1}^{n}T_i 10^{0.1L_{Aeq,Ti}})$ ； 2. $L_{EX,8h}=L_{Aeq,Te}+10\lg\frac{T_e}{T_0}$ ； 3. $L_{EX,w}=10\lg(\frac{1}{5}\sum_{i=1}^{n}10^{0.1(L_{EX,8h})i})$ 。

公式1 用于工人工作日接触非稳态噪声时计算全天的等效声级，其中 $L_{Aeq,Ti}$ 指 i 时间段的等效声级；T 指这些时间段的总时间；T_i 指 i 时间段的时间；n 指总的时间段的个数。

公式2 用于工人工作时间为 5 d/w，≠8 h/d 时修正计算，其中 $L_{Aeq,Te}$ 指实际工作日的等效声级；T_e 指实际工作日时间；T_0 指标准工作日时间，8 h。

公式3 用于工人工作时间为 ≠5 d/w 时修正计算，其中 $L_{EX,8h}$ 指一天实际工作时间内接触噪声强度规格化到工作 8 h 的等效声级；n 指每周实际工作天数。

检测： 受检单位陪同人： 校核：

附表 3　个体噪声检测原始记录表

受检单位										
检测依据	GBZ/T 189.8—2007 工作场所物理因素测量　第 8 部分：噪声						联系地址			
样品编号							检测仪器			
			气象条件			检测日期				
				℃	%RH				年　月　日	
样号	工种	佩戴人员	仪器编号	标准声源	测量前校准 /dB(A)	测量后校准 /dB(A)	发放时间	测量时间	测量结果 /dB(A)	接触时间	$L_{EX,8h}/L_{EX,w}$	备注

注：计算公式：1. $L_{EX,8h} = L_{Aeq,T_e} + 10\lg\dfrac{T_e}{T_0}$，≠8 h/d 时修正计算，$T_e$ 指实际工作日的等效声级；T_e 指实际工作日时间；T_0 指标准工作日时间，8 h。

2. $L_{EX,w} = 10\lg\left(\dfrac{1}{5}\sum\limits_{i=1}^{n} 10^{0.1(L_{EX,8h})_i}\right)$。

公式 1　用于工人工作时间为 5 d/w 时修正计算，其中 L_{Aeq,T_e} 指实际工作日的等效声级；T_e 指实际工作日时间；T_0 指标准工作日时间规格化到工作 8 h 的等效声级。

公式 2　用于工人工作时间为 ≠5 d/w 时修正计算，其中 n 指每周实际工作天数；$L_{EX,8h}$ 指一天实际工作时间内接触噪声强度规格化到工作 8 h 的等效声级。

检测：　　　　　　　　　　　　　　　　　　受检单位陪同人：　　　　　　　　　　　校核：

附表4 噪声频谱现场检测原始记录表

受检单位				联系地址							
样品编号				测量仪器							
气象条件	℃		%	检测日期		年		月		日	
检测方法											

样号	测点	距离/m	/dB(A)	频谱/Hz								
				31.5	63	125	250	500	1k	2k	4k	8k

检测: 　　　　　　受检单位陪同人: 　　　　　校核:

附表5 噪声测量仪器期间核查（标准源）原始记录表

核查日期： 年 月 日	核查类型：标准源核查

期间核查依据：GBZ/T 189.8—2007 工作场所物理因素测量 第8部分：噪声 JJF 1033—2008 计量标准考核规范	
被核查仪器名称：	
型号：	编号：
检定有效期：	
声校准器名称：	
型号：	编号：
检定有效期：	
核查结果：	
仪器被核查时显示读数：	调试后读数：
①：	①：
②：	②：
③：	③：
核查结果判定依据：仪器显示读数与声校准器标准值一致则满意。	
本次核查结果：	

核查人：	核对：	批准：

附表6 声校准器期间核查（传递比较法）原始记录表

核查日期： 年 月 日	核查类型：传递比较法
期间核查依据：GBZ/T 189.8—2007 工作场所物理因素测量 第8部分：噪声 JJF 1033—2008 计量标准考核规范	
被考核声校准器型号：	编号：
检定有效期：	检定结果：二级合格
检定扩展不确定度：	
基准声校准器型号：	编号：
检定有效期：	检定结果：一级合格
检定扩展不确定度：	

测量结果：

仪器设备	声级计显示读数（dB）			
	1	2	3	平均值
被考核声校准器				
基准声校准器				

核查结果判定依据：

$|y_{lab} - y_{ref}| \leq \sqrt{U_{lab}^2 + U_{ref}^2}$ 为满意，其中 y_{lab} 为声级计用被考核声校准器校准的结果，y_{ref} 为声级计用基准声校准器校准的结果，U_{lab} 和 U_{ref} 分别为被考核声校准器和基准声校准器计量检定时的扩展不确定度。

本次核查结果：

核查人：　　　　　　　　　核对：　　　　　　　　　批准：

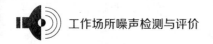

附表7 声校准器期间核查（仪器比对法）原始记录表

核查日期： 年 月 日	核查类型：仪器比对法

期间核查依据：GBZ/T 189.8—2007 工作场所物理因素测量 第8部分：噪声
　　　　　　　JJF 1033—2008 计量标准考核规范

声校准器①型号：	编号：
检定有效期：	检定结果：
声校准器②型号：	编号：
检定有效期：	检定结果：
声校准器③型号：	编号：
检定有效期：	检定结果：
声校准器④型号：	编号：
检定有效期：	检定结果：声校准器检定扩展不确定度：

测量结果：

仪器设备	声级计显示读数（dB）			
	1	2	3	平均值
声校准器①				
声校准器②				
声校准器③				
声校准器④				
平均值				

核查结果判定依据：

$|y_i - \bar{y}| \leq \sqrt{\dfrac{n-1}{n}} U$ 为满意，其中 y_i 为被核查声校准器 i 的结果，$\bar{y}$ 为各声校准器结果的平均值，U 为该类声校准器计量检定时的扩展不确定度。

本次核查结果：

核查人： 核对： 批准：

参 考 文 献

[1] http://www.osha.gov/dts/osta/otm/noise/hcp/attenuation_estimation.html.

[2] Atherley G CR, Martin A M. Equivalent – continuous noiselevel as a measure of injury from impacrt and impulse noise [J]. Ann Occup Hyg, 1971, 14: 11 – 28.

[3] De Sousa Pereira A, Aguas A P, Grand N R, et al. The effect of chronic exposure to low frequency noise on rat tracheal epithelia [J]. Aviat Space Environ Med, 1999, 70 (3 Pt 2): 86 – 90.

[4] Glueckert R, Wietzorrek G, Kammen J, et al. Role of class D L – type Ca^{2+} channels for cochlear morphology [J]. Hear Res, 2003, 178: 95 – 105.

[5] Gourevitch B, Doisy T, Avillac M, et al. Follow – up of latency and threshold shifts of auditory brainstem responses after single and interrupted acoustic traumain guinea pig [J]. Brain Res, 2009, 22: 66 – 79.

[6] Öhrström E, Rylander R, Björkman M. Effects of night time road traffic noise—an overview of laboratory and field studies on noise dose and subjective noise sensitivity [J]. Journal of Sound and Vibration, 1988, 127 (3): 441 – 448.

[7] Öhrström E. Sleep disturbance, psycho – social and medical symptoms—a pilot survey among persons exposed to high levels of road traffic noise [J]. Journal of Sound and Vibration, 1989, 133 (1): 117 – 128.

[8] Hu B H, Guo W, Yangp W P, et al. Intense noise—induced apoptosis in hair cells of guinea pig cochleae [J]. Acta Oto – laryngol, 2000, 120: 19 – 24.

[9] Horne J A, Pankhurst F L, Reyner L A, et al. A field study of sleep disturbance: effects of aircraft noise and other factors on 5, 742 nights of actimetrically monitored sleep in a large subject sample [J]. Sleep, 1994, 17: 146 – 159.

[10] Reis Ferreira J M, Couto A R, Jalles Tavares N, et al. Airway flow limitation in patients with vibroacoustic disease [J]. Aviat Space Environ Med, 1999, 70 (3 Pt 2): 63 – 69.

[11] Robinson D W. The relationships between hearing loss and noise exposure [M]. NPL Aero Report Ac 32. National Physical Laboratory, England, 1968.

[12] Rosenlund M, Berglind N, Pershagen G, et al. Increased prevalence of hypertension in a population exposed to aircraft noise [J]. Occup Environ Med, 2001, 58: 769 – 773.

[13] Yoshida N, Liberman M C. Sound conditioning reduces noise—induced permanent threshold shift in mice [J]. Hear Res, 2000, 148: 213 – 219.

[14] Zuo H, Cui B, She X, et al. Changes in Guinea pig cochlear hair cells after sound conditionin-gand-noise-exposure [J]. Occup Health, 2008, 50: 373-379.

[15] 曹华, 董明敏, 赵春红, 等. 不同的条件声暴露对豚鼠噪声性聋保护作用的影响 [J]. 医学信息手术学分册, 2006, 19 (1): 43-45.

[16] 陈克安, 曾向阳, 杨有粮, 等. 声学测量 [M]. 北京: 机械工业出版社, 2010.

[17] 陈青松, 李涛, 黄汉林, 等. 受检者依从性对个体噪声暴露检测的影响及质量控制 [J]. 中华劳动卫生职业病杂志, 2010, 28 (3): 208-210.

[18] 陈青松, 李涛, 张敏, 等. 2008年ACGIH工作场所TLVs和BEIs进展 [J]. 国外医学: 卫生学分册, 2009, 36 (5): 257-262.

[19] 陈卓. 噪声对作业工人血脂影响的方差分析 [J]. 实用预防医学, 2002, 9 (5): 540-541.

[20] 崔博, 佘晓俊, 左红艳, 等. 噪声预暴露对强声致豚鼠听力损伤及热休克蛋白70表达的影响 [J]. 解放军预防医学杂志, 2005, 22 (6): 434-436.

[21] 丁茂平, 赵一鸣, 穆玉梅, 等. 脉冲与稳态噪声引起工人听力损伤的差异 [J]. 中华劳动卫生职业病杂志, 1995, 13 (2): 72-73.

[22] 杜冰, 王心如. 职业性听力损伤的危险因素 [J]. 中华劳动卫生职业病杂志, 2004, 22 (2): 150-152.

[23] 冯伟英, 姚耿东, 王菁, 等. NES-C3在噪声作业者神经行为测试中的应用. 浙江预防医学, 2004, 16 (6): 12-15.

[24] 国家质量监督检验检疫总局. JJG 188—2002声级计 [S]. 北京: 中国计量出版社, 2002.

[25] 国家质量监督检验检疫总局, 中国国家标准化管理委员会. GB/T 16180—2014劳动能力鉴定职工工伤与职业病致残等级 [S]. 北京: 中国标准出版社, 2014.

[26] 韩历萍, 吴兴欲, 李学义, 等. 噪声对人思维能力的影响 [J]. 航天医学工程, 1999, 12 (1): 28-30.

[27] 韩维举, 陈星睿. 噪声暴露引起耳蜗损伤机制的研究 [J]. 中华耳科学杂志, 2013, 11 (3): 357-362.

[28] 何丽华, 廖小燕, 张龙连, 等. WHO-NCTB法测定噪声对神经系统影响的Meta分析 [J]. 工业卫生与职业病, 2006, 32 (4): 216-219.

[29] 贺启环. 环境噪声控制工程 [M]. 北京: 清华大学出版社, 2011.

[30] 黄选兆, 汪吉宝, 孔维佳. 实用耳鼻咽喉头颈外科学 [M]. 2版. 北京: 人民卫生出版社, 2007.

[31] 娄淑艳, 杨金龙, 刘爱荣, 等. 噪声对热电厂工人血脂、血糖影响的观察 [J]. 职业与健康, 2004, 20 (11): 42-43.

[32] 李南春, 陈瑞梅, 李照亮, 等. 铅和噪声联合作用对听力损伤的调查分析 [J]. 国际医药卫生导报, 2010, 16 (15): 1926-1928.

[33] 李刚, 龙云芳, 詹举烈, 等. 强噪声对作业人群个性特征影响的研究 [J]. 中国职业医学, 2000, 27 (2): 83-86.

[34] 李红军,白忠贞,林瑞存. 噪声和铅对大鼠血糖、血脂水平的影响研究 [J]. 中国职业医学,2002,29(2):67.

[35] 李佩芝,潘小川,徐希平,等. 职业噪声暴露与纺织女工生殖内分泌激素的相关性研究 [J]. 中华预防医学杂志,2003,37(3):170.

[36] 李涛,张敏,王丹,等. 日本噪声推荐性容许标准(2007年度)[J]. 国外医学(卫生学分册),2009,36(5):3-4.

[37] 刘超群,赵钉,李仲孝,等. 强噪声暴露对大鼠急慢性胃黏膜损伤的影响 [J]. 中华航海医学杂志,1999,6(1):10-13.

[38] 刘海洋. 噪声作业人员眼底动脉改变的观察分析 [J]. 中国职业医学,2001,28(2):67.

[39] 刘岚,孟玉海. 85 dB(A)噪声对工人听力的影响 [J]. 职业卫生与应急救援,2002,20(1):26-29.

[40] 刘羿,张传会,张鹏. 苯传物与噪声联合暴露对听力影响的Meta分析 [J]. 中华劳动卫生职业病杂志,2012,30(10):769-771.

[41] 刘素香. 中低频噪声对电力生产工人健康影响的调查研究 [J]. 职业与健康,2003,19(12):3-5.

[42] 刘秀梅. 职业噪声对人体听觉外系统损伤的影响 [J]. 职业与健康,2004,19(12):13-14.

[43] 龙云芳,詹承烈. 噪声对工人神经行为功能的影响 [J]. 职业医学,1995,22(3):9-11.

[44] 罗镝,陈维清,郝元涛. 噪声对非听力系统的影响 [J]. 现代预防医学,2006,32(11):1460-1462.

[45] 罗一丁,张明虎. 舰艇机舱噪声对大鼠几项生化指标的影响 [J]. 海军医学杂志,2006,27(4):296-298.

[46] 吕旌乔. 线粒体DNA4977bp缺失与噪声性听力损失个体易感性关系 [D]. 北京:北京大学,2003.

[47] 蒋纪文. 噪声对听觉外系统损伤的研究进展 [J]. 西南军医,2008,10(3):114-117.

[48] 欧阳伟,王家同,李金声,等. 噪声对大鼠学习记忆中海马区NOS阳性神经元表达的影响 [J]. 中国心理卫生杂志,2003,17(2):80-83.

[49] 马大猷. 现代声学理论基础 [M]. 北京:科学出版社,2004.

[50] 苗江丽. 噪声对女工妊娠经过、妊娠结局影响的调查 [J]. 工业卫生与职业病,1995,21(6):365-367.

[51] 潘海恩. 噪声对纺织女工生殖功能影响的调查 [J]. 职业与健康,2006,22(20):1683-1684.

[52] 全国电声学标准化技术委员会. GB/T 3241—2010 倍频程和分数倍频程滤波器 [S]. 北京:中国标准出版社,2010.

[53] 沈欢喜. 谷胱甘肽硫转移酶的基因多态性与职业性噪声聋易感性的相关性研究

[D]. 南京：南京医科大学，2012.

[54] 宋琦如，金锡鹏. 噪声与呼吸系统损伤 [J]. 劳动医学，2000，17（3）：153 - 174.

[55] 田勇全. 耳鼻咽喉科学 [M]. 5版. 北京：人民卫生出版社，2002.

[56] 汪建，熊敏，何青莲，等. Caspase - 3 在豚鼠噪声损伤耳蜗中的表达 [J]. 广东医学，2005，26（1）：46 - 47.

[57] 王建新. 职业性噪声聋诊断标准（GBZ 49—2007）的几点说明 [J]. 中华劳动卫生与职业病杂志，2008，26（3）：183 - 184.

[58] 王建新，康庄，高建华. 职业性噪声聋诊断标准的修订 [J]. 中华劳动卫生职业病杂志，2008，26（3）：181 - 183.

[59] 王义军，夏源，肖全华，等. 累积噪声暴露量与噪声性听力损失关系的探讨 [J]. 职业卫生与应急救援，2009，27（3）：131 - 133.

[60] 吴金荣，左锋，柴宏森，等. 职业性噪声对工人听力损伤影响因素的研究 [J]. 口岸卫生控制，2011，16（2）：47 - 49.

[61] 肖斌，陈青松，温薇，等. 职业卫生技术服务机构噪声测量仪器实验室间比对研究 [J]. 中国职业医学，2014，41（6）：683 - 688.

[62] 肖金华，李舒才，伍应华，等. 噪声对作业女工妊娠结局及其子代智力行为的影响 [J]. 中国工业医学杂志，2001，14（2）：68 - 71.

[63] 肖晓琴，王致，张海，等. 造纸行业职业病危害识别与关键控制点分析. 中国卫生工程学 [J]，2010，9（3）：191 - 193.

[64] 徐国勇，林瀚生，肖斌，等. 职业卫生技术服务机构噪声现场测量操作能力实验室间比对 [J]. 中国职业医学，2015，42（1）：51 - 54.

[65] 徐国勇，吴煦果，黎丽春，等. 某汽车制造厂噪声危害特征分析 [J]. 中国卫生工程学，2014，13（3）：218 - 221.

[66] 严茂胜，林瀚生，陈青松，等. 噪声测量仪器性能实验室间比对评价 [J]. 中国职业医学，2015，42（3）：292 - 296.

[67] 杨杪，谭皓，郑建如，等. 钙粘蛋白23基因多态性与噪声性听力损失易感性的关系研究 [J]. 卫生研究，2006，35（1）：19 - 22.

[68] 杨军，汪吉宝. 耳蜗活动机制的研究状况 [J]. 国外医学耳鼻咽喉科学分册，2000，24：322 - 324.

[69] 余慧珠，顾祖维，黄世超，等. 噪声对接触工人消化系统的影响 [J]. 劳动医学，2001，18（4）：206 - 208.

[70] 于焕新. 噪声性耳聋的研究进展 [J]. 职业与健康，2014，12：1705 - 1707.

[71] 于素芳，董振，李红军，等. 噪声对大鼠神经行为功能影响 [J]. 职业医学，1998，25（3）：9 - 11.

[72] 张丹英，严茂胜，徐国勇，等. 1000MW 燃煤发电机组噪声危害现状调查 [J]. 工业卫生与职业病，2015，41（3）：211 - 213.

[73] 张磊力，龙云芳. 工业噪声引起作业人员听力损伤的发病机制及诊断 [J]. 职业

卫生与病伤, 2004, 19 (2): 114-116.

[74] 张敏, 王丹, 杜燮祎, 等. ACGIH 声学有关的物理因素 TLVs [J]. 国外医学: 卫生学分册, 2007, 34 (1): 33-33.

[75] 张旭辉. 热休克蛋白 70 与热耐受的机制 [J]. 解放军预防医学杂志, 2001, 19 (1): 73-75.

[76] 赵宗群, 张书珍, 方积乾. 试用典型相关分析研究纺织噪声对女工心电图的影响 [J]. 中国公共卫生, 1993, 9 (4): 190.

[77] 中国合格评定国家认可委员会. CNAS—GL03: 2006 能力验证样品均匀性和稳定性评价指南 [S]. 北京: 中国计量出版社, 2006.

[78] 中国合格评定国家认可委员会. CNAS—GL02: 2014 能力验证结果的统计处理和能力评价指南 [S]. 北京: 中国计量出版社, 2014.

[79] 中华人民共和国国家卫生和计划生育委员会. GBZ 188—2014 职业健康监护技术规范 [S]. 北京: 中国标准出版社, 2014.

[80] 中华人民共和国国家卫生和计划生育委员会. GBZ 49—2014 职业性噪声聋的诊断 [S]. 北京: 人民卫生出版社, 2015.

[81] 中华人民共和国住房和城乡建设部. GB/T 50087—2013 工业企业噪声控制设计规范 [S]. 北京: 中国建筑工业出版社, 2014.

[82] 中华人民共和国卫生部. GBZ 1—2010 工业企业设计卫生标准 [S]. 北京: 法律出版社, 2010.

[83] 中华人民共和国卫生部. GBZ 2.2—2007 工作场所有害因素职业接触限值 第 2 部分: 物理因素 [S]. 北京: 法律出版社, 2007.

[84] 中华人民共和国卫生部. GBZ/T 189.8—2007 工作场所物理因素测量 第 8 部分: 噪声 [S]. 北京: 法律出版社, 2007.

[85] 中华人民共和国卫生部. GBZ/T 238—2011 职业性爆震聋的诊断 [S]. 北京: 中国标准出版社, 2011.

[86] 中华人民共和国卫生部. GBZ/T 224—2010 职业卫生名词术语 [S]. 北京: 人民卫生出版社, 2010.

[87] 中华人民共和国卫生部. 工业企业职工听力保护规范. 卫法监发〔1999〕第 620 号.

[88] 周新详. 噪声控制技术及其新进展 [M]. 北京: 冶金工业出版社, 2007.

[89] 祖爱华, 莫民帅, 李晶, 等. 噪声对作业工人心血管系统和听力的影响 [J]. 南昌大学学报: 医学版, 2012, 52 (6): 80-82.